21 世纪高等教育土建类规划教材

城市基础设施规划

李亚峰　马学文　王培　等编著

机 械 工 业 出 版 社

本书主要介绍城市基础设施规划的基本知识、规划方法及要求，主要包括城市给水工程规划、城市排水工程规划、城市供热工程规划、城市燃气工程规划、城市电力工程规划、城市通信工程规划、城市消防工程规划、城市工程管线综合规划等内容。

本书可作为高等院校城乡规划专业教材，也可供建筑学、风景园林、给排水科学与工程、建筑环境与能源应用工程等专业的学生和从事城市基础设施规划的工程技术人员使用。

本书配有电子课件，免费提供给选用本书的授课教师。需要者请登录机械工业出版社教育服务网注册下载，网址：www. cmpedu. com。或根据书末的"信息反馈表"索取。

图书在版编目（CIP）数据

城市基础设施规划/李亚峰，马学文，王培等编著．—北京：机械工业出版社，2014. 5（2022. 1 重印）

21 世纪高等教育土建类规划教材

ISBN 978-7-111-46011-4

Ⅰ. ①城…　Ⅱ. ①李…②马…③王…　Ⅲ. ①基础设施—城市规划—高等学校—教材　Ⅳ. ①TU984. 11

中国版本图书馆 CIP 数据核字（2014）第 036608 号

机械工业出版社（北京市百万庄大街 22 号　邮政编码 100037）
策划编辑：刘　涛　责任编辑：刘　涛　孙　阳
版式设计：常天培　责任校对：陈立辉
封面设计：张　静　责任印制：郜　敏
北京盛通商印快线网络科技有限公司印刷
2022 年 1 月第 1 版第 4 次印刷
169mm×239mm · 18 印张 · 344 千字
标准书号：ISBN 978-7-111-46011-4
定价：45. 00 元

电话服务　　　　网络服务
客服电话：010-88361066　　机　工　官　网：www. cmpbook. com
010-88379833　　机　工　官　博：weibo. com/cmp1952
010-68326294　　金　书　网：www. golden-book. com
封底无防伪标均为盗版　　机工教育服务网：www. cmpedu. com

前言

“城市基础设施规划”是高等院校城乡规划专业的一门主要专业课程，课程内容也是我国注册城市规划师执业资格考试内容的重要组成部分。近几年，我国城市基础设施建设速度很快，做好科学规划，对指导城市基础设施建设具有重要意义。

本书是按照全国高等学校城乡规划专业指导委员会制定的“城市基础设施规划”课程教学基本要求编写的。在编写过程中以现行的国家有关规范和标准为依据，参考了相关教材和著作，较全面地反映了各项城市基础设施规划的要求。

本书主要介绍城市基础设施规划的基本知识、规划方法及要求。主要包括城市给水工程规划、城市排水工程规划、城市供热工程规划、城市燃气工程规划、城市电力工程规划、城市通信工程规划、城市消防工程规划、城市工程管线综合规划等内容，并介绍了村镇基础设施规划的要求。

本书共分9章，第1章、第2章由李亚峰和武利编写；第3章由李亚峰、李倩倩编写；第4章由王培、张云栗编写；第5章由王培编写；第6章、第9章由班福忱、王冰编写；第7章、第8章由马学文编写。全书由李亚峰统编定稿。

本书可以作为高等院校城乡规划专业的教材，也可供建筑学专业、风景园林专业、给排水科学与工程专业、建筑环境与能源应用工程专业的学生和从事城市基础设施规划的工程技术人员使用。

由于我们的编写水平有限，书中若有缺点和错误之处，请读者不吝指教。

作　者

目　录

前　言
第1章　绪论 …… 1
1.1　城市基础设施的概念与分类 …… 1
1.2　城市基础设施工程的构成与功能 …… 1
1.3　城市基础设施与城市建设和规划的关系 …… 5
1.4　城市基础设施工程规划的任务与意义 …… 6
1.5　城市基础设施工程规划的工作程序 …… 9
1.6　城市基础设施工程规划的基础资料 …… 15
第2章　给水工程规划 …… 18
2.1　概述 …… 18
2.2　城市给水工程规划各阶段的内容与深度 …… 19
2.3　城市给水工程系统的组成及布置形式 …… 20
2.4　城市总用水量的估算 …… 23
2.5　城市水源规划及水资源平衡 …… 32
2.6　净水工程规划 …… 38
2.7　城市给水管网规划 …… 46
2.8　村镇给水工程规划 …… 58
第3章　排水工程规划 …… 62
3.1　概述 …… 62
3.2　城市排水工程规划各阶段的内容与深度 …… 63
3.3　排水系统的体制及其选择 …… 65
3.4　城市排水系统的组成及平面布置 …… 67
3.5　城市污水量预测与计算 …… 75
3.6　污水管道设计与水力计算 …… 80
3.7　城市雨水管网系统、排洪沟的设计与水力计算 …… 93
3.8　城市污水处理及污水处理厂 …… 109
3.9　村镇排水工程规划 …… 136
第4章　城市供热工程规划 …… 138
4.1　概述 …… 138
4.2　城市供热工程规划的主要内容与深度 …… 139

4.3 城市集中供热系统的组成与分类 …… 141
4.4 供热负荷的预测和计算 …… 142
4.5 供热方式 …… 148
4.6 供热热源 …… 149
4.7 城市供热管网规划 …… 151
4.8 城市供热管网的布置与敷设 …… 152
4.9 供热管道的水力计算 …… 156
4.10 城市供热调配设施布置 …… 159
4.11 村镇供热工程规划 …… 162
第5章 城市燃气工程规划 …… 164
5.1 概述 …… 164
5.2 城市燃气工程规划的主要内容与深度 …… 165
5.3 燃气的分类与城市燃气供应系统的组成 …… 167
5.4 城市燃气供气范围和供气原则 …… 174
5.5 城市燃气负荷的预测和计算 …… 175
5.6 城市燃气的需用工况及计算流量 …… 179
5.7 城市燃气气源规划 …… 183
5.8 燃气厂（场）站规划 …… 184
5.9 城市燃气管网系统规划 …… 187
5.10 城市燃气管网水力计算 …… 190
5.11 小城镇燃气工程规划 …… 195
第6章 城市消防工程规划 …… 197
6.1 概述 …… 197
6.2 城市消防规划 …… 206
6.3 城市消防给水规划 …… 211
6.4 消防车通道 …… 213
6.5 消防通信 …… 214
6.6 村镇消防工程规划 …… 215
第7章 城市供电规划 …… 217
7.1 概述 …… 217
7.2 电力负荷的预测和计算 …… 220
7.3 城市供电电源规划 …… 226
7.4 城市供电网络规划 …… 231
7.5 城市电力线路规划 …… 236
7.6 村镇供电工程规划 …… 243
第8章 城市通信工程规划 …… 245
8.1 概述 …… 245
8.2 城市通信需求量预测 …… 248

8.3 城市通信设施规划 …… 252
8.4 城市通信管道规划 …… 260
8.5 村镇通信工程规划 …… 262
第9章 城市工程管线综合规划 …… 263
9.1 概述 …… 263
9.2 城市工程管线综合规划原则与技术要求 …… 269
附录 …… 276
参考文献 …… 278

第 1 章

绪　　论

1.1　城市基础设施的概念与分类

城市基础设施是城市存在和发展所必须具备的工程性基础设施和社会性基础设施的总称，是城市中为顺利进行各种经济活动和其他社会活动而建设的各类设施的总称。工程性基础设施是为物质生产过程服务的有关成分的综合，是为物质生产过程直接创造必要的物质技术条件。社会性基础设施是为居民的生活和文化服务的设施，是通过保证劳动力生产的物质文化和生活条件，而间接影响再生产过程。工程性基础设施一般指能源系统、给水排水系统、交通系统、通信系统、环境系统、防灾系统等工程设施。社会性基础设施则指行政管理、文化教育、医疗卫生、商业服务、金融保险、社会福利等设施。我国一般所讲城市基础设施多指工程性基础设施。

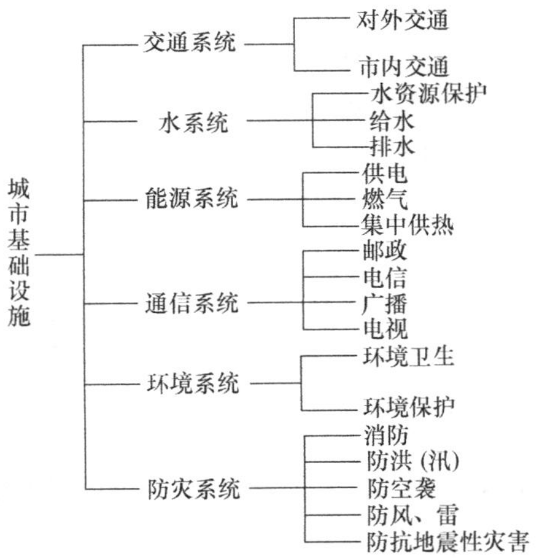

图 1-1　城市基础设施分类

城市基础设施分类如图 1-1 所示。

1.2　城市基础设施工程的构成与功能

城市基础设施包括城市交通、给水、排水、供电、燃气、供热、通信、环境卫生、防灾等工程，它们有着各自的功能，在城市生活、生产等各项经济社会活动中起保障作用。

1.2.1 城市交通工程的构成与功能

城市交通工程有城市航空交通、水运交通、轨道交通、道路交通等四个分项工程，具有城市对外交通、城市内部交通两大功能。

城市航空交通工程主要有城市航空港、市内直升机场以及军用机场等设施。城市航空港具有快速、远程运送客流、货物的功能。市内直升机场具有便捷快速、中远程运送客流、货物，市域范围游览，紧急救护的功能。军用机场具有军事战略功能，条件允许的情况下，有时也作为城市军民两用机场，起到城市航空港的作用。

城市水运交通工程分为海运交通、内河交通两部分。海运交通工程具有城市对外近、远海的客运和大宗货物运输的功能，有时也兼有城市近海、海岸旅游之功能。内河水运交通工程具有城市内外江河、湖泊客运，慢速、大宗货物运输及旅游交通的功能。

城市轨道交通工程有市际铁路、市内轨道交通两部分。市际铁路交通工程具有城市陆地对外中、远程客运和大宗货物运输等功能，也兼有市域旅游交通之功能。市内轨道交通工程具有快速、准时运载城市客流的功能，通常是大城市公共交通的主体工程。

城市道路交通工程分为公路与城区道路交通两部分。公路交通工程具有城市陆地对外中、近程客运和货物运输等功能，也兼有市域旅游交通功能。城区道路交通工程具有城区陆上日常客货交通运输的主体功能。

城市航空交通、水运交通、市际铁路交通、公路交通工程设施组成了空中、水上、陆地等城市综合对外交通工程设施系统。市内轨道交通、城区道路交通组成了城市内部工程交通系统。

1.2.2 城市给水排水工程的构成与功能

1. 城市给水工程的构成与功能

城市给水工程系统由水源工程、净水工程、输配水工程等组成。

水源工程包括城市水源、取水口、取水构筑物、提升原水的一级泵站等。水源工程的功能是将原水取、送到城市净水工程，为城市提供足够的水源。

净水工程包括城市自来水厂、清水库、输送净水的二级泵站等设施。净水工程的功能是将原水净化处理成符合城市用水水质标准的净水，并加压输入城市供水管网。

输配水工程包括输水管道、供配水管网以及调节水量、水压的高压水池、水塔、增压泵站等设施。输配水工程的功能是将净水保质、保量、稳压地输送至用户。

2. 城市排水工程系统的构成与功能

城市排水工程系统由雨水排放工程、污水处理与排放工程组成。

城市雨水排放工程包括雨水汇集和排放两部分，雨水汇集有雨水管渠、雨水收集口、雨水检查井、雨水提升泵站等设施；雨水排放主要有排涝泵站、雨水排放口以及确保城市雨水排放所建的水闸、堤坝等设施。城市雨水排放工程的功能是及时收集与排除城区雨水等降水，抗御洪水、潮汛水侵袭。

污水处理与排放工程包括污水处理厂（站）、污水管道、污水检查井、污水提升泵站、污水排放口等设施。污水处理与排放工程的功能是收集与处理城市各种生活污水、生产废水，综合利用、妥善排放处理后的污水，控制与治理城市水污染，保护城市与区域的水环境。

1.2.3 城市燃气工程的构成与功能

城市燃气工程系统由燃气气源、储气设施、输配气管网等组成。

城市燃气气源包含煤气厂、天然气门站，石油液化气气化站等设施。气源工程具有为城市提供可靠的燃气气源的功能。

燃气储气设施包括各种管道燃气的储气站、石油液化气的储存站等设施。储气站储存煤气厂生产的燃气或输送来的天然气，调节满足城市日常和高峰小时的用气需要。石油液化气储存站具有满足液化气气化站用气需求和城市石油液化气供应站的需求等功能。

燃气输配气管网包含燃气调压站、不同压力等级的燃气输送管网、配气管道。燃气输送管网的作用是中、长距离输送燃气，不直接供给用户使用；配气管的作用是直接供给用户使用燃气。燃气调压站的作用是调节管道燃气压力，以便于燃气远距离输送，或将高压燃气降至低压，向用户供气。

1.2.4 城市供热工程的构成与功能

城市供热工程由供热热源和传热管网组成。

供热热源包含城市热电厂（站）、区域锅炉房等设施。城市热电厂（站）能够为城市供热提供高压蒸汽、供暖热水等；区域锅炉房主要用于城市供暖，或提供近距离的高压蒸汽。

供热管网包括热力泵站、热力调压站和不同压力等级的蒸汽管道、热水管道等设施。热力泵站主要用于远距离输送蒸汽和热水，热力调压站用于调节蒸汽管道的压力。

1.2.5 城市供电工程的构成与功能

城市供电工程系统由城市电源工程、输配电工程组成。

城市电源工程主要包括城市电厂、区域变电所（站）等电源设施。城市输配电工程由城市输送电网与配电网组成。城市输送电网含有城市变电所（站）和从城市电厂、区域变电所（站）接入的输送电线路等设施。输送电网具有将城市电源输入城区，并将电源变压进入城市配电网的功能。城市配电网由高压、低压配电网等组成。高压配电网具有为低压配电网变、配电源，以及直接为高压电用户送电等功能。低压配电网具有直接为用户供电的功能。

1.2.6 城市通信工程的构成与功能

城市通信工程由邮政、电信、广播、电视四个分系统组成。

城市邮政系统通常有邮政局（所）、邮政通信枢纽、报刊门市部、售邮门市部、邮亭等设施。邮政系统具有快速、安全传递城市各类邮件、报刊及电报等功能。

城市电信系统从通信方式上分为有线电话和无线电通信两部分。电信系统由电信局（所、站）工程和电信网工程组成。电信局（所、站）工程有长途电话局、市话局（含各级交换中心、汇接局、端局等）、微波站、移动电话基站、无线寻呼台以及无线电收发讯台等设施，具有各种电信量的收发、交换、中继等功能。电信网工程包括电信光缆、电信电缆、光接点、电话接线箱等设施，具有传送电信信息流的功能。

城市广播系统分为无线广播和有线广播两种方式，包括广播台站工程和广播线路工程。广播台站工程有无线广播电台、有线广播电台、广播节目制作中心等设施，其功能是制作和播放广播节目。广播线路工程主要包括有线广播的光缆、电缆以及光电缆管道等，其功能是传递广播信息给听众。

城市电视系统有无线电视和有线电视（含闭路电视）等两种发播方式。城市电视系统由电视台（站）工程和线路工程组成。电视台（站）工程包括无线电视台、电视节目制作中心、电视转播台、电视差转台以及有线电视台等设施，其功能是制作、发射电视节目内容，以及转播、接力上级与其他电视台的电视节目。线路工程主要是有线电视及闭路电视的光缆、电缆管道、光接点等设施，其功能是将有线电视台（站）的电视信号传送给观众的电视接收器。

1.2.7 城市环境卫生工程的构成与功能

城市环境卫生工程包括城市垃圾处理厂（场）、垃圾填埋场，垃圾收集站、转运站、车辆清洗场、环卫车辆场、公共厕所以及城市环境卫生管理设施，其作用是收集与处理城市各种废弃物，综合利用，变废为宝，清洁市容，净化城市环境。

1.2.8 城市防灾工程的构成与功能

城市防灾工程系统主要由城市消防工程、防洪（潮汛）工程、抗震工程、防空袭工程及救灾生命线系统等组成。

城市消防工程包括消防站（队）、消防给水管网、消火栓等设施，其作用是日常防范火灾、及时发现与迅速扑灭各种火灾，避免或减少火灾损失。

城市防洪（潮、汛）工程包括防洪（潮、汛）堤、截洪沟、泄洪沟、分洪闸、防洪闸、排涝泵站等设施，其作用是采用避、拦、堵、截、导等各种方法，抗御洪水和潮汛的侵袭，排除城区涝渍，保护城市安全。

城市抗震工程主要用于加强建筑物、构筑物等抗震强度，合理布置分布避灾疏散场地和道路。

城市人民防空袭工程（简称人防工程）由防空袭指挥中心、专业防空设施、防空掩体工事、地下建筑、地下通道以及战时所需的地下仓库、水厂、变电站、医院等设施组成，其作用是提供战时市民防御空袭、核战争的安全空间和物资供应。

城市救灾生命线系统由城市急救中心、疏运通道以及给水、供电、通信等设施组成，其作用是在发生各种城市灾害时，提供医疗救护、运输以及供水、电、通信调度等物质条件。

1.3 城市基础设施与城市建设和规划的关系

1.3.1 城市基础设施与城市建设的关系

城市交通、给水、排水、供电、燃气、供热、通信、环境卫生、防灾等各项基础设施工程是城市建设的主体部分，是城市经济、社会发展的基础和支撑体系。城市基础设施的完备程度不仅直接影响城市居民的生活，而且直接影响城市的建设与经济发展。滞后或配置不合理的城市基础设施将严重阻碍城市建设的发展和城市经济发展。适度超前、配置合理的城市基础设施不仅能满足城市居民生活和工业生产的要求，而且有利于带动城市建设和城市经济发展，保障城市健康持续发展。因此，建设系统完备、功能齐全的城市基础设施工程系统是城市建设最重要的任务之一。

1.3.2 基础设施规划与城市规划的关系

城市基础设施是城镇建设的主题之一，因此，城市基础设施规划的主要依据是城市的发展目标和各层次的城市规划，应遵守国家法规、有关规范和技术规定。同时，城市基础设施规划又是城市各专业工程的发展规划，将在一定的时期内指导各项基础设施的建设，因此，各项基础设施规划的编制必须围绕着城市经济和社会发展总目标展开。城镇规划在用地和空间上应保证各项基础设施建设的需求，城市基础设施规划在技术上应落实和满足城市的各项建设要求，两者联系密切，彼此相依。城市基础设施规划与城市规划的关系如图 1-2 所示。

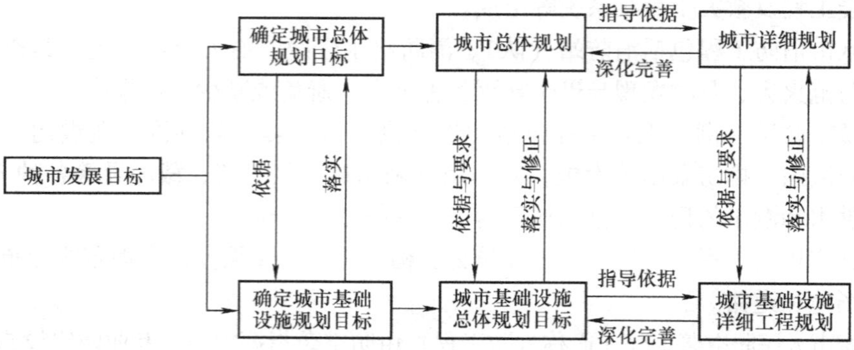

图 1-2　城市基础设施规划与城市规划的关系

1.4　城市基础设施工程规划的任务与意义

1.4.1　城市基础设施规划的范畴与任务

城市基础设施工程规划的主要目的是建立与城市规划、城市建设相协调的城市基础设施工程规划体系，科学、合理、全面、系统地指导各项城市基础设施工程建设，适应当前和未来城市整体建设的需要。

城市基础设施工程规划的范畴具体为：

1）城市道路交通规划。

2）城市给水工程规划。

3）城市排水工程规划。

4）城市燃气工程规划。

5）城市供热工程规划。

6）城市供电工程规划。

7）城市通信工程规划。

8）城市防灾工程规划。

9）城市环境卫生设施系统规划。

10）城市工程管线综合规划。

城市基础设施工程规划的总体任务是根据城市经济社会发展目标，结合本城市实际情况，合理确定规划期内各项工程系统的设施规模、容量，科学布局各项设施；制定相应的建设策略和措施。

各项城市基础设施工程规划应在城市经济社会发展总目标的前提下，根据本系统的实况和特性，明确各自的规划任务。

1. 城市道路与交通规划的主要任务

根据城市当前交通状况的增长趋势，通过现状调查，在分析影响城市道路交通发展的外部环境和内部环境的基础上，结合区域道路交通发展规划，确定城市道路交通发展的目标；进行城市对外交通设施和城市内部交通设施规划，科学规划城市道路系统，合理组织交通设施和安排各类静态交通设施，确定各类道路的走向、等级、功能、作用、线型、路幅、横断面形式及其组成；确定城市道路交叉口的形式，正确处理公路与城镇道路的衔接等方面的内容。

2. 城市给水工程规划的主要任务

根据城市和区域水资源的状况，最大限度地保护和合理利用水资源，合理选择水源，进行城市水源规划和水资源利用平衡工作；确定城市自来水厂等给水设施的规模、容量；科学布局给水设施和各级给水管网系统，满足用户对水质、水量、水压等要求；制定水源和水资源的保护措施。

3. 城市排水工程规划的主要任务

根据城市自然环境和用水状况，合理选择排水体制，科学布置污水管网和雨水管网以及污水处理厂（站）等各种污水处理与收集设施、排涝泵站等雨水排放设施；确定规划期内防水处理量，污水处理设施的规模与容量，降水排放设施的规模与容量；制定水环境保护、污水利用等对策与措施。

4. 城市燃气工程规划的主要任务

结合城市和区域燃料资源状况，选择城市燃气气源，合理确定规划期内各种燃气的用电量，进行城市燃气气源规划；确定各种供气设施的规模、容量；选择并确定城市燃气管网系统；科学布置气源厂、气化站等产、供气设施和输配气管网；制定燃气设施和管道的保护措施。

5. 城市供热工程规划的主要任务

根据当地气候、生活与生产需求，确定城市集中供热对象，供热标准，供热方式；合理确定城市供热量和负荷选择并进行城市热源规划，确定城市热电厂、热力站等供热设施的数量和容量；科学布局各种供热设施和供热管网；制定节能保温的对策与措施，以及供热设施的防护措施。

6. 城市供电工程规划的主要任务

结合城市和区域电力资源状况，合理确定规划期内的城市用电量，用电负荷，进行城市电源规划；确定城市输、配电设施的规模、容量以及电压等级；科学布局变电所（站）等变配电设施和输配电网络；制定各类供电设施和电力线路的保护措施。

7. 城市通信工程规划的主要任务

结合城市通信实况和发展趋势，确定规划期内城市通信的发展目标，预测通信需求；合理确定邮政、电信、广播、电视等各种通信设施的规模、容量；科学布局各类通信设施和通信线路；制定通信设施综合利用对策与措施，以及通信设施的保护措施。

8. 城市防灾工程规划的主要任务

根据城市自然环境、灾害区划和城市地位，确定城市各项防灾标准，合理确定各项防灾设施的等级、规模；科学布局各项防灾设施；充分考虑防灾设施与城市常用设施的有机结合，制定防灾设施的统筹建设、综合利用、防护管理等对策与措施。

9. 城市环境卫生工程规划的主要任务

根据城市发展目标和城市布局，确定城市环境卫生设施配置标准和垃圾集运、处理方式：合理确定主要环境卫生设施的数量、规模；科学布局垃圾处理场等各种环境卫生设施，制定环境卫生设施的隔离与防护措施；提出垃圾回收利用的对策与措施。

10. 城市工程管线综合规划的主要任务

根据城市规划布局和各项城市工程系统规划，检验各专业工程管线分布的合理程度，提出对专业工程管线规划的修正建议，调整并确定各种工程管线在城市道路上水平排列位置和竖向标高，确认或调整城市道路横断面，提出各种工程管线基本埋深和覆土要求。

1.4.2 城市基础设施工程规划的意义与作用

1. 城市基础设施工程规划的意义

城市基础设施工程规划具有现实指导和未来导向意义。它的各层面规划既能超前和科学地指导本工程系统的总体开发建设，又可以详细、具体地指导各项工程设施设计。而且，经过对各项城市工程系统规划的综合协调，能有效地指导城市基础设施的整体建设，提高城市基础设施建设经济性、可靠性、科学性。应充分发挥城市基础在城市发展中的保障与推动作用，保证城市健康、持续的发展。

2. 城市工程系统规划的作用

城市工程系统规划的作用主要体现在以下几个方面：

1）通过各项城市工程系统规划所作的调查和研究，对各项城市基础设施的现状和发展前景进行深刻的剖析，抓住主要矛盾和问题结症，制定解决问题的对策和措施。

2）城市工程系统规划明确本工程系统的发展目标与规模，统筹本系统建设，制定分期建设计划，有利于建设项目的落实与筹建。

3）城市工程系统规划合理布局各项工程设施和管网，提供各项设施实施的指导依据，便于有计划地改造、完善现有的工程设施，最大限度地利用现有设施，及早预留和控制发展项目的建设用地和空间环境。

4）城市工程系统详细规划对建设地区的工程设施和管网作具体的布置，作为工程设计的依据，能够有效地指导实施建设。

5）通过各项城市工程系统规划和工程管线综合规划，有利于协调城市基础设施建设，合理利用城市空中、地面、地下等各种空间，确保各种工程管线安全畅通。

1.5　城市基础设施工程规划的工作程序

1.5.1　城市基础设施工程规划的总工作程序

城市基础设施工程规划是围绕着城市经济、社会全面发展的总目标展开的，与城市规划、区域基础设施工程发展规划有着密切关系。城市各基础设施工程之间也有着相互配合、相互制约、彼此反馈的关系。因此，城市基础设施工程规划必须按照一定工作程序进行。

城市基础设施工程规划总工作程序分为四个阶段：拟定城市基础设施工程规划建设目标；城市基础设施工程总体规划；城市基础设施工程分区规划；城市基础设施工程详细规划。

1. 拟定城市基础设施工程规划建设目标

拟定城市基础设施工程规划建设目标阶段要依据城市发展目标和城市各基础设施工程的上级主管部门制定的区域基础设施工程发展规划（或行业发展规划），拟定城市基础设施工程规划建设目标，确定相应的规划与建设标准，使城市基础设施工程有自己的发展总目标，作为进行城市基础设施工程总体规划的目标和依据。

2. 城市基础设施工程总体规划

城市基础设施工程总体规划阶段基于基础设施工程现状的调查研究，依据拟定的城市基础设施工程规划建设目标、各基础设施工程的区域发展规划或计划，以及城市规划总体布局，进行各基础设施工程总体规划的各项工作。包括预测各基础设施工程规划期限的负荷，布局各基础设施工程关键性设施和网络系统，提出各基础设施工程的技术政策和措施，以及有关关键性设施的保护措施等。在各基础设施工程总体布局基本确定后，应进行各基础设施工程的工程管线综合总体规划，检验和协调各基础设施工程主要设施和主要工程管线的分布，由此反馈、调整有关基础设施工程规划布局。然后，各基础设施工程将本系统总体规划布局反馈给城市规划总体布局，并提出所发现的与城市规划总体布局的矛盾，提出协调和解决问题的建议，从而进一步协调和完善城市规划总体布局。此外，通过城市各基础设施工程总体规划，落实区域基础设施工程发展规划的布局，并反馈所发现的城市基础设施工程与区域基础设施工程发展规划布局之间的矛盾，协调和解决问题，完善区域基础设施工程规划布局。

3. 城市基础设施工程分区规划

城市基础设施工程分区规划阶段要对规划分区范围内的基础设施工程现状进行调查研究，依据城市基础设施工程总体规划所确定的技术标准和主要工程设施布局，以及城市分区规划布局，估算本分区的基础设施工程负荷，布局本分区内的工程设施和管网系统，提出本分区工程设施的保护措施。在本分区基础设施工程设施和管网布局基本确定后，进行城市工程管线综合分区规划，检验、协调各基础设施工程设施和管网的分布，若发现矛盾，反馈调整本分区有关基础设施工程规划布局。然后，各基础设施工程将本系统分区规划反馈给城市分区规划布局，提出所发现的与分区规划布局的矛盾，并提出协调、解决问题的建议，从而进一步完善城市分区规划布局。同时，通过城市基础设施工程分区规划，具体落实基本基础设施工程总体规划，并反馈发现的问题，以便调整、完善该基础设施工程的总体规划。

4. 城市基础设施工程详细规划

城市基础设施工程详细规划阶段，首先应对本详细规划范围内的现状工程设施、管线进行调查、核实。依据城市详细规划布局、本基础设施工程总体和分区规划确定的技术标准和工程设施、管线布局，计算本范围内工程设施的负荷（需求量），布置工程设施和工程管线，提出有关设施、管线布置和敷设方式，以及防护规定。在基本确定工程设施和工程管线布置后，进行详细规划范围内的工程管线综合规划，检验和协调各工程管线的布置。若发现矛盾，及时反馈至各工程管线规划人员，调整有关工程管线布置。

在编制基础设施工程规划过程中，对及时发现的与城市详细规划布局的矛盾，要提出调整和协调详细规划布局的建议，以便及时完善详细规划布局。

通过基础设施工程详细规划，落实城市基础设施工程总体、分区规划，并反馈总体、分区规划未预见的问题，以便完善总体规划和分区规划。

城市基础设施工程规划整体工作程序框图如图1-3所示。在图1-3中，实线框内为基础设施工程规划内容，虚线框内为外界因素，粗实线流线为主体工作程序流线，细实线为次工作程序流线，虚线流线为反馈流线。

1.5.2 城市各基础设施工程规划的工作程序

城市各基础设施工程规划的工作程序在总体上大致相同，但因涉及内容、特点不同略有差异。

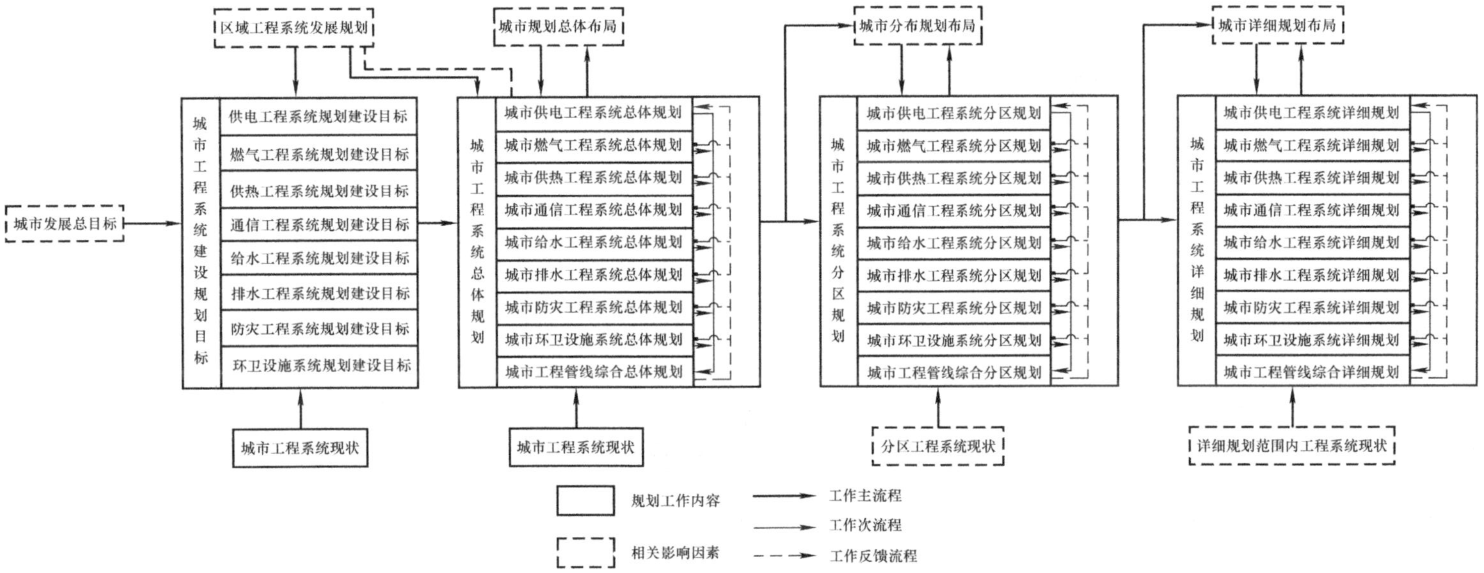

图 1-3 城市基础设施工程规划整体工作程序框图

1. 城市给水工程规划的工作程序

城市给水基础设施工程规划工作的具体程序为：

1）城市用水量预测。

2）确定城市给水系统规划目标。

3）城市给水水源规划。

4）城市给水网络与输配设施规划。

5）分区给水管网与输配设施规划。

6）详细规划范围内给水管网规划。

2. 城市排水工程规划的工作程序

城市排水基础设施工程规划工作包括污水和雨水两部分，它们之间互相有交叉。污水排放工程规划具体程序为：

1）城市污水量预测。

2）确定城市排水系统规划目标。

3）城市污水处理设施规划。

4）城市污水再生利用规划。

5）城市污水管网与输送设施规划。

6）分区污水管网与输送设施规划。

7）详细规划范围内污水管网规划。

雨水排放工程规划具体程序为：

1）确定城市排水系统规划目标。

2）城市雨水排放设施规划。

3）城市雨水再生利用规划。

4）城市雨水管网与输送设施规划。

5）分区雨水管网与输送设施规划。

6）详细规划范围内雨水管网规划。

1.5.3 城市燃气工程规划的工作程序

城市燃气基础设施工程规划工作的主体程序为：

1）城市燃气负荷预测。

2）确定城市燃气系统规划目标。

3）城市燃气气源规划。

4）城市燃气网络与储配设施规划。

5）分区燃气管网与储配设施规划。

6）详细规划范围内燃气管线与供应设施规划。

1.5.4 城市供热工程规划的工作程序

城市供热基础设施工程规划工作的主体程序为：

1）城市供热负荷预测。

2）确定城市供热系统规划目标。

3）城市供热热源规划。

4）城市供热网络与输配设施规划。

5）分区供热管网与输配设施规划。

6）详细规划范围内供热管网规划。

1.5.5 城市供电工程规划的工作程序

城市供电基础设施工程规划工作的主体程序为：

1）城市供电负荷预测。

2）确定城市供电系统规划目标。

3）城市供电电源规划。

4）城市供电网络与变电设施规划。

5）分区供电、高压配电网络与变电设施规划。

6）详细规划范围内送配电线路与变配电设施规划。

1.5.6 城市通信工程规划的工作程序

城市通信工程规划工作的主体程序分为前、后两个阶段，前阶段是确定城市通信系统规划目标，后阶段又分成邮政、电信、广播电视等三部分主体程序。

前阶段主体程序为：

1）城市邮政、电信需求量预测。

2）确定城市通信系统规划目标。

邮政系统规划工作程序为：

1）城市邮政设施规划。

2）分区邮政设施规划。

3）详细规划范围内邮政设施规划。

电信系统规划工程程序为：

1）城市电信设施与网络规划。

2）分区电信设施与线路规划。

3）详细规划范围内电信设施与线路规划。

广播电视系统规划工作程序为：

1）城市广播、电视台站与线路规划。

2）分区广播、电视线路规划。

3）详细规划范围内广播电视线路规划。

1.5.7 城市防灾工程规划的工作程序

城市防灾基础设施工程规划工作的工作程序为。

1）确定城市防灾标准与规划目标。

2）城市防灾系统（消防、防洪、人防、抗震、生命线系统）规划。

① 城市消防工程设施规划：根据城市防灾（消防）标准与规划目标、城市总体布局，结合城市给水基础设施工程规划，进行城市消防工程设施规划，并及时反馈至城市规划部门，共同确定消防站等设施的用地布局。

② 城市防洪工程设施规划：根据城市防灾（防洪）标准、规划目标及城市总体布局，结合城市排水系统规划，进行城市防洪（潮、汛）等规划，并与城市规划、水利等部门共同确定防洪堤、防洪闸等各类设施布局。

③ 城市人防工程设施规划：根据城市防灾（防空袭）标准、规划目标及城市规划总体布局，结合城市公共设施系统规划，进行城市人防工程设施规划，综合利用城市地下空间，并与城市规划和有关部门共同确定重大防空设施布局。

④ 城市抗震设施规划：根据城市防灾（抗震）标准与规划标准、城市规划总体布局，结合城市绿化系统规划和道路交通规划，进行城市抗震工程设施、避震场所及疏散通道规划。

⑤ 城市生命线系统规划：根据城市防灾标准与规划目标，结合城市规划总体布局、道路交通、供电、电信、给水排水等基础设施工程规划，进行城市防灾、救灾的道路、供电、通信、给水、救护等生命线系统设施规划。此项工作必须与城市总体布局和各专业工程规划部门相互反馈，共同确定规划布局。

3）分区防灾工程设施规划。

4）详细规划范围内防灾工程设施规划。

1.5.8 城市环境卫生设施工程规划的工作程序

城市环境卫生设施工程规划工作的主体程序为：

1）城市废物量预测。

2）确定城市环境卫生设施规划目标。

3）城市各类环境卫生设施规划。

4）分区环境卫生设施布局。

5）详细规划范围环境卫生设施布置。

1.5.9 城市工程管线综合规划工作程序

城市工程管线综合规划的主体程序为：

1）城市工程管线综合总体规划。

2）城市工程管线综合分区规划。

3）城市工程管线综合详细规划。

1.6 城市基础设施工程规划的基础资料

城市基础设施工程规划需要有自然环境、城市基本情况、城市规划、各专业工程等方面的基础资料。

1.6.1 自然环境资料

1. 气象资料

（1）气温 城市的年平均气温、极端最高气温、极端最低气温、最大冻土深度。

（2）风 常年主导风向、各季主导风向、风频、平均风速、最大风速、静风频率、风向玫瑰图、台风等。

（3）降水 平均年降水量、最大年降水量、降水强度公式、蒸发量。

（4）日照 平均年日照时数、四季日照情况、雷电日数。

2. 水文资料

（1）水系 城市及周围地区的江、河、湖、海、水库等分布状况，平均年径流量，年平均流量、最大流量，最小流量，平均水位、最高水位，最低水位，河床演变、泥沙运动、潮汐影响等。

（2）水源 城市及周围地区的水资源总量、地表水量、地下水量等。地表水资料包括地表水量分布、过境客水量、水质、水温、大流域水源补给情况，水库。地下水资料包括地下水的种类（潜水、自流水、泉水等）、储量、流向、分布位置、水质、水温、硬度，地下水可开发量，回灌情况、土壤渗透、漏斗区的变化情况，地面沉降等。

3. 地质与地形资料

（1）地质 城市及周围地区的地质构造与特征。

（2）土壤 城市及周围地区的地耐力、腐蚀程度、土质等物理化学性质。

（3）地震 地震断裂带、地震基本烈度以及滑坡、泥石流等情况。

（4）地形 城市及周围地区的各种比例的地形图。

（5）生态 城市及周围地区的植被状况。

1.6.2 城市现状与规划资料

1. 城市现状资料

1）现状城市及市域国民生产总值、国内生产总值、各行业产值、固定资产、城市建设投资、城市建设维护等费用，以及历年增长状况。

2）现状城市及市域人口数量、各类人口构成与分布状况，人口居住密度，各类就业人口及分布密度，以及历年城市人口增长情况，城市流动人口资料等。

3）现状城市用地范围、面积，各类建设用地分布状况，开发强度、地价分布等以及历年城市建设用地增长情况。

4）现状城市各类公共设施、市政设施、工厂企业分布状况，道路交通设施分布状况。

5）现状城市大气、水体和噪声的环境质量状况。

2. 城市总体规划资料

1）城市规划年限、城市性质和人口规模。

2）城市经济发展目标各规划期产业结构、各行业的产值，大型工业项目的规模、产值和分布状况。

3）各规划期的城市建设用地规模，各类规划建设用地布局，城市道路网和各类设施规划分布状况。

4）城市规划居住人口分布状况。

5）城市总体规划图、市域城市体系规划图。

3. 城市分区规划资料

1）分区的规划性质、用地规模、人口规模。

2）分区内各类规划建设用地布局、用地面积，各街区容积率等控制指标。

3）分区内各类工业性质、行业分布、工业产值或产量等。

4）分区规划的居住人口分布状况。

5）分区规划的道路系统及各类设施分布情况。

6）分区土地使用规划图。

4. 城市详细规划资料

1）详细规划范围内的用地面积、人口规模、工业产值等。

2）该范围内各街坊地块的用地面积、居住人口、各类建筑面积或地块容积率，工业企业的性质、产值等。

3）规划道路网，道路宽度、横断面，以及各类设施布置状况。

4）详细规划总平面图，规划指标控制图。

除了要收集上述的自然环境资料、城市现状与规划资料外，还要收集城市交通工程、城市给水工程、城市排水工程、城市燃气供应工程、城市供热工程、城市供电工程、城市通信工程、城市防灾工程、城市环境卫生设施工程和城市工程管线等各专业工程资料，这些资料的具体内容将在后面各单项工程规划中介绍。

第 2 章

给水工程规划

2.1 概述

城市给水工程规划的主要内容包括：确定用水量标准，预测与计算城市总用水量，进行区域水资源与城市用水量之间的供需平衡分析；研究各种用户对水量和水质的要求，合理选择水源，提出水源保护及其开源节流的要求和措施；确定水厂位置和净化方法；确定给水系统组成；布置城市输水管道及给水管网；给水系统规划方案比较，论证各方案的优缺点和估算工程造价和年经营费，选定规划方案。

城市给水工程规划通常按下列步骤进行：

（1）明确规划任务的内容、范围　同时还需收集有关部门对水系统规划的指示、文件；与其他部门分工协议等。

（2）搜集调查基础资料和现场踏勘　需要收集的资料包括自然环境资料、城市现状与规划资料和城市给水工程资料。自然环境资料、城市现状与规划资料的具体内容在第 1 章绪论中已有详尽叙述。城市给水工程资料具体包括以下几个方面：

1）城市水源资料：

① 城市水资源分布图，城市水资源分布状况，可利用的地下水、地表水资源量与开发条件。

② 城市及周围的水库设计容量、死库容量、总蓄水量。

③ 城市现有的引水工程分布、规模、运行状况。

④ 城市取水口的位置、取水条件、原水水质状况。

2）城市现状供水工程设施资料：

① 城市给水工程设施现状图、分区或详细规划范围的给水工程设施、管线现状图。

② 城市现有自来水厂的分布、规模、制水能力、供水能力、供水压力、运行情况。

③ 现有给水管网分布、走向、管径、管材、管网水质、运行情况。

④ 现状供水水质状况。饮用水（蒸馏水、纯水、矿泉水）制造、使用及销售情况。

⑤ 现状企业自备水源数量、分布、规模及使用情况。

3）现状供水资料：

① 城市现状总用水量、各类用水量，城市历年用水量增长情况。

② 城市现状供水普及率、用水重复利用率及分质供水情况。

③ 城市现状供水水价及节约用水情况。

④ 城市用水保证率及不均匀情况。

在规划中，为了了解实地情况，必须进行现场踏勘。通过现场踏勘了解和核对实地地形，增加感性认识。在搜集资料和现场踏勘基础上，着手制定给水工程规划设计方案。通常应拟定几个方案，绘制给水系统规划方案图，估算工程造价，对方案进行技术经济比较，从中选出最佳方案。

（3）撰写给水工程规划说明书，绘制城市给水系统规划图样　图中应包括给水水源和取水位置、水厂厂址、泵站位置以及输水管（渠）和管网的布置等。说明书内容应包括规划项目的性质、建设规模、方案构思的优缺点、设计依据、工程造价、所需主要设备材料及能源消耗等。

给水工程规划的主要成果包括：给水工程规划说明书、给水工程规划图和必要的附图。

2.2　城市给水工程规划各阶段的内容与深度

2.2.1　城市给水工程系统总体规划的内容与深度

1. 城市给水工程系统总体规划的主要内容

1）确定用水量标准，预测城市总用水量。

2）平衡供需水量，选择水源，确定取水方式和位置。

3）确定给水系统的形式、水厂供水能力和厂址，选择处理工艺。

4）布局输配水干管、输水管网和供水重要设施，估算干管管径。

5）确定水源地卫生防护措施。

2. 城市给水工程系统总体规划图样

1）城市给水系统现状图　主要反映城市给水设施的布局和干线管网布局的

情况。

2）城市给水系统规划图　主要反映规划期末城市给水水源、给水设施的位置、规模、输配水干线管网布置、管径。

2.2.2 城市给水工程系统分区规划内容与深度

1. 城市给水工程系统分区规划的主要内容

1）估算分区用水量。

2）进一步确定供水设施规模，确定主要设施位置和用地范围。

3）对总体规划中供水管网的走向、位置、线路，进行落实或修正补充，估算控制管径。

2. 城市给水工程系统分区规划图样

1）分区给水系统现状图。

2）分区给水系统规划图。

3）必要的附图。

2.2.3 城市给水工程系统详细规划内容与深度

1. 城市给水工程系统详细规划的主要内容

1）计算用水量，提出对水质和水压的要求。

2）布局给水设施和给水管网。

3）计算输配水管管径，校核配水管网水量及水压。

4）选择管材。

5）进行造价估算。

2. 城市给水工程系统详细规划图样

1）给水系统规划图。图中标明给水设施位置、规模、用地，给水管道的平面位置、管径、主要控制点标高。

2）必要的附图。

2.3 城市给水工程系统的组成及布置形式

2.3.1 城市给水工程系统的组成

城市给水工程系统是包括水的取集、处理和输配的一个大系统。具体包括取水构筑物、水处理构筑物、泵站、输水管网和配水管网、调节构筑物等。根据不同的供水水源、供水对象及地形等，给水系统的组成也有所不同。图 2-1 所示为城市地表水源给水工程系统示意，图 2-2 所示为城市地下水源给水工程系统示意。

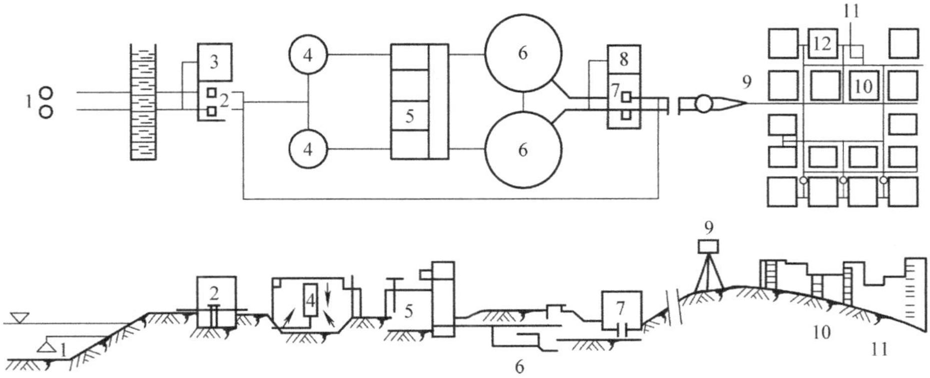

图 2-1　城市地表水源给水工程系统示意

1—吸水管　2—一级泵站　3—加氯间　4—澄清池　5—滤池　6—清水池　7—二级泵站　8—水塔　9—输水管　10—配管网　11—进户管　12—室外消火栓

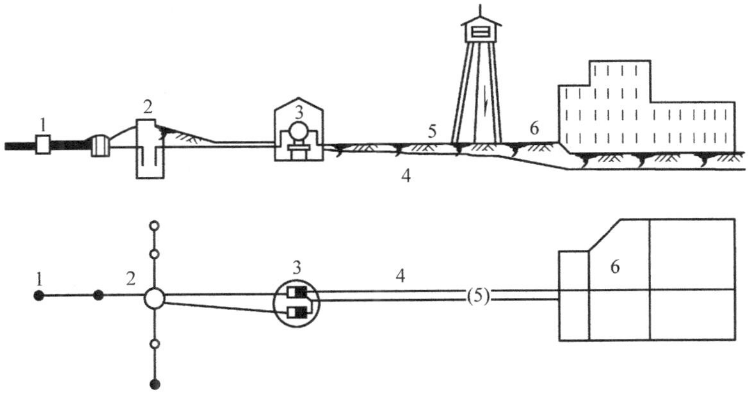

图 2-2　城市地下水源给水工程系统示意

1—水井　2—集水井　3—泵站　4—输水管　5—水塔　6—管网

2.3.2　城市给水工程系统的布置形式

城市给水系统的布置，根据城市总体规划布局、水源性质和当地自然条件、用户对水质要求等的不同而有不同形式。常见的几种形式如下。

1. 按系统构成方式分类

（1）统一给水系统　根据生活饮用水水质标准，用统一的管道系统供给城市居民生活饮用水、工业生产和消防用水，如图 2-1 和图 2-2 所示。统一给水管道系统多用在新建中小城市、工业区、开发区及用户较为集中，各用户对水质、水压无特殊要求或相差不大，地形比较平坦，建筑物层数差异不大的地区。该系统的管网中水压均由二级泵站一次提升，给水系统简单，但供水安全性低。

（2）分质给水系统　取水构筑物从同一水源或不同水源取水，经过不同程度的净化过程，用不同的管道，分别将不同水质的水供给各个用户（图2-3）。除了在城市中工业较集中的区域，对工业用水和生活用水采用分质供水外，对于水资源紧缺的新建居住区、工业区、海岛地区等可以考虑对饮用水与杂用水进行分质供水。

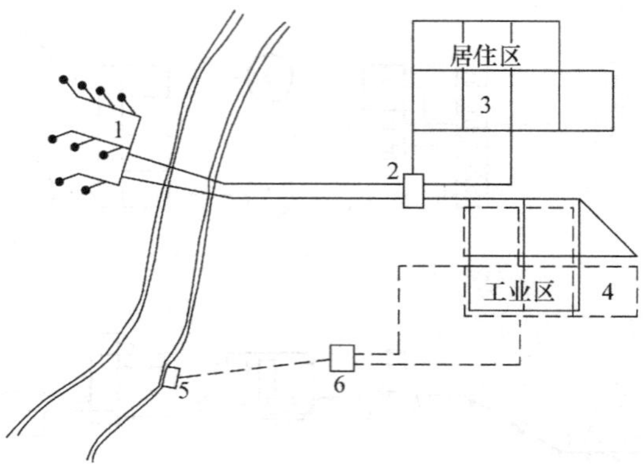

图2-3　分质给水系统

1—管井　2—泵站　3—生活用水管网　4—生产用水管网　5—地面水取水构筑物　6—工业用水处理构筑物

（3）分区给水系统　将给水管道系统划分为多个区域，每区管网具有独立的供水泵站，供水具有不同的水压，各区之间有适当的联系，以保证供水可靠和调度灵活。分区给水系统分为并联分区（图2-4a）和串联分区（图2-4b）。

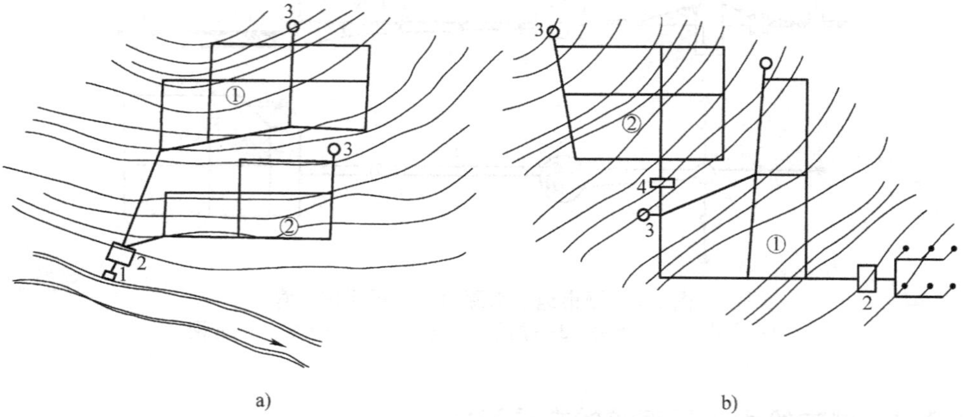

图2-4　分区给水管道系统示意

a）并联分区供水　b）串联分区供水

1—取水构筑物　2—水厂二级泵站　3—高压输水管　4—高区加压泵站

分区给水可以使管网水压不超出水管所能承受的压力，减少漏水量和能量的浪费，但将增加管网造价且管理比较分散。

（4）区域给水系统　随着经济发展和农村城市化进程的加快，许多小城市相继形成并不断扩大，或者以某一城市为中心，带动了周围城市的发展。使城市之间距离缩短。两个以上城市采用同一给水管道系统，或者若干原先独立的管道系统连成一片，或者以中心城市管道系统为核心向周边城市扩展的供水系统称区域供水管道系统。区域供水管道系统不是按一个城市进行规划的，而是按一个区域进行规划。其特点是：可以统一规划、合理利用水资源；另外，分散的、小规模的独立供水系统联成一体后，通过统一管理、统一调度，可以提高供水系统技术管理水平、经济效益和供水安全可靠性。区域供水对水源缺乏地区，尤其是城市密集地区较适用，并且能发挥规模效应，降低成本。

2. 按水源数分类

（1）单水源给水系统 所有用户的用水来源于一个水厂的清水池（清水库）。例如，企事业单位或小城镇给水管网系统，多为单水源给水管道系统（图2-5）。

（2）多水源给水管道系统　有多个水厂的清水池（清水库）作为水源的给水管道系统，清水从不同的地点经输水管进入管网，用户的用水可以来源于不同的水厂。例如，大、中城市甚至跨城镇的给水管道系统，一般是多水源给水管道系统（图2-6）。

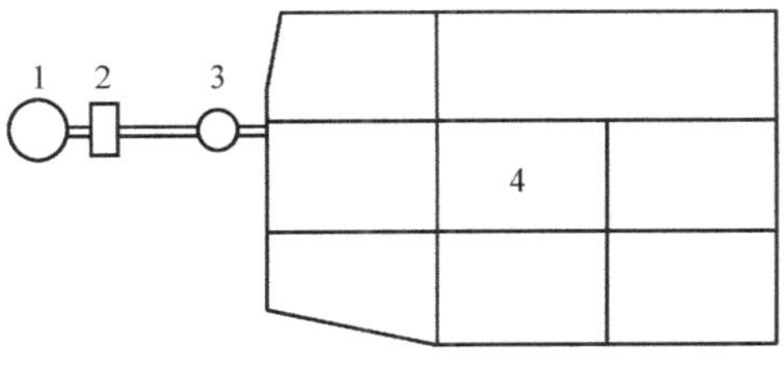

图2-5　单水源给水管道系统
1—地下水集水池　2—泵站　3—水塔　4—管网

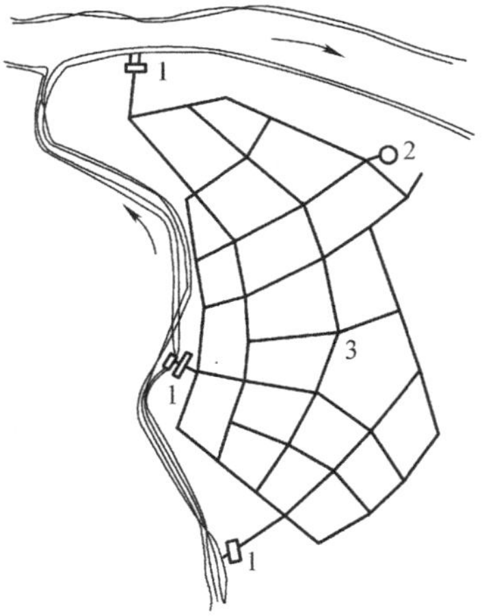

图2-6　多水源给水管道系统
1—水厂　2—加压水库　3—管网

2.4　城市总用水量的估算

城市用水量应由下列两部分组成：第一部分应为规划期内由城市给水工程统一供给的居民生活用水、工业用水、公共设施用水及其他用水水量的总和；第二部分应为城市给水工程统一供给以外的所有用水水量的总和，其中应包括工业和公共设施自备水源供给的用水、河湖环境用水和航道用水、农业灌溉和养殖及畜牧业用水、农村居民和乡镇企业用水等。在给水工程规划中，城市总用水量系指第一部分用水量。

2.4.1 城市总体规划用水量预测

GB 50282—1998《城市给水工程规划规范》规定，城市给水工程统一供给的用水量应根据城市的地理位置、水资源状况、城市性质和规模、产业结构、国民经济发展和居民生活水平、工业回用水率等因素确定。预测方法主要有以下几种。

1. 人均综合用水量指标预测法

$$Q = Nqk \tag{2-1}$$

式中 Q——城市用水量，单位为万 m^3/d；

N——规划期末城市总人口，单位为万人；

q——规划期内每万人均综合用水指标，单位为万 $m^3/$（万人·d），具体见表2-1。

k——规划期使用统一供水用户普及率，单位为%。

表2-1 城市单位人口综合用水量指标

［单位：万 $m^3/$（万人·d）］

区 域	城市规模			
	特大城市	大城市	中等城市	小城市
一区	0.8～1.2	0.7～1.1	0.6～1.0	0.4～0.8
二区	0.6～1.0	0.5～0.8	0.35～0.7	0.3～0.6
三区	0.5～0.8	0.4～0.7	0.3～0.6	0.25～0.5

注：1. 特大城市指市区和近郊区非农业人口为100万及以上的城市；大城市指市区和近郊区非农业人口为50万及以上且不满100万的城市；中等城市指市区和近郊区非农业人口为20万及以上且不满50万的城市；小城市指市区和近郊区非农业人口不满20万的城市。

2. 一区包括贵州、四川、湖北、湖南、江西、浙江、福建、广东、广西、海南、上海、云南、江苏、安徽、重庆；二区包括黑龙江、吉林、辽宁、北京、天津、河北、山西、河南、山东、宁夏、陕西、内蒙古河套以东和甘肃黄河以东的地区；三区包括新疆、青海、西藏、内蒙古河套以西和甘肃黄河以西的地区。

3. 经济特区及其他有特殊情况的城市，应根据用水实际情况，用水指标可酌情增减（下同）。

4. 用水人口为城市总体规划确定的规划人口数（下同）。

5. 本表指标为规划期最高日用水量指标（下同）。

6. 本表指标已包括管网漏失水量。

2. 单位建设用地综合用水量指标预测法

$$Q = q_0F \tag{2-2}$$

式中 q_0——单位建设用地面积综合用水量指标，单位为万 $m^3/(km^2 \cdot d)$，见表2-2；

F——城市规划建设用地面积，单位为 km^2。

表2-2 城市单位建设用地综合用水量指标

［单位：万 $m^3/(km^2 \cdot d)$］

区域	城市规模			
	特大城市	大城市	中等城市	小城市
一区	1.0～1.6	0.8～1.4	0.6～1.0	0.4～0.8
二区	0.8～1.2	0.6～1.0	0.4～0.7	0.3～0.6
三区	0.6～1.0	0.5～0.8	0.3～0.6	0.25～0.5

注：本表指标已包括管网漏失水量。

如果有用地性质的规划资料，也可以采用不同性质用地用水量指标进行预测

$$Q = \sum q_i f_i \tag{2-3}$$

式中 q_i——不同性质用地的用水量指标，单位为 $m^3/(km^2 \cdot d)$，见表2-3、表2-4和表2-5；

f_i——不同性质用地面积，单位为 km^2。

在城市总体规划阶段，估算城市给水工程统一供水的给水干管管径或预测分区的用水量时，也可按照不同性质用地用水量指标确定。

1）城市居住用地用水量应根据城市特点、居民生活水平等因素确定。单位居住用地用水量指标可参考表2-3中的指标。

表2-3 单位居住用地用水量指标 ［单位：万 $m^3/(km^2 \cdot d)$］

用地代号	区域	城市规模			
		特大城市	大城市	中等城市	小城市
R	一区	1.70～2.50	1.50～2.30	1.30～2.10	1.10～1.90
	二区	1.40～2.10	1.25～1.90	1.10～1.70	0.95～1.50
	三区	1.25～1.80	1.10～1.60	0.95～1.40	0.80～1.30

注：1. 本表指标已包括管网漏失水量。

2. 用地代号引用现行国家标准GB 50137—2011《城市用地分类与规划建设用地标准》。

2）城市公共设施用地用水量应根据城市规模、经济发展状况和商贸繁荣程度以及公共设施的类别、规模等因素确定。单位公共设施用地用水量指标可采用表2-4中的指标。

表2-4 单位公共设施用地用水量指标 ［单位：万 $m^3/(km^2 \cdot d)$］

用地代号	用地名称	用水量指标
A	行政办公用地	0.50～1.00
	商贸金融用地	0.50～1.00
	体育、文化娱乐用地	0.50～1.00

（续）

用地代号	用地名称	用水量指标
B	旅馆、服务业用地 教育用地 医疗、修疗养用地 其他公共设施用地	1.00～1.50 1.00～1.50 1.00～1.50 1.00～1.50

注：本表指标已包括管网漏失水量。

3）城市工业用地用水量应根据产业结构、主体产业、生产规模及技术先进程度等因素确定。单位工业用地用水量可采用表2-5中的指标。

表2-5　单位工业用地用水量指标　［单位：万 $m^3/(km^2 \cdot d)$］

用地代号	工业用地类型	用水量指标	用地代号	工业用地类型	用水量指标
M1	一类工业用地	1.20～2.00	M3	三类工业用地	3.00～5.00
M2	二类工业用地	2.00～3.50			

注：本表指标包括了工业用地中职工生活用水及管网漏失水量。

4）城市其他用地用水量可采用表2-6中的指标。

表2-6　单位其他用地用水量指标　［单位：万 $m^3/(km^2 \cdot d)$］

用地代号	工业用地类型	用水量指标	用地代号	工业用地类型	用水量指标
W	仓储用地	0.20～0.50	U	市政公用设施用地	0.25～0.50
T	对外交通用地	0.30～0.60	C	绿地	0.10～0.30
S	道路广场用地	0.20～0.30	D	特殊用地	0.50～0.90

注：本表指标已包括管网漏失水量。

3. 分类求和法

在具有较为完善的城市总体规划和相应的生活用水量、生产用水量和市政用水量的基础资料前提下，可以分别计算各类用水，然后进行求和。

最基本的分类方法是分为居民生活用水、公共建筑用水、工业企业用水、浇洒道路和绿地用水、管网漏损水量、未预见用水。它们的水量估算方法分别为：

1）生活用水量估算：按城市规划的人口数及拟定的近、远期用水量指标相乘进行计算。近、远期用水量指标要结合国家现行规范，并体现规划城市气候特点、经济发展水平和卫生习惯，具体见表2-7。

表2-7　居民生活用水量指标　［单位：L/（人·d）］

区域	特大城市		大城市		中、小城市	
	最高日	平均日	最高日	平均日	最高日	平均日
一区	180～270	140～210	180～270	140～210	140～230	100～170
二区	140～200	110～160	140～200	110～160	100～140	70～120
三区	140～180	110～150	140～180	110～150	100～140	70～110

2）公共建筑用水量估算：按居民生活用水量的百分数估算，百分数的大小，应根据实际情况确定，一般取10%～25%。

3）工业生产用水量估算：根据城市性质、经济结构、产业特点和发展态势，结合现状和规划资料，综合考虑用水量标准。估算时可用单位产品耗水量指标、单位设备每工作日耗水量或万元产值耗水量指标估算，也可运用年递增率法计算。

4）浇洒道路和绿地用水量估算：按水量估算方法的1）、2）两项总和的百分数估算，百分数的大小应根据实际情况确定，一般取5%～10%。

5）城镇配水管网的漏损水量估算：宜按水量估算方法的1）～4）水量之和的10%～12%计算。

6）未预见水量估算：宜按水量估算方法的1）～5）水量之和的8%～12%计算。

7）城市总用水量估算：为水量估算方法的1）～6）六项之和。

在进行城市用水量预测时，自备水源供水的工矿企业和公共设施的用水量应纳入城市用水量中，由城市给水工程进行统一规划。

城市河湖环境用水和航道用水、农业灌溉和养殖及畜牧业用水、农村居民和乡镇企业用水等的水量应根据有关部门的相应规划纳入城市用水量中。

如果需要计算城市综合生活用水量时，可以采用人均综合生活用水量指标进行预测，见表2-8。综合生活用水为城市居民日常生活用水和公共建筑用水之和，不包括浇洒道路、绿地、市政用水和管网漏失水量。

表2-8 人均综合生活用水量指标 [单位：L/(人·d)]

区域	城市规模			
	特大城市	大城市	中等城市	小城市
一区	300～540	290～530	280～520	240～450
二区	230～400	210～380	190～360	190～350
三区	190～330	180～320	170～310	170～300

注：综合生活用水为城市居民日常生活用水和公共建筑用水之和，不包括浇洒道路、绿地、市政用水和管网漏失水量。

进行城市水资源供需平衡分析时，城市给水工程统一供水部分所要求的水资源供水量为城市最高日用水量除以日变化系数再乘以供水天数。各类城市的日变化系数可采用表2-8中的数值。

2.4.2 城市详细规划中用水量计算

在详细规划设计中，为了准确进行取水工程、水处理厂和管网系统的规划设计，用水量的计算应该更加准确。同时，在给水工程的详细规划设计中有时要用到最高日用水量和最高时用水量等，因此必须知道用水量逐日、逐时的变化情况。

1. 用水量的变化

用水量定额只是个平均值，采用用水定额计算出的城市用水量也是一个平均值。但在设计中还必须考虑每日、每时的用水量变化。

（1）最高日用水量和日变化系数　在设计规范的年限内，用水最多一日的用水量称为最高日用水量。在一年中，最高日用水量与平均日用水量的比值称为日变化系数 K_d。根据给水区的地理位置、气候、生活习惯和室内给排水设施程度，各类城市的日变化系数可采用表2-9中的数值。

表2-9　日变化系数

特大城市	大城市	中等城市	小城市
1.1～1.3	1.2～1.4	1.3～1.5	1.4～1.8

（2）最高小时用水量和时变化系数　在最高日内，用水最多1h的用水量称为最高小时用水量。最高时用水量与平均时用水量的比值，叫做时变化系数 K_h。每小时的用水量的变化幅度和居民人数、房屋设备类型、职工上班时间和班次等有关，K_h 为1.3～1.6。大、中城市的用水比较均匀，K_h 值较小，可取下限；小城市可取上限或适当加大。

（3）用水量时变化曲线　在设计给水系统时，除了求出设计年限内最高日用水量和最高日的最高1h用水量外，还应知道24h的用水量变化，据此确定各种给水构筑物的大小，使设计的给水系统能较合理地适应城市用水量变化的需要。图2-7所示为某城市用水量时变化曲线，纵坐标表示逐时用水量，按全日用水量的百分数计，横坐标表示全日小时数。图中平均时用水量、最高时用水量一目了然，以此为据进行规划可使给水系统更合理的适应城市用水量变化的需要。

（4）工业企业用水量时变化系数　工人在车间内生活用水量的时变化系数，

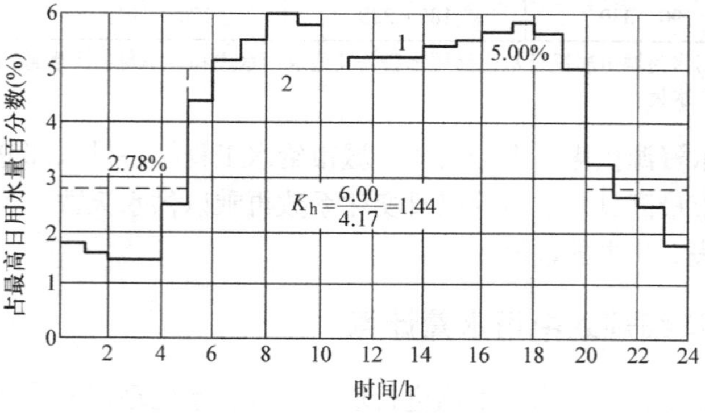

图2-7　城市用水量时变化曲线

冷车间为 3.0，热车间为 2.5。工人淋浴用水量，假定在每班下班后 1h 计算。工业生产用水量的逐时变化，有的均匀，有的不均匀，随生产性质和生产工艺过程而定。

2. 用水量计算

（1）城市最高日用水量的计算

1）居住区最高日生活日水量 Q_1

$$Q_1=\frac{N_1q_1}{1000} \tag{2-4}$$

式中　Q_1——居住区最高日生活日水量，单位为 m^3/d；

N_1——设计期限内规划人口数；

q_1——采用的最高日用水量标准，单位为 L/(人·d)，见表 2-7。

2）公共建筑生活用水量 Q_2

$$Q_2=\sum\frac{N_2q_2}{1000} \tag{2-5}$$

式中　Q_2——居住区最高日生活日水量，单位为 m^3/d；

N_2——公共建筑生活用水单位的数量；

q_2——公共建筑生活用水量标准，单位为 L，见表 2-10。

表 2-10　公共建筑生活用水量标准

序号	建筑物名称	单位	生活用水量标准最高日/L	时变化系数 K_h
1	集体宿舍：有漱洗室 有漱洗室和浴室	每人每日 每人每日	50～75 75～100	2.5
2	旅馆：有漱洗室 有漱洗室和浴室	每人每日 每人每日	50～100 100～120	2.5～2.0 2.0
3	医院、疗养院、休养所： 有漱洗室和浴室	每床每日	100～200	2.5～2.0
4	公共浴室	每顾客每次	80～170	2.0～1.5
5	理发室	每顾客每次	10～25	2.0～1.5
6	洗衣房	每公斤干衣	40～60	1.5～1.0
7	公共食堂、营业食堂	每顾客每次	15～20	2.0～1.5
8	幼儿园、托儿所	每儿童每日	25～50	2.5～2.0
9	办公楼	每人每班	10～25	2.5～2.0
10	中小学校（无住宿）	每学生每日	10～30	2.5～2.0
11	高等学校（有住宿）	每学生每日	100～150	2.0～1.5
12	影剧院	每观众每场	10～20	2.5～2.0

3）工业企业职工日生活用水量 Q_3

$$Q_3 = \sum \frac{nN_3q_3}{1000} \tag{2-6}$$

式中 Q_3——工业企业职工日生活用水量，单位为 m^3/d；

n——每日班制；

N_3——每班职工人数；

q_3——工业企业生活用水量标准，单位为 L/(人·班)，见表 2-11。

表 2-11 工业企业内职工生活用水量和淋浴用水量指标

用水种类	车间性质	用水量/[L/(人·d)]	时变化系数 K_h
生活用水	一般车间 热车间	25 35	3.0 2.5
淋浴用水	不太脏污身体的车间 非常脏污身体的车间	40 60	每班淋浴时间以 45min 计算，时变化系数等于 1

4）工业企业职工每日淋浴用水量 Q_4：

$$Q_4 = \sum \frac{nN_4q_4}{1000} \tag{2-7}$$

式中 Q_4——工业企业职工日淋浴用水量，单位为 m^3/d；

N_4——每班职工淋浴人数；

q_4——工业企业职工淋浴用水量标准，单位为 L/(人·班)，见表 2-11。

5）工业企业生产用水量 Q_5：包括同时使用的各类工业企业或各车间生产用水量之和，具体计算可以视具体情况确定，可用单位产品耗水量指标、单位设备每工作日耗水量或万元产值耗水量指标计算。火力发电厂的用水定额见表 2-12 和表 2-13；钢铁联合企业的用水定额见表 2-14；棉针织印染产品的用水定额见表 2-15 和表 2-16。

表 2-12 火力发电厂单位发电量取水量定额指标 [单位：$m^3/(MW \cdot h)$]

机组冷却形式	单机容量<300MW	单机容量≥300MW
循环冷却供水系统	≤4.80	≤3.84
直流冷却供水系统	≤1.20	≤0.72

表 2-13 火力发电厂装机取水量定额指标 [单位：$m^3/(s \cdot GW)$]

机组冷却形式	单机容量<300MW	单机容量≥300MW
循环冷却供水系统	≤1.0	≤0.8
直流冷却供水系统	≤0.2	≤0.12

表2-14 钢厂取水定额

	普通钢厂				特殊钢厂		
钢产量/(万t/年)	<100	100~200	200~400	≥400	<30	30~50	≥50
取水量/(m^3/t)	≤15	≤16	≤14	≤12	≤22	≤20	≤18

表2-15 棉针织印染产品取水量定额指标 (单位：m^3/100m)

产品名称	A级	B级
棉及棉混纺产品	≤3.0	≤4.0
化纤产品	≤2.5	≤3.5

表2-16 棉针织印染产品取水量定额指标 (单位：m^3/100m)

产品名称	A级	B级
棉及棉混纺产品	≤3.0	≤4.0
化纤产品	≤2.5	≤3.5

6）浇洒道路和绿地用水 Q_6

$$Q_6=\frac{n_6S_6q_6}{1000}+\frac{S_6'q_6'}{1000} \tag{2-8}$$

式中 Q_6——市政用水量，单位为m^3/d；

q_6、q_6'——浇洒道路和浇洒绿地用水量的计算标准，单位分别为L/(m^2·次)和L/(m^2·d)，q_6为2.0~3.0L/(m^2·d)，q_6'为1.0~3.0L/(m^2·d)；

S_6、S_6'——浇洒道路面积和浇洒绿地面积，单位为m^2；

n_6——每日街道洒水次数。

7）城镇配水管网的漏损水量：宜按城市最高日用水量1）~6）水量之和的10%~12%计算。

8）未预见水量：宜按城市最高日用水量1）~7）水量之和的8%~12%计算。

上述各项用水量的和就是城市最高日用水量，即

$$Q=Q_1+Q_2+Q_3+Q_4+Q_5+Q_6+Q_7+Q_8 \tag{2-9}$$

式中 Q——城市最高日用水量，单位为m^3/d。

另外，还有一项消防用水量。消防用水是指在发生火灾的情况下用于灭火所需的水量。消防用水量、水压和火灾延续时间等，应按照现行的GB 50016—2006《建筑设计防火规范》执行。由于城市消防用水量是偶然发生的，可不计入城市设计总用水量中，仅作为设计校核使用。

（2）城市最高日平均时用水量的计算 城市最高日平均时用水量 Q_C

$$Q_C = \frac{Q}{24} \tag{2-10}$$

式中　Q_C——城市最高日平均时用水量，单位为 m^3/d。

城市取水构筑物的取水量和水厂的设计水量，应以最高日用水量再加上自身用水量进行计算，并校核消防补充水量。水厂自身用水量，一般采用最高日用水量的5%～10%。

（3）城市最高日最高时用水量的计算　城市最高日最高时用水量 Q_h

$$Q_h = K_h \frac{Q}{24} \tag{2-11}$$

式中　Q_h——城市最高日最高时用水量，单位为 m^3/h；

K_h——城市用水量时变化系数。

城市管网系统和净水构筑物一般都按最高日最高时用水量进行设计。

2.5 城市水源规划及水资源平衡

2.5.1 水源及其特点

各种用水水源可分为两大类：地表水源和地下水源。地表水源按水体的存在形式有江河、湖泊、水库和海水，地下水源按水文地质条件有潜水（无压水）、自流水（承压地下水）和泉水。两类水源的特点不同。

1. 地表水源及其特点

地表水源是指在社会生产中具有使用价值和经济价值的地表水，既包括天然水，又包括通过工程措施（水库、运河等）和生物措施取得的地表水。

地表水资源在供水中占有十分重要的地位。地表水因受各种地面环境因素影响较大，作为供水水源，其特点主要表现为：

1）水量大，总溶解固体含量较低，硬度一般较小，适合作为大型水量用水的供水水源。

2）时空分布不均，水量和水质受季节影响大。

3）保护能力差，容易受到污染。

4）泥沙和悬浮物含量较高，常需净化处理后才能使用，取水条件和取水构筑物一般较复杂。

2. 地下水源及其特点

地下水资源是指一个地区或一个含水层中，有利用价值的、本身又具有不断更替能力的各种动态地下水量的总称。

地下水受形成、埋藏、补给和分布条件的影响，其特点主要表现为：

1）水的径流量有限，水的含盐量和硬度较高，适合作为中小型水量用水的供水水源。

2）分布面广。

3）不易受到污染，水量、水质较稳定。

4）水质澄清、色度低、细菌少，取水构筑物较简单。

作为用水水源，地下水源的取水条件及取水构筑物构造简单，施工与运行管理方便；水质处理比较简单，处理构筑物的投资及运行费用较低，且卫生防护条件较好。但是，对于规模较大的地下水取水工程，开发地下水源的勘查工作量较大，开采水量通常受到限制，而地表水源则常能满足大量用水需要。

相对于地下水源，地表水的取水条件，如地形、地质、水流状况、水体变迁及卫生防护条件均较复杂，所需水质处理构筑物较多，投资及运行费用也相应增大。

2.5.2　水源的选择

用水水源的选择是给水工程的关键。在选择时应注意以下原则：

1）水源选择必须在对各种水源进行全面分析研究，掌握其基本特征的基础上，综合考虑各方面因素，并经过技术经济比较后确定。确保水源水量可靠和水质符合要求是水源选择的首要条件。

2）符合卫生要求的地下水可优先作为生活饮用水源考虑，但取水量应小于允许开采量。

3）全面考虑，统筹安排，正确处理给水工程同有关部门，如工业、农业、航运、水电、环境保护等方面的关系，以求合理地综合利用和开发水资源。

4）应考虑取水构筑物本身建设施工、运行管理时的安全，注意各种具体条件，如水文、水文地质、工程地质、地形、人防卫生等。

选择城市给水水源应以水资源勘察或分析研究报告和区域、流域水资源规划及城市供水水源开发利用规划为依据，并应满足各规划区城市用水量和水质等方面的要求。

选用地表水为城市给水水源时，城市给水水源的枯水流量保证率应根据城市性质和规模确定，可采用 90% ~97%。建制镇给水水源的枯水流量保证率应符合现行国家标准 GB 50188—2007《镇规划标准》的有关规定。当水源的枯水流量不能满足上述要求时，应采取多水源调节或调蓄等措施。

城市给水水源的水质应符合 CJ 3020—1993《生活饮用水水源水质标准》的规定，见表 2-17。该标准将生活饮用水水质分为二级。一级水源要求：水质良好，地下水只需消毒处理，地表水经简易净化处理（如过滤）消毒即可供生活饮用。二级水源要求：水质受轻度污染，经净水常规处理工艺（如混凝、沉淀、过滤、消毒等），其处理后水质可达 GB 5749—2006《生活饮用水卫生标准》规定，可供饮用。水质浓度超过二级标准限值的水源水，不宜作为生活饮用水的水源。若限于条件需加以利用时，应采用相应的净化工艺进行处理。

表 2-17 生活饮用水水源水质标准

项目	标准限值	
	一级	二级
色	色度不超过 15 度，并不得呈现其他异色	不应有明显的其他异色
浑浊度(度)	≤3	≤3
嗅和味	不得有异臭、异味	不应有明显的异臭、异味
pH	6.5～8.5	6.5～8.5
总硬度(以碳酸钙计)/(mg/L)	≤350	≤450
溶解铁/(mg/L)	≤0.3	≤0.5
锰/(mg/L)	≤0.1	≤0.1
铜/(mg/L)	≤1.0	≤1.0
锌/(mg/L)	≤1.0	≤1.0
挥发酚(以苯酚计)/(mg/L)	≤0.002	≤0.004
阴离子合成洗涤剂/(mg/L)	≤0.3	≤0.3
硫酸盐/(mg/L)	<250	<250
氯化物/(mg/L).	<250	<250
溶解性总固体/(mg/L)	<1 000	<1000
氟化物/(mg/L)	≤1.0	≤1.0
氰化物/(mg/L)	≤0.05	≤0.05
砷/(mg/L)	≤0.05	≤0.05
硒/(mg/L)	≤0.01	≤0.01
汞/(mg/L)	≤0.001	≤0.001
镉/(mg/L)	≤0.01	≤0.01
铬(六价)/(mg/L)	≤0.05	≤0.05
铅/(mg/L)	≤0.05	≤0.07
银/(mg/L)	≤0.05	≤0.05
铍/(mg/L)	≤0.0002	≤0.0002
氨氮(以氮计)/(mg/L)	≤0.5	≤1.0
硝酸盐(以氮计)/(mg/L)	≤10	≤20
耗氧量(CODMn 法，以 O_2 计)/(mg/L)	≤3	≤6
苯并(a)芘/(μg/L)	≤0.01	≤0.01
二氯二苯基三氯已烷(滴滴涕)/(μg/L)	≤1	≤1
六氯环已烷（六六六)/(μg/L)	≤5	≤5
百菌清/（mg/L)	≤0.01	≤0.01
总大肠菌群/（个/L)	≤1000	≤10000
总 a 放射性/（Bq/L)	≤0.1	≤0.1
总 B 放射性/（Bq/L)	≤1	≤1

符合现行国家标准 GB 5749—2006《生活饮用水卫生标准》的地下水宜优先作为城市居民生活饮用水水源。开采地下水应以水文地质勘察报告为依据，其取水量应小于允许开采量。

低于生活饮用水水源水质要求的水源，可作为水质要求低的其他用水的水源。

水资源不足的城市宜将城市污水再生处理后用作工业用水、生活杂用水及河湖环境用水、农业灌溉用水等，其水质应符合相应标准的规定。

缺乏淡水资源的沿海或海岛城市宜将海水直接或经处理后作为城市水源，其水质应符合相应标准的规定。

另外，GB 3838—2002《地表水环境质量标准》按照功能高低将地表水分为五类，并明确规定水源地二级保护区内的水质应达到Ⅲ类水水质标准。同样，GB/T 14878—1993《地下水质量标准》也将地下水划分为五类，并规定达到Ⅲ类水水质标准的地下水可以作为集中生活饮用水水源，Ⅳ类地下水适当处理后可以作为生活饮用水。

在规划阶段确定水源地时应注意以下几点：

1）水源地应设在水量、水质有保证和易于实施水源环境保护的地段。

2）选用地表水为水源时，水源地应位于水体功能区划规定的取水段或水质符合相应标准的河段。饮用水水源地应位于城镇和工业区的上游。饮用水水源地一级保护区应符合现行国家标准 GB 3838—2002《地表水环境质量标准》规定的Ⅱ类标准。

3）选用地下水水源时，水源地应设在不易受污染的富水地段。

4）当水源为高浊度江河时，水源地区应选在浊度相对较低的河段或有条件设置避砂峰调蓄设施的河段，并应符合国家现行标准 CJJ 40—2011《高浊度水给水设计规范》的规定。

5）当水源为感潮江河时，水源地区应选在氯离子含量符合有关标准规定的河段或有条件设置避咸潮调蓄设施的河段。

6）当水源为湖泊或水库时，水源地应选在藻类含量较低、水位较深和水域开阔的位置，并应符合国家现行标准 CJJ 32—2011《含藻水给水处理设计规范》的规定。

2.5.3 取水工程设施

1. 地表水取水构筑物

地表水取水构筑物的形式应适应特定的河流水文、地形及地质条件，同时应考虑到取水构筑物的施工条件和技术要求。由于水源自然条件和用户对取水的要求不同，地表水取水构筑物有多种不同的形式。

地表水取水构筑物按构造形式可分为固定式取水构筑物、移动式取水构筑物和山区浅水河流取水构筑物三大类，每一类又有多种形式，各自有不同的特点和适用条件。

(1) 固定式取水构筑物 按取水点的位置和特点，可分为岸边式、河床式及斗槽式。

(2) 移动式取水构筑物 当修建固定式取水构筑物有困难时，可采用移动式取水构筑物，移动式取水构筑物可分为缆车式和浮船式。

(3) 山区浅水河流构筑物 山区浅水河流多属河流的上游段，具有河床坡度大、河流狭窄、水流湍急、河床稳定性好，河流径流量及水位变化较大，河水的水质变化剧烈等特点。所以其取水构筑物也有自己的特点。这一类取水构筑物有低坝式和底栏栅式两种，主要是为了抬升水位，便于取水。

2. 地下水取水构筑物

正确设计取水构筑物，对最大限度截取补给量、提高出水量、改善水质、降低工程总造价影响很大。由于地下水类型、埋藏条件、含水层性质等各不相同，地下水的取水方法和取水构筑物形式也各不相同，地下水取水构筑物有管井、大口井、辐射井、复合井和水平渗渠等类型。

(1) 管井 管井俗称机井，是地下水构筑物中应用最广泛的一种，适用于任何岩性与地层结构，按其过滤器是否贯穿整个含水层。常由井室、井壁管、过滤器及沉淀管构成。

(2) 大口井 大口井因其井径大而得名，一般直径可达 3 ~ 8m，是开采浅层地下水最合适的取水构筑物类型。大口井具有构造简单、取材容易、使用年限长及容积大、能起到调蓄水量作用等优点，但也受到施工困难和基建费用高等条件的限制。大口井主要由井室、井筒和进水部分组成。

(3) 渗渠 由于是水平敷设在含水层中，所以渗渠也称之为水平式取水构筑物。受施工条件的限制，其埋深很少超过 10m。渗渠通常由水平集水管、集水井、检查井和泵站组成。

(4) 复合井和辐射井 复合井是由非完整式大口井和井底下设置管井过滤器组成。它是一个由大口井和管井组成的分层或分段取水系统。适用于地下水较高、厚度较大的含水层，能充分利用含水层的厚度，增加井的出水量。辐射井是由大口井与若干沿井壁向外呈辐射状敷设的集水管（辐射管）组合而成。

2.5.4 水源保护

城市的供水水源一旦遭到破坏，很难在短期内恢复。所以在开发利用水源时，应做到利用与保护结合，城市规划中必须明确保护措施。

为了更好地保护水环境，GB 3838—2002《地表水环境质量标准》根据不同水质的使用功能，将地表水划分为五类，见表 2-18。每类水体均必须符合相应的排放标准和水污染控制区。

我国有关法规对给水水源的卫生防护提出了具体要求，城市给水工程规划应予以执行。

表2-18 地表水域功能分类与水污染防治控制区及污水综合排放标准

地表水环境质量标准中水域功能分类		水污染防治控制区	污水综合排放标准的分级
Ⅰ类	源头水、国家自然保护区	特殊控制区	禁止排放污水区
Ⅱ类	集中式生活饮用水地表水源地一级保护区、珍稀水生物栖息地、鱼虾类产物、仔稚幼鱼的索饵场等	特殊控制区	禁止排放污水区
Ⅲ类	集中式生活饮用水地表水源地二级保护区、鱼虾类越冬场、洄游通道、水产养殖区等渔业水域及游泳区	重点控制区	执行一级标准
Ⅳ类	工业用水区、人体非直接接触的娱乐用水区	一般控制区	执行二级标准或三级标准（排入城镇生物处理污水处理厂污水）
Ⅴ类	农业用水区、一般景观要求水域	一般控制区	

1. 地面水源卫生防护

在饮用水地表水源取水口附近，划定一定水域或陆域作为饮用水地表水源一级保护区。其水质标准不低于GB 3838—2002《地表水环境质量标准》的Ⅱ类标准。在一级保护区外划定一定的水域或陆域为二级保护区，其水质不低于Ⅲ类标准。根据需要，可在二级保护区外划定一定的水域或陆域为准保护区。各级保护区的卫生防护规定如下：

1）取水点周围半径不小于100m的水域内，严禁捕捞、停靠船只、游泳和从事一切可能污染水源的活动，并应设有明显的范围标志。

2）取水点上游1000m至下游100m的水域内，不得排入工业废水和生活污水；其沿岸防护范围内，不得堆放废渣，不得设置有害化学物品仓库、堆栈或装卸垃圾、粪便和有毒物品的码头，沿岸农田不得使用工业废水或生活污水灌溉及施用有持久性或剧毒的农药，并不得从事放牧等有可能污染该段水域水质的活动。

供生活饮用的水库和湖泊，应根据不同情况的需要，将取水点周围部分水域或整个水域及其沿岸划为卫生防护带，并按上述要求执行。

3）以河流为给水水源的集中式给水，应把取水点上游1000m以外的一定范围河段划为水源保护区，严格控制上游污染物排放量。排放污水时应符合GBZ 1—2010《工业企业设计卫生标准》和GB 3838—2002《地表水环境质量标准》的有关要求，以保证取水点的水质符合饮用水水源水质要求。

4）水厂生产区的范围应明确划定，并设立明显标志，在生产区外围不小于10m范围内不得设立生活居住区和修建禽畜饲养场、渗水厕所、渗水坑；不得堆放垃圾、粪便、废渣或敷设污水渠道；应保持良好的卫生状况，并充分绿化。

单独设立的泵站、沉淀池和清水池外围不小于10m范围内，其卫生要求与水厂生产区相同。

2. 地下水源的卫生防护

地下水水源保护的具体要求：

1）地下水水源保护区和井的影响半径范围应根据水源地所处的地理位置、水文地质条件、开采方式、开采水量和污染源分布等情况确定，且单井保护半径应在50～100m范围内。

2）在井的影响半径范围内，不应开凿其他生产用水井，不应使用工业废水或生活污水灌溉和施用持久性或剧毒的农药，不应修建渗水厕所和污废水渗水坑、堆放废渣和垃圾或敷设污水渠道，不从事破坏深层土层的活动。

3）雨季，应及时疏导地表积水，防止积水入渗和漫溢到井内。

4）渗渠、大口井等受地表水影响的地下水源，其防护措施与地表水源保护要求相同。

5）地下水资源匮乏地区，开采深层地下水的水源井应保证生活用水，不宜用于农业灌溉。

2.5.5 水资源平衡

城市水资源和城市用水量之间应保持平衡，以确保城市可持续发展。在几个城市共享同一水源或水源在城市规划区以外时，应进行市域或区域、流域范围的水资源供需平衡分析。

根据水资源的供需平衡分析，应提出保持平衡的对策，包括合理确定城市规模和产业结构，并应提出水资源保护的措施。水资源匮乏的城市应限制发展用水量大的企业，并应发展节水农业。针对水资源不足的原因，应提出开源节流和水污染防治等相应措施。

2.6 净水工程规划

2.6.1 净水厂的设计水量、水质指标及水质标准

1. 净水厂的设计水量

净水厂的设计规模用最高日用量表示，净水厂各处理构筑物一般采用最高日最高时流量进行设计。

2. 水质指标

水质指标项目很多，按其性质可分为物理水质指标、化学水质指标和生物学水质指标三大类。每种水质指标，都有其国际上通用的标准分析方法，这样对各地各种水质指标的检测数据才有可比性，便于相互参考和交流。

水的物理水质指标主要有温度、色度、浑浊度、嗅味、电导率、总固体、溶

解性固体等。

水的化学水质指标包括有机物指标和无机物指标两类。有机物指标主要包括化学需氧量、生化需氧量、总有机碳（TOC）、总需氧量（TOD）等；无机物指标主要包括氮、磷、无机盐类和重金属离子及酸碱度等。

水的生物学指标主要有细菌总数、总大肠菌群数、大肠杆菌指数、病毒等。对城市生活饮用水而言，水的生物学指标特别重要，因为水的生物学指标反映的是水中病原微生物的数量。

3. 水质标准

水质标准包括各行各业的用水标准、各种水环境水质标准以及污水排放标准等。我国的水质标准大致可以分为国家标准、行业（部门）标准和地方标准。由国家颁布的水质标准，在全国具有通用性、指令性和法律性。由部门制定的水质标准，则只适用于部门内部。由地方制定的水质标准，则只适用于地方。

（1）生活饮用水卫生标准　我国政府为保障城镇居民的饮用水安全，制定了集中式供水的生活饮用水卫生标准。于1959年颁布的第一个国家《生活饮用水卫生标准》只包括了16项水质指标，1976年修订时将水质指标增加到23项，1985年修订时又将水质指标增加到35项。随着我国水环境污染的加剧，城镇水源水中对人体有害的污染物特别是有机污染物大幅增加，要求制定更严格的水质标准，所以2006年修订时将水质指标增加到106项，增加了71项，修订了8项。表2-19所示为GB 5749—2006《生活饮用水卫生标准》中的水质常规指标及限值。

表2-19　水质常规指标及限值

指　　标	限　　值
1. 微生物指标①	
总大肠菌群（MPN/100mL或CFU/100mL）	不得检出
耐热大肠菌群（MPN/100mL或CFU/100mL）	不得检出
大肠杆菌（MPN/100mL或CFU/100mL）	不得检出
菌落总数（CFU/mL）	100
2. 毒理指标	
砷（mg/L）	0.01
镉（mg/L）	0.005
铬（六价，mg/L）	0.05
铅（mg/L）	0.01
汞（mg/L）	0.001
硒（mg/L）	0.01

（续）

指　标	限　值
氰化物（mg/L）	0.05
氟化物（mg/L）	1.0
硝酸盐（以N计，mg/L）	10 地下水源限制时为20
三氯甲烷（mg/L）	0.06
四氯化碳（mg/L）	0.002
溴酸盐（使用臭氧时，mg/L）	0.01
甲醛（使用臭氧时，mg/L）	0.9
亚氯酸盐（使用二氧化氯消毒时，mg/L）	0.7
氯酸盐（使用复合二氧化氯消毒时，mg/L）	0.7
3. 感官性状和一般化学指标	
色度（铂钴色度单位）	15
浑浊度（NTU-散射浊度单位）	1 水源与净水技术条件限制时为3
臭和味	无异臭、异味
肉眼可见物	无
pH（pH单位）	不小于6.5且不大于8.5
铝（mg/L）	0.2
铁（mg/L）	0.3
锰（mg/L）	0.1
铜（mg/L）	1.0
锌（mg/L）	1.0
氯化物（mg/L）	250
硫酸盐（mg/L）	250
溶解性总固体（mg/L）	1000
总硬度（以$CaCO_3$计，mg/L）	450
耗氧量（CODMn法，以O_2计，mg/L）	3 水源限制，原水耗氧量>6mg/L时为5
挥发酚类（以苯酚计，mg/L）	0.002
阴离子合成洗涤剂（mg/L）	0.3
4. 放射性指标②	指导值
总α放射性（Bq/L）	0.5
总β放射性（Bq/L）	1

① MPN表示最可能数；CFU表示菌落形成单位。当水样检出总大肠菌群时，应进一步检验大肠埃希氏菌或耐热大肠菌群；水样未检出总大肠菌群，不必检验大肠埃希氏菌或耐热大肠菌群。

② 放射性指标超过指导值，应进行核素分析和评价，判定能否饮用。

(2) 工业用水水质标准　不同的工矿企业用水，对水质的要求各不相同，即使是同一种工业，不同生产工艺过程，对水质的要求也有差异。一般应该根据生产工艺的具体要求，对原水进行必要的处理，以保证工业生产的需要。

食品工业用水水质标准与生活饮用水基本相同。

在纺织和造纸工业中，水直接与产品接触，要求水质清澈，否则会使产品产生斑点，铁、锰过多能使产品产生锈斑。

石油化工、电厂、钢铁等企业需要大量的冷却水。这类水主要对水温有一定要求，同时对易于发生沉淀的悬浮物和溶解性盐类不宜过高，以防止堵塞管道和设备；藻类和微生物的滋长也要控制，还要求水质对工业设备无腐蚀作用。

电子工业用水要求较高，半导体器件洗涤用水及药液的配制，都需要高纯水。

2.6.2　给水处理的基本方法及典型工艺流程

1. 给水处理的基本方法

给水处理方法一般应根据源水水质和用水对象对水质的要求确定。目前在给水处理工艺中主要采用的单元工艺有：混凝、沉淀、过滤、消毒、离子交换、化学氧化、膜法、吸附、曝气及生物处理等。

混凝、沉淀处理的对象主要是水中悬浮物质和胶体杂质。原水加入药剂后，能使悬浮物和胶体形成较大絮凝体颗粒，以便在后续的沉淀池内完成重力分离，如果某些相对较小的颗粒没有被沉淀去除，在过滤过程中也能被截留，降低出水浊度。由于原水中的细菌等微生物大多裹胁在悬浮物当中，经过混凝、沉淀、细菌等微生物可以有较大程度的降低。同时，混凝、沉淀可以对源水中天然大分子有机物和某些合成有机物有一定的去除效果。

过滤是消毒工艺前的关键处理手段。它能够截留混凝、沉淀后水中的残留悬浮物，其中包括细菌、病菌、原生动物等病原生物，它能使水的浑浊度降至3NTU甚至1NTU以下，从而大大提高了水的卫生安全性。所以过滤是生活饮用水最重要的处理方法之一。给水处理中常用粒状材料过滤。粒状材料过滤是用细颗粒的材料（例如石英砂）构成滤层，当水通过滤层时，水中的悬浮物能被截留在滤层的滤料表面和缝隙中，从而使水得到澄清。

消毒的目的是杀灭水中的致病微生物，通常在过滤以后进行。我国目前普遍采用的消毒方法是液氯消毒。在一些小型水厂或临时供水时也有采用漂白粉、次氯酸钠、二氧化氯消毒的。由于氯消毒的一些消毒副产物有致突变或致癌作用，因此对氯的投加量应加以限制，并尽量不采用在水处理前就投氯消毒的预氯化方式。为避免氯消毒带来的问题，一些欧洲国家采用臭氧消毒。目前，大型紫外线消毒器用于水厂消毒的研究和开发工作也在进行中。根据情况，也可采用臭氧与氯、紫外线与氯共同消毒的方法。

离子交换法主要是对水中的钙、镁离子的去除，多用在水的软化和脱盐等领域，也可用于有毒离子（钡、砷、氟）及放射性物质（铀、镭）等的去除。

化学氧化处理有多种目的，通过这种方法主要可以降低源水的色度，降低嗅和味，氧化水中的有机物，同时对水中的铁、锰起到氧化作用，有利于絮凝。目前常用的氧化剂有氯、氯胺、臭氧、二氧化氯等。

膜法主要包括电渗析、反渗透、微滤、超滤和纳滤。膜法在给水和污水处理领域都有应用，现在的膜分离技术在净水厂应用比较广泛。这种方法对去除原水中的杂质，细菌和病毒效果较好。

吸附方法可以去除水中的色度及嗅和味等物质，常用的吸附剂为活性炭（PAC）和粉末炭（GAC）。

曝气及生物处理，这种单元工艺以往主要应用在污水处理领域，随着源水污染的加剧，生活饮用水水源中有机污染物的含量越来越高，采用曝气可以去除水中溶解气体如 CO_2、H_2S 等，以及能引起嗅和味的物质和挥发有机物（VOC）。曝气还对源水有预处理作用。例如，可以补充水中溶解氧，氧化水中的铁、锰。生物处理工艺主要去除水中的有机物，采用的反应器多为微生物膜类型，生物处理对色度、铁、锰的去除也有效果，可以减少后续工艺的混凝剂投加量。

2. 给水处理的常用工艺流程

根据源水水质和使用要求，往往将几种处理方法联合使用，构成一个处理流程，以使净水厂出水达到相应的水质标准。

（1）生活饮用水的常规处理流程　把未受污染的地表水处理成生活饮用水，其去除对象主要为悬浮物、胶体和致病微生物，一般采用的常规处理工艺流程为：混凝、沉淀、过滤、消毒，如图 2-8 所示。

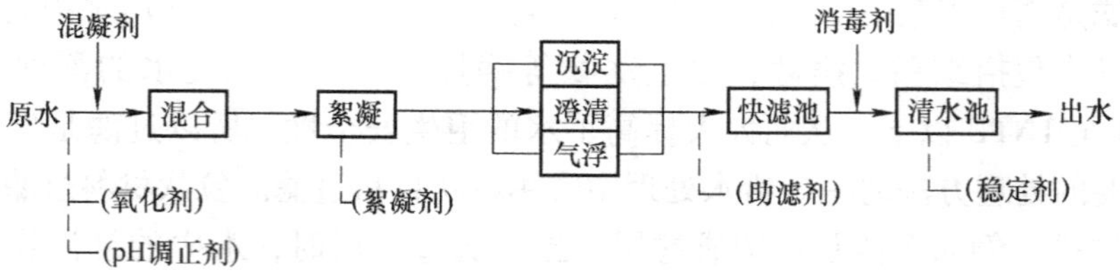

图 2-8　常规给水处理工艺流程

对不同水源的水质，流程中反应器可以增减。源水水质优良的地下水，可直接消毒即可饮用，省去了前面混凝、沉淀、过滤所有工艺。当源水浊度经常在 15NTU 的情况下，色度不超过 20 时可采用直接过滤的方法，省去混凝、沉淀等工艺。因此，给水工艺流程的确定，要充分考虑源水水质情况，经论证后确定，以节约工程投资和运行管理费用。

（2）微污染饮用水源水的处理流程　由于工业废水的大量排放，水体受到了不同程度的污染，水中污染物的种类较多，性质较复杂。污染物含量比较低微的水源，常称为微污染水源。尽管污染物浓度较低，但常含有有毒、有害物质；尤其是那些难降解的、具有生物积累性和致癌、致畸、致突变性的有机污染物，对人体健康的危害性更大。微污染水作为饮用水源时，靠常规处理流程很难去除掉这些有机污染物，因此在常规处理的基础上，必须增加预处理或深度处理。

预处理技术包括生物氧化法（生物接触氧化池、生物流化床、塔式生物滤池、淹没式生物粒状滤料滤池等）、化学氧化剂法（臭氧、高锰酸钾等）、吸附剂吸附法（粉末活性炭、活化黏土等）等。深度处理技术包括粒状活性炭吸附法、臭氧-活性炭法（即生物活性炭法）、光化学氧化法（包括光激发氧化法和光催化氧化法）、膜过滤法、活性炭-硅藻土过滤法等。

图 2-9 所示为微污染饮用水源水的处理流程，图中虚框部分表示可以采用的预处理技术或深度处理技术。

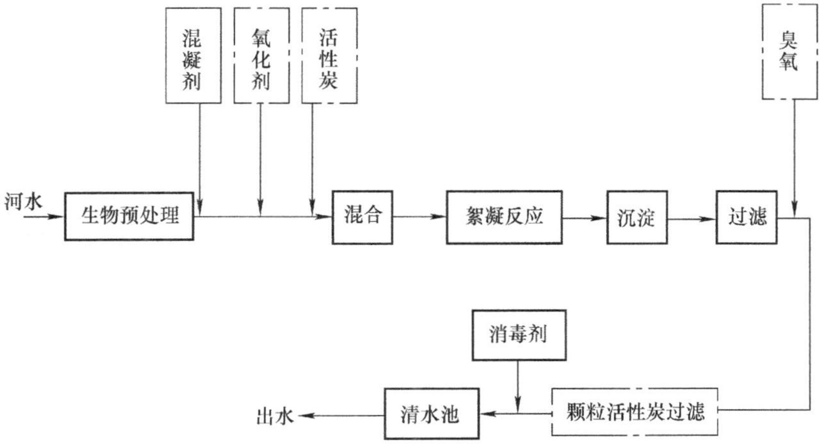

图 2-9　微污染饮用水源水的处理流程

（3）劣质地下水处理流程　劣质地下水主要是指地下水中的铁、锰、氟等超标的地下水。地下水中的铁、锰一般以 Fe^{2+}、Mn^{2+} 的形式存在，去除的方法是将其氧化为三价铁和四价锰的沉淀物。具体办法可以采用曝气充氧—氧化反应—滤池过滤，也可采用药剂氧化或离子交换法等。

常采用的曝气氧化除铁的工艺示意如图 2-10 所示。

含铁水井中一般不含氧。在此采用曝气法，可使空气中的氧溶于水中，作为氧化二价铁的氧化剂。曝气后的含铁水流经接触催化滤池，水中的二价铁在滤料表面催化剂的作用下被溶解氧氧化为三价铁，并沉淀析出附着于滤料表面，滤后水的含铁量便可降至 0.3mg/L 以下，符合水质标准要求。向滤后水投加氯进行

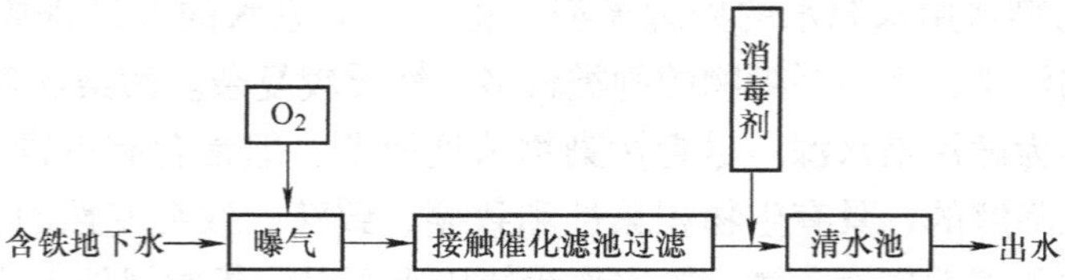

图 2-10　曝气氧化水除铁工艺示意

消毒，便可使水的细菌学指标也符合标准。

除锰的方法与除铁的方法相同，当铁和锰同时存在时，如果地下水含锰量小于 1.5mg/L，可采用一套曝气和除铁装置同时除铁、除锰。如果含锰量大于 1.5mg/L 时，采用强化曝气，双层除铁、除锰罐，上层除铁、下层除锰，曝气氧化双层除铁、除锰工艺流程如图 2-11 所示。

当水中的氟含量超标时，应进行除氟处理，目前一般采用活性氧化铝吸附除氟。其工艺流程如图 2-12 所示。

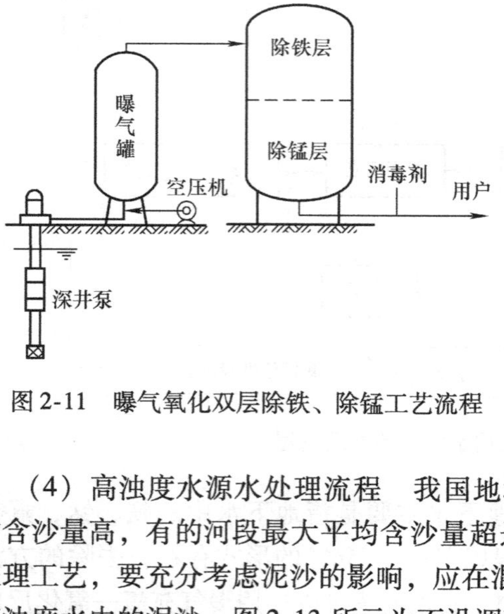

图 2-11　曝气氧化双层除铁、除锰工艺流程

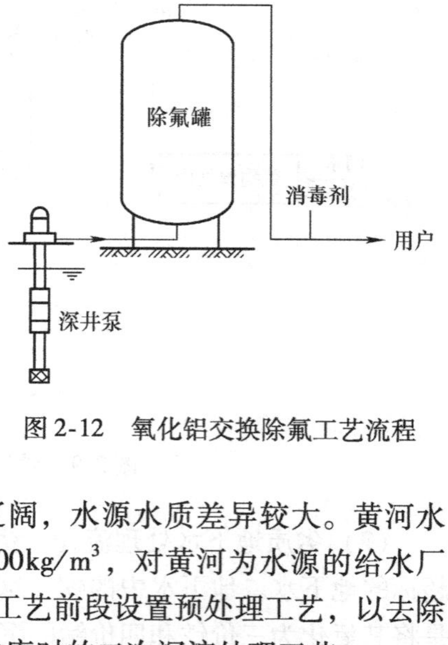

图 2-12　氧化铝交换除氟工艺流程

（4）高浊度水源水处理流程　我国地域辽阔，水源水质差异较大。黄河水的含沙量高，有的河段最大平均含沙量超过 $100kg/m^3$，对黄河为水源的给水厂处理工艺，要充分考虑泥沙的影响，应在混凝工艺前段设置预处理工艺，以去除高浊度水中的泥沙，图 2-13 所示为不设调蓄水库时的二次沉淀处理工艺。

（5）富营养化水处理流程　地表水指江河、湖泊、水库等水，我国的湖泊及水库的蓄水量占全国淡水资源的 23%。所以，以湖泊水库作为水源的城市占全国城市供水量的 25% 左右。由于湖泊、水库的水文特征，加上含氮、磷污水大量排入，使水体富营养化现象严重，藻类大量繁殖。目前水处理中含藻水的处理方法主要有化学药剂法、微滤机过滤法、气浮法、直接过滤和生物处理等。

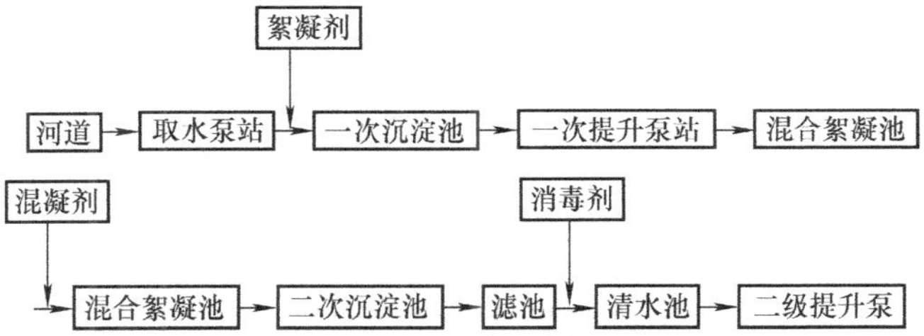

图2-13　不设调蓄水库时的二次沉淀处理工艺

2.6.3　净水厂厂址选择与用地要求

1. 净水厂厂址选择

城市自来水厂厂址的选择应根据城市总体规划的要求，并通过技术经济比较后确定。一般应遵循以下原则：

1）厂址应选在工程地质条件较好，不受洪水威胁，地下水位低，地基承载能力较大，湿陷性等级不高的地方。

2）宜选择在交通便捷以及供电安全可靠和水厂废水处置方便的地方。

3）水厂的位置，一般应尽可能地接近用水区，特别是最大用水区。当水源地远离城市时，水源地和净水厂宜分开设置。

4）有条件的地方，应尽量采用重力输水。

5）水厂应该位于河道主流的城市上游，取水口尤其应设于居住区和工业区排水出口的上游，并且不受洪水威胁。水厂厂址应选在工程地质条件较好的地段，以降低工程造价。取用地下水的水厂，可设在井群附近，亦可分开布置。井群应按地下水流向布置在城市的上游。

2. 用地要求

水厂用地应按规划期给水规模确定，用地控制指标应按表2-20采用。水厂厂区周围应设置宽度不小于10m的绿化地带。

表2-20　水厂用地控制指标

建设规模/(万 m^3/d)	地表水水厂/(m^2·d/m^3)	地下水水厂/(m^2·d/m^3)
5～10	0.7～0.50	0.40～0.30
10～30	0.50～0.30	0.30～0.20
30～50	0.30～0.10	0.20～0.08

注：1. 建设规模大的取下限，建设规模小的取上限。
2. 地表水水厂建设用地按常规处理工艺进行，厂内设置预处理或深度处理构筑物以及污泥处理设施时，可根据需要增加用地。
3. 地下水水厂建设用地按消毒工艺进行，厂内设置特殊水质处理工艺时，可根据需要增加用地。
4. 本表指标未包括厂区周围绿化地带用地。

2.7 城市给水管网规划

2.7.1 给水管道系统的组成

给水管道系统是给水系统的组成之一，由输水管（渠）、配水管网、水压调节设施（泵站、减压阀）及水量调节设施（清水池、水塔、高位水池）等组成。

输水管（渠）是指在较长距离内输送水量的管道或渠道，一般不沿线向外供水。包括从水厂将清水输送至供水区域的管道、从供水管网向某大用户供水的专线管道、区域给水系统中连接各区域管网的管道等。输水管道（渠道）仅起输水作用，管中流量和流速不变。

配水管网是指分布在供水区域内的配水管道网络。其功能是将处理后的水分配至整个用水区域和用户。配水管网由主干管、干管、支管、连接管、分配管等构成。此外，还包括消火栓、阀门（闸阀、排气阀、泄水阀等）和检测仪表（压力、流量、水质检测等）等附属设施，以保证消防供水和满足生产调度、故障处理、维护保养等管理要求。

泵站是指输配水系统中的加压设施，一般由多台水泵并联组成。使用水泵对水流增加压力，满足用户的用水流量与压力要求。给水管网的泵站分为供水泵站（又称二级泵站）和加压泵站（又称三级泵站）两种形式。供水泵站一般位于水厂内部，其作用是将清水池中的水加压后送入输水管或配水管网。加压泵站则对远离水厂的供水区域或地形较高的区域进行加压，即实现多级加压。

水量调节构筑物包括调节一级泵站和二级泵站流量差的清水池、调节二级泵站和管网配水管网流量差的水塔（或高地水库）等。水量调节设施也可用于贮存备用水量，以保证消防、检修、停电和事故等情况下的用水，提高系统的供水安全可靠性。

给水系统的附属构筑物主要有阀门井、检查井、消火栓井、水表井、放空排水井、水锤泄压井。

为了降低和稳定输配水系统局部的水压，给水管道系统通常设有减压阀和节流孔板等，以避免水压过高造成管道或其他设施的漏水、爆裂、水锤破坏，或避免用水的不舒适感。

2.7.2 给水管网布置

1. 给水管网布置原则

1）按照城市总体规划，结合当地实际情况布置给水管网，要进行多方案技术经济比较。

2）主次明确，先搞好输水管渠与主干管布置，然后布置一般管线与设施。

3）尽量缩短管线长度，节约工程投资与运行管理费用。

4）协调好与其他管道、电缆和道路等工程的关系。

5）保证供水具有安全可靠性。

6）尽量减少拆迁，少占农田。

7）管渠的施工、运行和维护方便。

8）远近期结合，留有发展余地，考虑分期实施的可能性。

2. 给水管网布置的基本形式

根据管网的布置形式，可分为树状管网（图 2-14）和环状管网（图 2-15）两种形式。

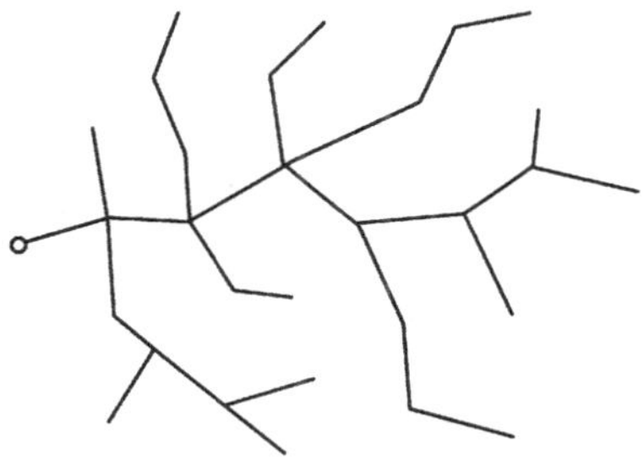

图 2-14　树状管网

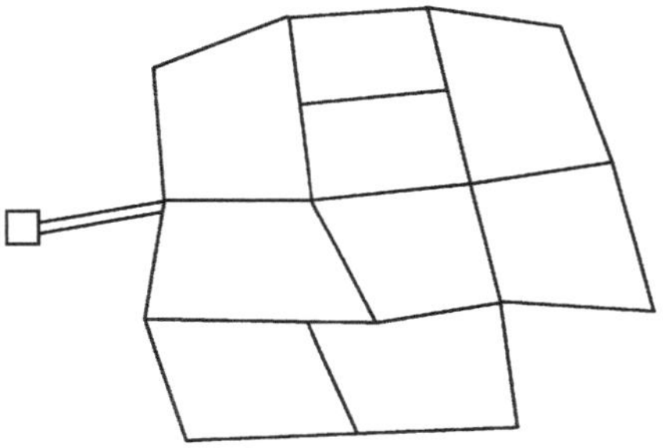

图 2-15　环状管网

树状管网一般适用于小城市和小型工矿企业，这类管网从水厂泵站或水塔到用户的管线布置成树枝状，如图 2-14 所示。显而易见，树状管网的供水可靠性较差，因为管网中任一段管线损坏时，在该管段以后的所有管线就会断水。另外，在树状管网的末端，因用水量已经很小，管中的水流缓慢，甚至停滞不流动，因此水质容易变坏。

环状管网的管线连接成环状，当任一段管线损坏时，可以关闭附近的阀门，与其余管线隔开，然后进行检修，水还可从其他的管线供应用户，断水的地区可以缩小，从而增加供水可靠性，如图 2-15 所示。环状管网还可以大大减轻因水锤作用产生的危害，而在树状网中，往往因此而使管线损坏。但是，环状管网的造价明显地高于树状管网。环状管网一般适用于大城市的给水系统。

一般在城市建设的初期采用树状管网，随着城市的发展逐渐连成环状管网。在城市的中心布置成环状管网，郊区布置成树状管网。

3. 输水管渠布置与定线

从水源到水厂或从水厂输水到相距较远的管网的管道或渠道称为输水管渠。输水管渠在整个给水系统中是很重要的。它的一般特点是距离长，因此与河流、高地、交通路线等的交叉较多。当水源、水厂和给水区的位置相近时，输水管渠的定线布置较为简单，但对于几十千米甚至几百千米的远距离输水管渠，定线就比较复杂。

输水管渠有多种形式，常用的有压力输水管渠和无压输水管渠。长距离输水管渠的定线应在对各种可行的方案进行详细的技术经济比较后确定，可按具体情况，采用不同的管渠形式，用得较多得是压力输水管渠。

输水管定线时，必须与城市建设规划设计相结合，选择经济合理的线路，尽量缩短管线长度，并且应少穿越障碍物和地质不稳定的地段。在可能的情况下，尽量采用重力输水或分段重力输水。对于地势起伏较大的地段，宜采取压力输送与重力输送相结合，特别要避免管路中出现负压。输水干管一般应设两条，中间要设连通管；若采用一条，必须采取措施保证满足城市用水安全的要求。

重力输水管渠应根据具体情况设置检查井、排气设施和泄水设施。

4. 配水管网布置与定线

配水管网是给水管道系统中的主要部分，其作用就是将输水管线送来的水，配送给城市用户。配水的管网布置要求供水安全可靠，节约投资，一般应满足如下要求：

1）按照城市规划平面图布置管网，布置时应考虑给水系统分期建设的可能，并留有充分的发展余地。

2）管网布置必须保证供水安全可靠，当局部管网发生事故时，断水范围应减到最小。

3）管线遍布在整个给水区内，保证用户有足够的水量和水压。

4）力求以最短距离敷设管线，以降低管网造价和供水能量费用。

5）生活饮用水的管网严禁与非生活饮用水管网连接。

根据管网中管线的作用和管径的大小，将管线分为干管、分配管（配水管）、接户管（进户管）三种，如图2-16所示。干管的主要作用是输水和为沿线用户供水。给水管网的布置和计算，一般只限于干管和干管间的连接管。配水管主要作用是把干管输送来的水，配给接户管和消火栓。接户管是从分配管接到用户去的管线，其管径视用户用水的多少而定，一般的民用建筑用一条接户管，对于供水可靠性要求较高的建筑物，可采用两条或两条以上，而且

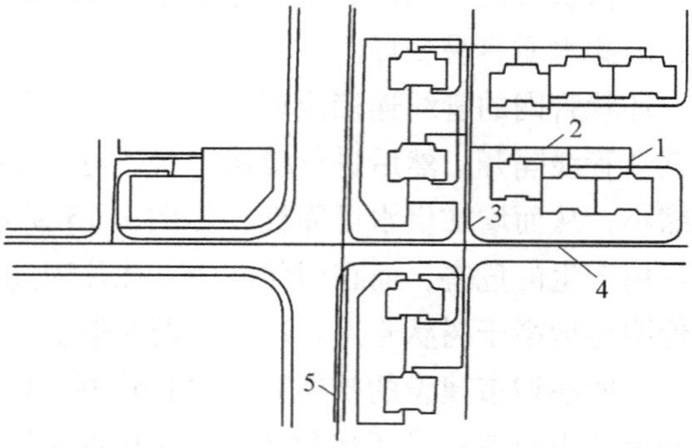

图2-16 管网分级布置图

1—接户管 2—分配管 3—小区支管（分配管）
4—小区干管 5—城市干管

最好由不同的配水管接入，保证供水安全可靠性。

城市给水管网定线取决于城市平面布置，供水区的地形，水源和调节构筑物位置，街区和用户特别是大用户的分布，河流、铁路、桥梁等的位置等。图2-17所示为某市给水管网布置示意。下面将结合图2-17介绍给水管网定线时应考虑的要点。

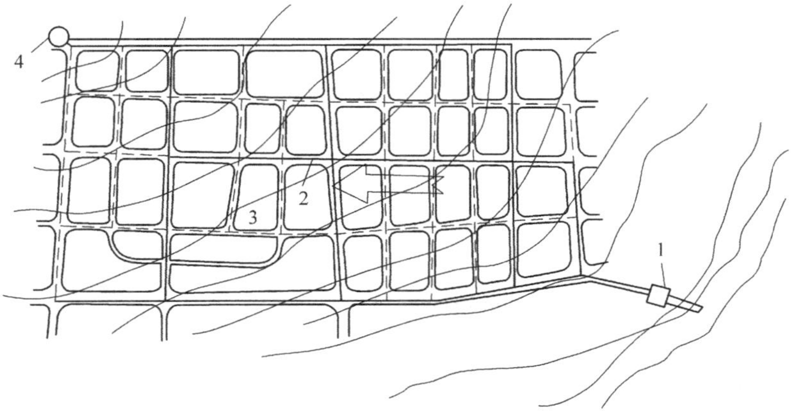

图2-17 城市给水管网布置示意
1—水厂 2—干管 3—分配管 4—高地水库

定线时，干管延伸方向应和二级泵站输水到水池、水塔、大用户的水流方向基本一致，如图2-17中的箭头所示。循水流方向以最短的距离布置一条或数条干管，干管位置应从用水量较大的街区通过。干管的间距，可根据街区情况，采用500~800m。从经济上来说，给水管网的布置采用一条干管接出许多支管，形成树状管网，费用最省；但从供水可靠性着想，以布置几条接近平行的干管并形成环状管网为宜。

干管和干管之间的连接管使管网形成了环状管网。连接管的作用在于局部管线损坏时，可以通过它重新分配流量，从而缩小断水范围，提高供水管网系统的可靠性。连接管的间距可根据街区的大小考虑在800~1000m。

干管一般按城市规划道路定线，但尽量避免在高级路面或重要道路下通过，以减少今后检修时的困难。管线在道路下的平面位置和标高，应符合城市或厂区地下管线综合设计的要求；给水管线和建筑物、铁路以及其他管道的水平净距，均应参照有关规定。

考虑了上述要求，城市管网将是树状管网和若干环组成的环状管网相结合的形式，管线大致均匀地分布于整个给水区域。

给水管网中还需安排一些其他管线和附属设备，例如在供水范围内的道路下需敷设分配管，以便把干管的水送到用户和消火栓。最小分配管直径为100mm，大城市采用 150~200mm，主要原因是通过消防流量时，分配管中的水头损失不致过大，以免火灾地区的水压过低。

城市内的工厂、学校、医院等用水均从分配管接出．再通过房屋进水管接到用户。一般建筑物用一条进水管，用水要求较高的建筑物或建筑物群，有时在不同部位接入两条或数条进水管，以增加供水的可靠性。

2.7.3 给水管网的水力计算

给水管网水力计算的目的，就是根据最高日最高时的设计用水量，求出管网中各管段的管径和水头损失，然后确定二级泵站的水泵扬程及水塔高度，以满足用户对水量和水压的要求。给水管网水力计算步骤如下：

1）根据城市地形及规划，确定控制点，进行管网定线。

2）计算干管的总长度。

3）求干管的长度比流量或面积比流量。

4）计算各管段的沿线流量。

5）计算各节点的节点流量。

6）将集中流量布置在附近的节点上。

7）拟定各管段水流方向，进行流量分配，使各节点流量满足$\sum Q=0$。

8）根据各管段的计算流量，按经济流速查水力计算表，确定各管段的管径及水力坡度，并计算各管段的水头损失。

9）对于枝状管网，可由控制点所要求的自由水头，逆水流方向推算各节点的水压标高和自由水头，并推算出二级泵站的扬程和水塔高度。

10）对于环状管网，如果各环的水头损失代数和 $\sum h_{ij} \neq 0$，且超过允许值，即产生闭合差，则调整流量进行管网平差计算。当各环闭合差达到允许的计算精度后，逆水流方向，选择一条最不利线路推算管网中各节点的水压标高和自由水头，并推算二级泵站的扬程和水塔高度。

1. 管段的设计流量

确定各管段设计流量的目的在于，通过经济流速或水压差来选定管径，进行管网水力计算。但要确定各管段的计算流量，需首先确定各管段的沿线流量和节点流量。

（1）沿线流量 城市给水管网的干管和分配管上，承接了许多用户，沿线配水情况比较复杂，既有工厂、机关、学校、医院、宾馆等大用户，其用水流量称为集中流量，又有数量很多、但用水量较小的居民用水、浇洒道路或绿化用水等沿线流量，导致不但沿线所接用户很多，而且用水量变化也很大。干管配水情况如图 2-18 所示。从图中可以看出，干管除供沿线两旁为数较多的居民生活用水

q'_1、q'_2、……外，还要供给分配管流量 q_1、q_2、……，还有可能给少数大用水户供应集中流量 Q_1、Q_2、……。由于用水点多，用水量经常变化，所以按实际情况进行管网计算是非常繁杂的，而且在实际工程中也没有必要。因此，为了计算方便，常采用简化法——比流量法，即假定小用水户的流量均匀分布在全部干管上。比流量法有长度比流量和面积比流量两种。

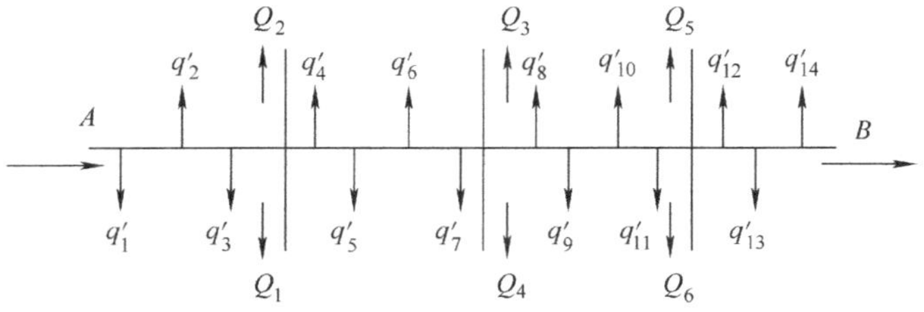

图2-18　干管配水情况

所谓长度比流量法，是假定沿线流量 q_1、q_2、……均匀分布在全部配水干管上，则管线单位长度上的配水流量称为长度比流量，记为 q_s。

长度比流量 q_s 的计算式为

$$q_s = \frac{Q - \sum Q_i}{\sum L} \tag{2-12}$$

式中　q_s——长度比流量，单位为L/(s·m)；

Q——管网总用水量，单位为L/s；

$\sum L$——管网配水干管总计算长度，单位为m；

$\sum Q_i$——工业企业及其他大用户的集中流量之和，单位为L/s。

计算时应注意，各集中流量采用最高日最高时流量，总的集中流量是偏大的，因为不同用户的用水高峰小时可能不同，但如果用集中用水户在管网最高时的用水流量作为集中流量，则流量可能偏小，造成后面设计管径偏小。因此，集中流量按最高日最高时计算，但如果该项用水最高时与管网最高时不同，则计算值应适当调小。

单侧配水的管段（如沿河岸等地段敷设的只有一侧配水的管线）按实际长度的一半计入；双侧配水的管段，计算长度等于实际长度；两侧不配水的管线长度不计（即不计穿越广场、公园等无建筑物地区的管线长度）。

比流量的大小随用水量的变化而变化。因此，控制管网水力情况的不同供水条件下的比流量（如在最高用水时、消防时、最大转输时的比流量）是不同的，必须分别计算。另外，若城市内各区人口密度相差较大时，也应根据各区的用水量和干管长度，分别计算其比流量。

长度比流量按用水量全部均匀分布在干管上的假定来求比流量，忽视了沿管线供水人数和用水量的差别，存在一定的缺陷。因此计算出来的配水量可能和实际配水量有一定差异。为接近实际配水情况，也可按面积比流量法计算。

面积比流量是假定沿线流量 q'_1，q'_2、……均匀分布在整个供水面积上的情况下，单位面积上的配水流量，用 q_A 表示，其计算式为

$$q_A = \frac{Q - \sum Q_i}{\sum A} \tag{2-13}$$

式中 q_A——面积比流量，单位为 L/(s · m²)；

$\sum A$——给水区域内沿线配水的供水面积总和，单位为 m²；

用面积比流量法计算虽然比较准确，但计算过程较麻烦。当供水区域的干管分布比较均匀、干管距离大致相同的管网，用长度比流量法计算较为简便。

由比流量 q_s、q_A 可计算出各管段的沿线配水流量即沿线流量，记作 q_y，则任一管段的沿线流量 q_y 为

$$q_y = q_s L_i \tag{2-14}$$

或

$$q_y = q_A A_i \tag{2-15}$$

式中 q_y——沿线流量，单位为 L/s；

L_i——该管段的计算长度，单位为 m；

A_i——该管段所负担的供水面积，单位为 m²。

（2）节点流量　管网中任一管段的流量，包括两部分：一部分是沿本管段均匀泄出供给各用户的沿线流量 q_y，如图 2-19a 所示，流量大小沿程线性减小，到管段末端等于零；另一部分是通过本管段流到下游管段的流量，如图 2-19b 所示，其沿程不发生变化，称为转输流量 q_{zs}。则从图 2-19a 可以看出，从管段起端 *A* 到末端 *B* 管段内流量由 $q_{zs} + q_y$ 变为 q_{zs}，流量仍是变化的。对于流量变化的管段，难以确定管径和水头损失。因此，需对其进一步简化。简化的方法是化渐变流为均匀流，是以变化的沿线流量折算为管段两端节点流出的流量，即节点流量。全管段引用一个不变的流量，称为折算流量，记为 q_{if}，使它产生的水头损失与实际上沿线变化的流量产生的水头损失完全相同，从而得出管线折算流量的计算公式为

$$q_{if} = q_{zs} + \alpha q_y \tag{2-16}$$

式中 α——折减系数，其值根据简化条件经推算在 0.5～0.58。

α 值与管段中 q_{zs}/q_y 有关。一般情况下，在靠近管网起端的管段，因转输流量比沿线流量大得多，α 值接近于 0.5；相反，靠近管网末端的管段，α 值则趋近于 0.58。为便于管网计算，通常统一采用 0.5，即将管段沿线流量平分到管段两端的节点上，在解决工程问题时，已足够精确。

因此管网任一节点的节点流量为

$$q_i = 0.5\sum q_y \tag{2-17}$$

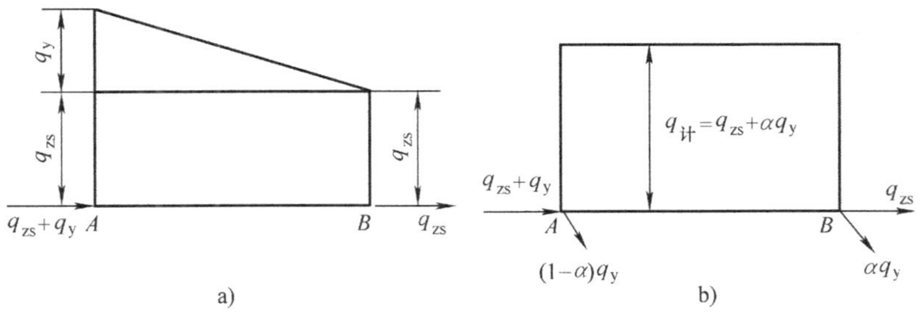

图2-19 管段输配水情况

a）沿线流量输配水情况 b）转输流量输配水情况

即管网中任一节点的节点流量 q_i 等于与该节点相连各管段的沿线流量总和的一半。

当整个给水区域内管网的比流量 q_s 或 q_A 相同时，由式（2-16）和式（2-17）可得节点流量计算式的另一种表达形式

$$q_y = 0.5q_s\sum L_i \tag{2-18}$$

或

$$q_y = 0.5q_A\sum A_i \tag{2-19}$$

式中 $\sum L_i$——与该节点相连各管段的计算长度之和，单位为m；

$\sum A_i$——与该节点相连各管段所负担的配水面积之和，单位为m^2。

城市管网中，工业企业等大用户所需流量，可直接作为接入大用户节点的节点流量，如工业企业内的生产用水管网。水量大的车间用水量也可直接作为节点流量。

这样，管网图上各节点的流量包括由沿线流量折算的节点流量和大用户的集中流量。大用户的集中流量可以在管网图上单独注明，也可与节点流量加在一起，在相应节点上注出总流量。一般在管网计算图的各节点旁引出细实线箭头，并在箭头的前端注明该节点总流量的大小。

【例2-1】 某城镇最高时总用水量为284.7L/s，其中集中供应工业用水量为189.2L/s。干管各管段编号及长度如图2-20所示，管段4~5、1~2及2~3为单侧配水，其余为两侧配水。试求：（1）干管的比流量；（2）各管段的沿线流量；（3）各节点流量。

【解】 从整个城镇管网分布情况来看，干管的分布比较均匀，故按长度比流量法计算。

1）配水干管计算长度：因二泵站~4为输水管，不参与配水，其计算长度

为零，4 ~5、1 ~2、2 ~3 管段为单侧配水，其计算长度按实际长度的一半计入，其余均为双侧配水管段，均按实际长度计入，则

$$\sum L=(0.5\times756\times3+756+820\times3+250)\text{m}=4600\text{m}$$

2）配水干管比流量

$$q_s=\frac{284.7-189.2}{4600}\text{L/(S·m)}=0.0208\text{L/(s·m)}$$

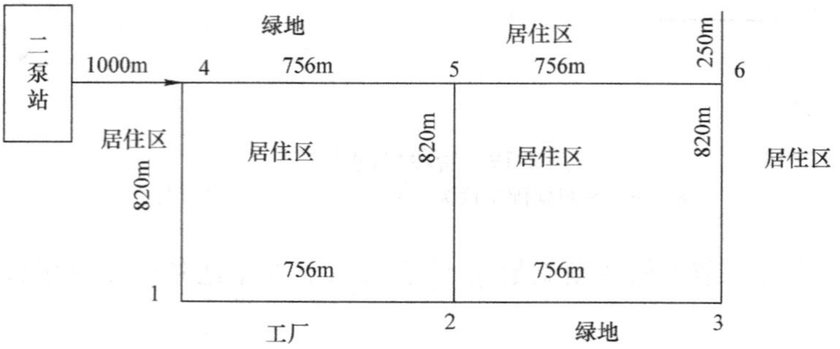

图 2-20 干管各管段编号及长度

3）沿线流量：各管段的沿线流量计算见表 2-21。

表 2-21 各管段的沿线流量计算

管段编号	管段长度/m	管段计算长度/m	比流量/[L/(s·m)]	沿线流量/(L/s)
1 ~2	756	0.5 ×756 =378	0.0209	7.9
2 ~3	756	0.5 ×756 =378		7.9
1 ~4	820	820		17
2 ~5	820	820		17
3 ~6	820	820		17
4 ~5	756	0.5 ×756 =378		7.8
5 ~6	756	756		15.7
6 ~7	250	256		5.2
合计		4600		95.5

4）节点流量计算：各节点的节点流量计算见表 2-22。

表 2-22 各管段节点流量计算

节点	连接管段	节点流量/(L/s)	集中流量/(L/s)	节点总流量/(L/s)
1	1 ~4、1 ~2	0.5 ×(18.0 +8.3) =13.1	189.2	202.3
2	1 ~2、2 ~5、2 ~3	0.5 ×(8.3 +18.0 +8.31) =17.3		17.3

（续）

节点	连接管段	节点流量/(L/s)	集中流量/(L/s)	节点总流量/(L/s)
3	2 ~ 3、3 ~ 6	0. 5 × (8. 3 + 18. 01) = 13. 1		13. 1
4	1 ~ 4、4 ~ 5	0. 5 × (18. 0 + 8. 3) = 13. 1		13. 1
5	4 ~ 5、2 ~ 5、5 ~ 6	0. 5 × (8. 3 + 18. 0 + 16. 6) = 21. 6		21. 6
6	3 ~ 6、5 ~ 6	0. 5 × (18. 0 + 16. 6) = 17. 3		17. 3
合计		95. 5	189 2	284. 7

将节点流量和集中流量标注于相应节点上，如图 2-21 所示。

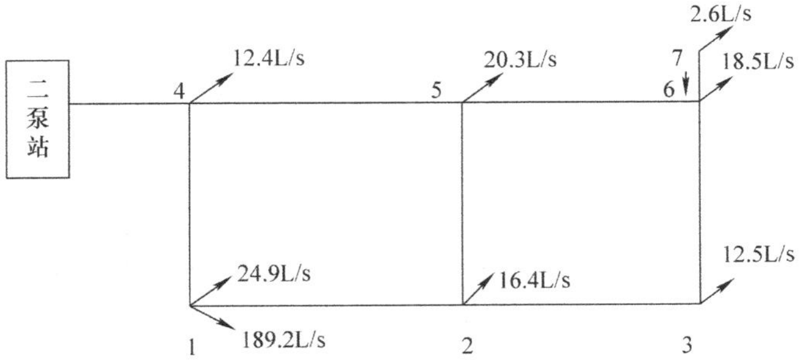

图 2-21　节点流量图

（3）管段的计算流量 管网各管段的沿线流量简化成各节点流量后，可求出各节点总流量，即把大用水户的集中流量也加于相应的节点上，则所有节点流量的总和，便是由二级泵站送来的总流量（即总供水量）。按照质量守恒原理，每一节点必须满足节点流量平衡条件：流入任一节点的流量必须等于流出该节点的流量，即流进等于流出。

若规定流入节点的流量为负，流出节点为正，则上述平衡条件可表示为

$$q_i + \sum q_{ij} = 0 \tag{2-20}$$

式中　q_{ij}——连接在节点 i 上的各管段流量，L/s。

依据式（2-20），用二级泵站送来的总流量沿各节点进行流量分配，所得出的各管段通过的流量，就是各管段的计算流量。

在单水源枝状管网中，各管段的计算流量容易确定。从配水源（泵站或水塔等）供水到各节点只能沿一条管路通道，即管网中每一管段的水流方向和计算流量都是确定的且是唯一的。每一管段的计算流量等于该管段后面（顺水流方向）所有节点流量和大用户集中用水量之和。因此，对于枝状管网，若任一管段发生事故，该管段以后地区就会断水。

图 2-22 所示为一枝状管网管段流量分配，管段 3 ~ 4 的流量为

$$q_{3\sim4}=q_4+q_5+q_8+q_9+q_{10}$$

管段 4 ~ 8 的流量为

$$q_{4\sim8}=q_8+q_9+q_{10}$$

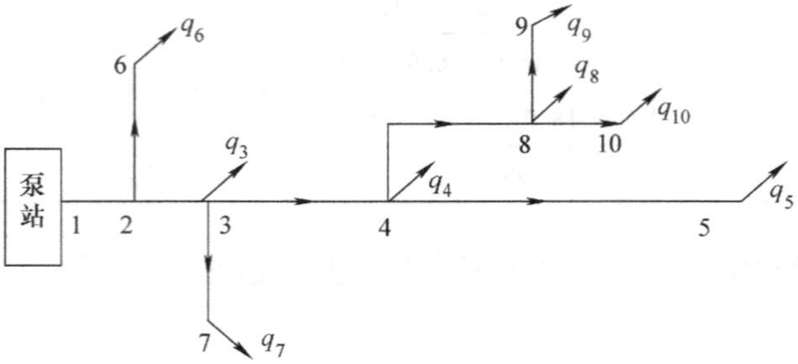

图 2-22　枝状管网管段流量分配

对于环状管网，各管段的计算流量不是唯一确定的，不像枝状管网那样容易确定。配水干管相互连接环通，环路中每一用户所需水量可以沿两条或两条以上的管路供给，各环内每条配水管段的水流方向和流量值都是不确定的。

以图 2-23 所示的节点 5 为例，离开节点的流量为 q_5、$q_{5\sim6}$、$q_{5\sim8}$，流向节点的流量为 $q_{2\sim5}$、$q_{4\sim5}$，因此根据式（2-20）得

$$q_5+q_{5\sim6}+q_{5\sim8}-q_{2\sim5}-q_{4\sim5}=0$$

同理，节点 1 为

$$-Q+q_1+q_{1\sim2}+q_{1\sim4}=0$$

或
$$Q-q_1=q_{1\sim2}+q_{1\sim4}$$

可以看出，对节点 1 来说，即使进入管网的总流量 Q 和节点流量 q_1 已知，各管段的流量，如 $q_{1\sim2}$ 和 $q_{1\sim4}$ 等值，还可以有不同的分配，也就是有不同的管段流量。以图 2-23 中的节点 1 为例，如果在分配流量时，对其中的一条，例如管段 1 ~ 2 分配很大的流量 $q_{1\sim2}$，而另一管段 1 ~ 4 分配很小的流量 $q_{1\sim4}$，因 $q_{1\sim2}+q_{1\sim4}$ 仍等于 $Q-q_1$，即保持水流的连续性，这时敷管费用虽然比较经济，但明显和安全供水产生矛盾。因为当流量很大的管段 1 ~ 2 损坏需要检修时，全部流量必须在管段 1 ~ 4 中通过，使该管段的水头损失过大，从而影响到整个管网的供水量或水压。

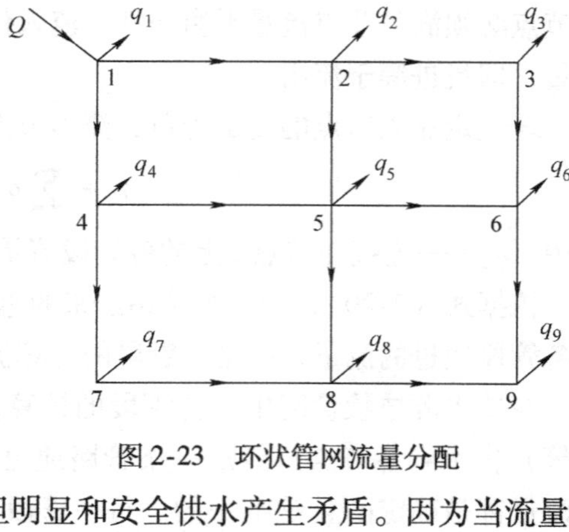

图 2-23　环状管网流量分配

环状管网可以有许多不同的流量分配方案，但是都应保证供给用户所需的水

量，并且满足节点流量平衡的条件。因为流量分配的不同，所以每一方案所得的管径也有差异，管网总造价也不相等，但一般不会有明显的差别。

环状网的流量分配，应同时照顾经济性和可靠性。经济性是指流量分配后得到的管径，应使一定年限内的管网建造费用和管理费用为最小。可靠性是指能向用户不间断地供水，并且保证应有的水量、水压和水质。经济性和可靠性之间往往难以兼顾，一般只能在满足可靠性的要求下，力求管网最为经济。

环状网流量分配的步骤是：

1）按照管网的主要供水方向，初步拟定各管段的水流方向，并选定整个管网的控制点。控制点是管网正常工作时和事故时必须保证所需水压的点，一般选在给水区内离二级泵站最远或地形较高之处。

2）为了可靠供水，应从二级泵站到控制点之间选定几条主要的平行干管线，这些平行干管中尽可能均匀地分配流量，并且符合水流连续性，即满足节点流量平衡的条件。这样，当其中一条干管损坏，流量由其他干管转输时，不会使这些干管中的流量增加过多。

3）和干管线垂直的连接管，其作用主要是沟通平行干管之间的流量，有时起一些输水作用，有时只是就近供水到用户，平时流量一般不大，只有在干管损坏时才转输较大的流量，因此连接管中可分配较少的流量。

由于实际管网的管线错综复杂，大用户位置不同，上述原则必须结合具体条件，分析水流情况加以运用。

环状管网流量分配后即可得出各管段的计算流量，由此流量即可确定管径。

2. 管径的确定

通过流量分配，求出各管段计算流量后，按下式确定管径

$$D=\sqrt{\frac{4Q}{\pi v}} \tag{2-21}$$

式中 D——管段直径，单位为 m；

Q——管段计算流量，单位为 m^3/s；

v——管段水流流速，单位为 m/s。

从式（2-21）可知，在管段流量确定的条件下，管段流速的大小决定着管径的大小。关于管内流速，应从技术和经济两方面因素恰当选用。从技术上说，为了防止给水管网因水锤现象而出现管道爆炸事故，管段最大设计流速不应超过2.5～3.0m/s；在输送浑浊的原水时，为防止水中杂质在管内沉积，最低流速通常不得小于0.6m/s。从经济上来说，应根据当地的管网造价和经营管理等费用，选定经济合理的设计流速。

把在一定年限 t（称为投资偿还期）内管网造价和管理费用（主要是电费）之和为最小的流速称为经济流速，以此来确定的管径称为经济管径。

3. 管段压力（水头）损失计算

管段的压力（水头）损失，包括沿程损失和局部损失。在管网计算中，主要考虑沿管线长度的压力损失，至于如阀门、三通、四通、弯管、渐缩（扩）管等局部压力损失，由于它们的相对管线沿程损失数值较小，通常忽略不计，由此产生的误差极小。

给水管网中水流经过任一管段的压力损失，可由管段起端和末端两断面能量方程所得，它等于两个过水断面的测压管压力的差值，即

$$P_i - P_j = P_{ij} \tag{2-22}$$

式中　P_i、P_j——以某一基准面算起的管段起端 i 和终端 j 的水压，单位为 kPa；

P_{ij}——管段 ij 的压力损失，单位为 kPa。

也可按水力坡度计算管段压力损失，即

$$P_{ij} = iL \tag{2-23}$$

式中　i——管段水力坡度，即单位管段长度的压力损失，单位为 kPa/m；

L——管段 ij 的长度，单位为 m。

2.8 村镇给水工程规划

随着城市化建设进程的不断加快，村镇给水工程规划越来越受到人们的重视。由于村镇经济发展水平、管理人员的技术水平、人们的生活水平、基础设施的完善程度等与大城市还有较大差距，因此，村镇给水工程规划有别于城市给水工程规划。2007 年原建设部颁布了 GB 50188—2007《镇规划标准》，对村镇给水工程规划提出了具体的要求。

2.8.1 规划内容

村镇给水工程可分为集中式和分散式两大类。集中式给水工程是指以村镇为单位，从水源集中取水，经净化和消毒，水质达到生活饮用水卫生标准后，利用配水管网统一送到用户或集中供水点的给水工程。其他分户和联户建设的给水工程为分散式给水工程。

村镇集中式给水工程规划主要应包括确定用水量、水质标准、水源及卫生防护、水质净化、给水设施、管网布置；村镇分散式给水工程规划主要应包括确定用水量、水质标准、水源及卫生防护、取水设施。

2.8.2 供水量的估算

村镇集中式给水系统的用水量应包括生活、生产、消防、浇洒道路和绿化用水量、管网漏水量和未预见水量。

1. 生活用水量

居住建筑的生活用水量可根据现行国家标准 GB 50178—1993《建筑气候区划标准》按表2-23进行预测。

表2-23 居住建筑的生活用水量指标 [单位：L/（人·天）]

建筑气候区划	镇 区	镇区外
Ⅲ、Ⅳ、Ⅴ区	100～200	80～160
Ⅰ、Ⅱ区	80～160	60～120
Ⅵ、Ⅶ区	70～140	50～100

2. 其他用水量

公共建筑的生活用水量应符合现行国家标准 GB 50015—2003《建筑给水排水设计规范》的有关规定，也可按居住建筑生活用水量的8%～25%进行估算。

生产用水量应包括工业用水量、农业服务设施用水量，可按所在省、自治区、直辖市人民政府的有关规定进行计算。

消防用水量应符合现行国家标准 GB 50016—2006《建筑设计防火规范》的有关规定。

浇洒道路和绿地的用水量可根据当地条件确定。

管网漏失水量及未预见水量可按最高日用水量的15%～25%计算。

3. 人均综合用水量指标预测法

村镇给水工程规划的用水量也可按人均综合用水量指标预测，具体指标见表2-24。

表2-24 人均综合用水量指标 [单位：L/（人·天）]

建筑气候区划	镇 区	镇区外
Ⅲ、Ⅳ、Ⅴ区	150～350	120～260
Ⅰ、Ⅱ区	120～250	100～200
Ⅵ、Ⅶ区	100～200	70～160

注：1. 表中为规划期最高日用水量指标，已包括管网漏失及未预见水量。
2. 有特殊情况的镇区，应根据用水实际情况，酌情增减用水量指标。

2.8.3 水源选择与保护

给水水源包括地表水和地下水两种。地表水水源主要包括小溪和河流、池塘和湖泊、泉水、雨水等。地表水容易被污染，水质得不到保证，而地下水通常水质较好，一年四季都能得到。因此，在农村地区，应优先选择地下水作为生活饮用水水源。

选择水源时应符合下列规定：

1）水量应充足，水质应符合使用要求。

2）应便于水源卫生防护。

3）生活饮用水、取水、净水、输配水设施应做到安全、经济和具备施工条件。

4）选择地下水作为给水水源时，不得超量开采；选择地表水作为给水水源时，其枯水期的保证率不得低于90%。

5）水资源匮乏的镇应设置天然降水的收集贮存设施。

为了避免水源遭受污染，应合理设置生活饮用水水源保护区。

水源保护要求具体见本章2.5.4中的相关内容。

2.8.4 净水工艺与水质保障

应根据水源水的水质，选择合适的净水工艺和消毒方法，保证生活饮用水的水质符合现行国家标准GB 5749—2006《生活饮用水卫生标准》的有关规定。

生活饮用水的净化方法很多，对于水质能够满足地表水水源水水质标准地表水，集中式供水的净水厂多采用常规的混凝—沉淀—过滤—消毒工艺。

对于遭受生活污水、粪便、雨水以及有机物轻度污染的水源，采用上述的常规净水工艺难以保证处理水质达到供水标准，因此，必须采用适当的处理方法，提高处理效果。目前常用的处理工艺有两种，一种是在常规净水工艺前增加预处理，如生物预处理、高锰酸钾预氧化、臭氧预氧化等；另一种是在常规净水工艺后增加深度处理工艺，如活性炭吸附、生物活性炭法、膜处理等，更复杂的就是前面加预处理，后面加深度处理。

微污染水的处理工艺还有高锰酸钾复合剂净化微污染水源水技术、微污染高浊度水净化技术等。

以地下水为生活饮用水源时，其水质能满足《生活饮用水卫生标准》时一般只需消毒即可。但当水中锰、铁、氟等含量超标时应增加相应处理工艺。

村镇净水厂常用的消毒剂有液氯、次氯酸钠、二氧化氯、漂白粉或漂粉晶等，无配水管网的规模较小的水厂可采用紫外线消毒。

2.8.5 给水管网布置与供水方式

配水管网有环状管网和枝状管网两种，给水管网系统较大的采用环状管网，给水管网系统较小的采用枝状管网。给水管网的布置和干管的走向应与给水的主要流向一致，并应以最短距离向用水大户供水。

水源水量充沛，在地形、管理、投资效益比、制水成本等条件适宜时，应优先选择适度规模的联片集中式供水。水源水量较小，或受其他条件限制时，可选择单村或单镇供水。距离城镇供水管网较近，条件适宜时，应选择管网延伸供水。

有地形条件时，宜选择重力流方式供水。当用水区地形高差较大或个别用水区较远时，应分压供水。

只有唯一水质较好水源且水量有限时，或制水成本较高、用户难以接受时，可分质供水。

有条件时，应全日供水；条件不具备的小型供水工程，可定时供水。

给水干管最不利点的最小服务水头，单层建筑物可按10~15m计算，建筑物每增加一层应增压3m。室外消火栓设置处的最小服务水头不应小于10m。

第3章

排水工程规划

3.1 概述

城市排水工程规划的主要内容包括：确定排水方式和排水体制，布置污水与雨水管道（渠）；污水管道（渠）系统和雨水管道（渠）系统的规划设计；估算城市总污水量，确定污水处理厂的处理规模，确定污水处理厂及污水排放口的位置；根据污水的排放要求，提出污水和污泥处理工艺的初步方案；排水系统规划方案比较，论证各方案的优缺点、估算工程造价和年经营费，选定规划方案。

城市排水工程规划通常按下列步骤进行：

（1）搜集基础资料　搜集资料，调查研究，是编制规划方案的基础。需要收集的资料包括自然环境资料、城市现状与规划资料和城市排水工程资料。自然环境资料、城市现状与规划资料的具体内容在第1章绪论中已有详尽叙述。城市排水工程资料具体包括以下几个方面：

1）城市排水状况资料。

① 城市现状排水体制、排水流域分区图、分区排水体系。

② 城市现状总污水量、生活污水产生量、工业废水产生量、历年污水量增长情况。

③ 主要污水源、工业废水源分布状况。

④ 城市污水、雨水和工业废水处理利用情况。

⑤ 城市渍水排涝情况。

2）城市排水工程设施资料。

① 城市排水工程设施现状图，分区或详细规划范围的排水工程设施与管线现状图。

② 城市现有污水处理厂的分布、数量、设计处理能力、实际处理能力、处理工艺、处理后水质等情况。

③ 城市现有雨、污水管网的分布、位置、管径、长度、高程、排水口位置。

④ 城市污水泵站的分布、位置、数量、排水能力。

⑤ 城市排涝泵站、水闸的分布、位置、排涝能力。

⑥ 城市江、河堤的标高、工程质量、防洪标准、抗洪能力。

（2）编制排水工程规划方案并进行分析比较　在基本掌握资料的基础上，着手考虑排水工程规划方案，绘制方案草图，估算工程造价，分析方案的优缺点。规划中一般要编制2~3套方案，以进行技术经济比较，选择最佳方案。

（3）绘制城市排水工程规划图及文字说明　在确定方案的基础上，绘制城市排水工程规划图，图样比例为（1:5000）~（1:10000），图上应表明城市排水设施的现状以及规划的排水分区界线、排水管渠的走向、位置、长度、管径、泵站、闸门的位置，污水处理厂的位置、用地范围、出水口位置等。

图上未能表达的内容应采用文字说明，如有关规划项目的性质、规划年限、工程建设规模，采用的定额指标，总排水量、各种排水量，排水工程规划原则，城市旧排水设施利用与改造措施，选用排水体制的理由，城市污水处理与利用的途径，工业废水的处置，排水工程的总造价及年经营费用，方案技术经济比较情况，采用该方案的理由，方案的优缺点以及尚存在的问题，下一步需要进行的工作等，并附整理好的规划原始资料。

3.2 城市排水工程规划各阶段的内容与深度

3.2.1 城市排水工程系统总体规划的内容与深度

1. 城市排水工程系统总体规划的主要内容

1）估算城市各种排水量。要求分别估算生活污水量、工业废水量和雨水径流量。一般将生活污水量和工业废水量之和称为城市总污水量，而雨水径流量单独估算。

2）拟订城市污水、雨水的排除方案。包括确定排水区界和排水方向；研究生活污水、工业废水和雨水的排除方式，确定排水体制；对旧城区原有排水设施的利用与改造方案以及确定规划期限内排水系统的建设要求、近远期结合、分期建设等问题。

3）研究城市污水处理与利用的方法及其污水处理厂、出水口位置的选择。根据国家环境保护规定与城市的具体条件，确定污水处理程度、处理方案及污水、污泥综合利用的途径。

4）进行排水系统的平面布置。包括确定排水区界，划分排水流域，作污水管网、雨水管网、防洪沟布置等。管网布置中，要确定主干管、干管的走向、位置、管径以及提升泵站的位置等。

5）估算城市排水工程的造价。一般按扩大经济指标法粗略估算。

2. 城市排水工程系统总体规划图样

1）城市排水系统现状图。主要反映城市排水设施的布局和干线管道（渠）布局的情况。

2）城市排水系统规划图。主要反映规划期末城市污水处理厂及其他排水设施的位置，干线污水管道（渠）、雨水管道（渠）的布置、管径。

3.2.2 城市排水工程系统分区规划的内容与深度

1. 城市排水工程分区规划主要内容

1）估算分区的雨、污水排放量。

2）按照确定的排水体制划分排水系统。

3）确定排水干管的位置、走向、服务范围、控制管径以及主要工程设施的位置和用地范围。

城市排水工程分区规划应以城市总体规划为依据，应对分区排水设施等作进一步规划安排，为详细规划和规划管理提供依据。必要时，根据实际情况对总体规划进行适当的调整。

2. 城市排水工程分区规划图样

1）分区排水系统现状图。

2）分区排水系统规划图。

3）必要的附图。

3.2.3 城市排水工程系统详细规划的内容与深度

1. 城市排水工程详细规划主要内容

1）对污水排放量和雨水量进行具体的统计计算。

2）对排水系统的布局、管线走向、管径进行计算、复核，确定管线平面位置、主要控制点标高。

3）对污水处理工艺提出初步方案。

4）提出基建投资估算。

城市污水排水工程详细规划应以城市排水总体规划和分区规划为依据，作出对排水系统和设施的规划指标、规模及建设管理等详细规定，为专项排水规划提供设计依据。

2. 城市排水工程详细规划图样

1）排水系统规划图。图中应标明排水设施位置、规模、用地，排水管道的平面位置、管径、主要控制点标高。

2）必要的附图。

3.3　排水系统的体制及其选择

生活污水、工业废水和降水径流的收集与排除方式称为排水体制。城市排水体制一般可分为分流制和合流制两种基本类型。

3.3.1　排水系统的体制

1. 合流制排水系统

合流制排水系统是将生活污水、工业废水和雨水用同一套管渠排除的系统。可分为直排式合流制、截流式合流制与完全式合流制。排水管渠系统的布置就近坡向水体，分若干个排出口，混合的污水未经处理直接排入水体，称为直排式合流制（图3-1）。污水未经处理就排入水体，会使受纳水体遭受严重污染。随着现代城市与工业的发展，污水量不断增加，污水水质日趋复杂，造成的污染危害很大，因此，这种直排式合流制排水系统目前一般不宜采用。原有的直排式合流制也逐步进行了改造。

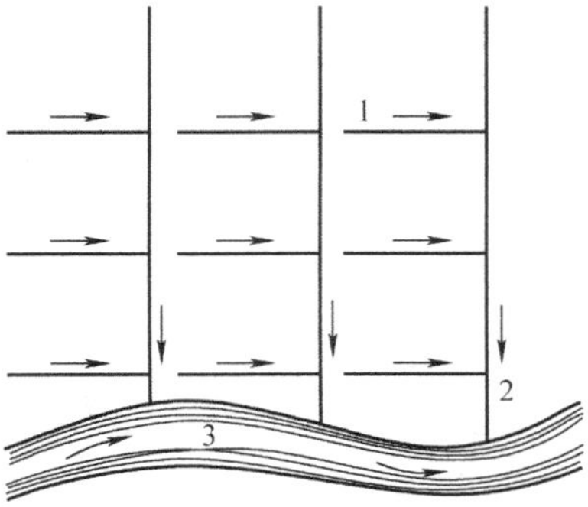

图3-1　直排式合流制排水系统
1—合流支管　2—合流干管　3—河流

截流式合流制排水系统是在早期的直排式合流制排水系统的基础上，临河岸边建造一条截流干管，同时在合流干管与截流干管相交前或相交处设置溢流井，并在截流干管下游设置污水处理厂，如图3-2所示。晴天和初雨时，混合污水全部输送至污水处理厂；雨天时，当雨水、生活污水和工业废水的混合水量超过截流干管的输水能力时，其超出部分通过溢流井直接排入水体。截流式排水系统虽然较直排式排水系统有了较大改进，但由于雨天时有一部分混合污水直接泄入水体，对水体仍会造成一定程度的污染，因此不建议推广使用该排水体制。近年来，世界各国都在致力于探求有效的控制合流制溢流污水污染的途径与方法。截流式合流制一般常用于老城区的排水系统改造。

2. 分流制排水系统

将生活污水、工业废水、雨水采用两套或两套以上的管渠系统内排放的排水系统，称为分流制排水系统。其中汇集输送生活污水和工业废水的排水系统称为污水排水系统；排除雨水的排水系统称为雨水排水系统；只排除工业废水的排水系统称为工业废水排水系统。

按雨水不同的排除方式，分流制排水系统又分为完全分流制（图 3-3）和不完全分流制两种基本排水系统。完全分流制排水系统具有污水排水系统和完善的雨水排除系统。不完全分流制排水系统是指暂时不设置雨水管渠系统，雨水沿着地面、道路边沟和明渠等方式泄入天然水体，因而投资比较节省，该排水体制适用于有合适的地形条件，雨水能顺利排放的地区。对于新建的城市或地区，在建设初期，往往也采用这种雨水排除方式，待今后配合道路工程的不断完善，再增设雨水管渠系统。

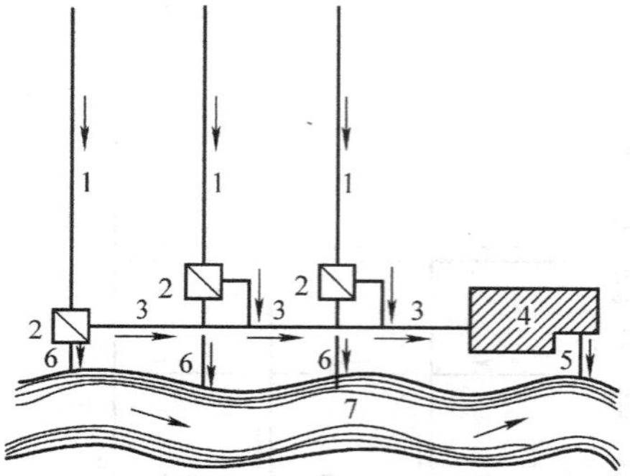

图 3-2 截流式合流制排水系统
1—合流干管 2—溢流井 3—截流主干管
4—污水处理厂 5—出水口
6—溢流出水管 7—河流

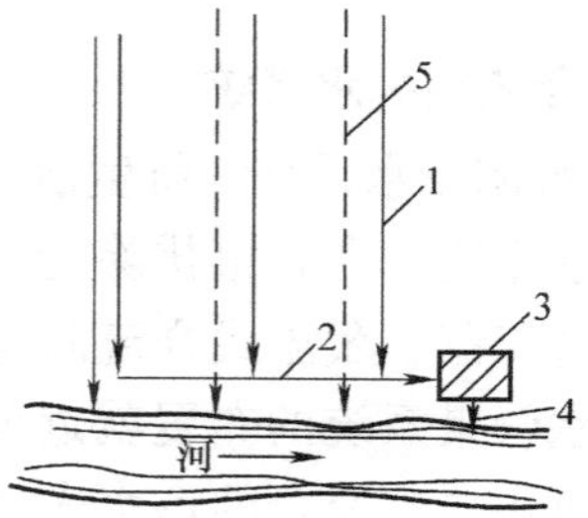

图 3-3 完全分流制排水系统
1—污水干管 2—污水主干管
3—污水处理厂 4—出水口 5—雨水干管

在一座城市中，有时是混合制排水系统，即有分流制也有合流制的排水系统。混合制排水系统一般是在具有合流制的城市需要扩建排水系统时出现的。在大城市中，因各区域的自然条件以及修建情况可能相差较大，因地制宜地在各区域采用不同的排水体制也是合理的。如美国的纽约以及我国的上海等城市便是这样形成的混合制排水系统。

3.3.2 排水系统体制的选择

合理选择排水体制，是城市和工业企业排水系统规划和设计的重要的问题。它关系到排水系统是否经济实用，能否满足环境保护要求，同时也影响排水工程总投资、初期投资和经营费用。下面从不同角度来进一步分析对比各种排水体制。

从环境保护方面看，截流式合流制排水系统同时汇集了全部污水和部分雨水输送到污水处理厂处理，特别是初期雨水，带有较多的悬浮物，其污染程度有时接近于生活污水，这对保护水体有利。但暴雨时通过溢流井将部分生活污水、工业废水泄入水体，会周期性的给水体带来一定程度的污染。分流制排水系统，是将城市污水全部送到污水处理厂处理，但初期雨水径流却未经处理直接排入水体。从环境卫生方面分析，哪一种体制较为有利，要根据当地具体条件分析比较才能确定。一般情况下，截流式合流制排水系统对保护环境卫生、防治水体污染而言不如分流制排水系统。分流制排水系统比较灵活，较易适应发展需要，通常能符合城市卫生要求，因此有着广泛的应用前景。

从基建投资方面看，合流制排水体制只有一套管渠系统，管渠总长度要比分流制减少30%～40%，而断面尺寸和分流制雨水管渠基本相同，因此合流制排水管渠造价一般要比分流制低20%～40%。虽然合流制泵站和污水处理厂的造价通常比分流制高，但由于管渠造价在排水系统总造价中占70%～80%，所以分流制的总造价要比合流制高。从节省初期投资考虑，初期只建污水排除系统而缓建雨水排除系统，可以节省初期投资费用；同时，施工期限短，发挥效益快，可随着城市的发展，再行建造雨水管渠。

从维护管理方面看，合流制排水管渠可利用雨天剧增的径流量来冲刷管渠中的沉积物，维护管理较简单，可降低管渠的维护管理费用。但泵站与污水处理厂设备容量大，晴天和雨天流入污水处理厂的水量、水质变化剧烈，从而使泵站与污水处理厂的运行管理复杂，增加运行费用。而分流制流入污水处理厂的水量、水质变化比合流制小，利于污水处理、利用和运行管理。

从建设施工方面看，合流制管线单一，与其他地下管线、构筑物的交叉少，施工较简单，对于人口稠密、街道狭窄、地下设施较多的市区，有一定的优越性，但也存在合流制本身的诸多问题。

总之，排水体制的选择是一个较为复杂的问题，应根据城市总体规划、环境保护、当地自然社会经济条件、水体条件、城市污水量和水质情况、城市原有排水设施等情况综合考虑，通过技术经济比较决定。一般新建城市或地区的排水系统，应采用分流制；旧城区排水系统的改造，可采用截流式合流制。同一城市的不同地区，可视具体条件，采用不同的排水体制。

3.4 城市排水系统的组成及平面布置

3.4.1 排水管道系统的组成

将城市污（废）水和降水按要求进行收集、处理和排放的工程称为排水系统，通常由排水管渠、污水处理厂和出水口组成。图3-4所示为城市分流制排水系统示意，图中除污水处理厂以外，其余均属排水管道系统。

1. 废水收集设施

废水收集设施是排水系统的起始点。用户排出的污（废）水一般直接排到

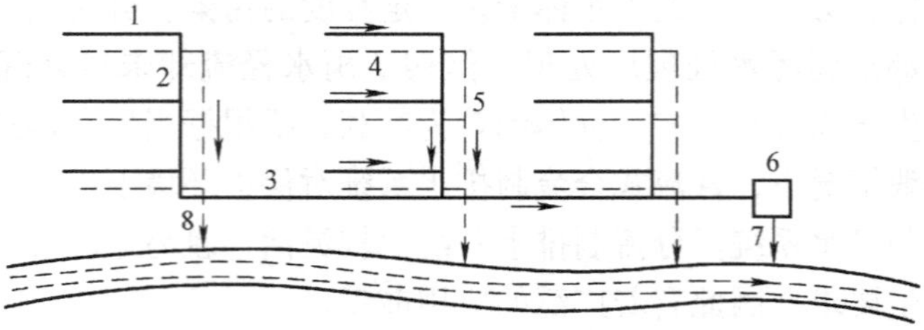

图 3-4 城市分流制排水系统示意
1—污水支管 2—污水干管 3—污水主干管
4—雨水支管 5—雨水干管 6—污水处理厂 7—污水出口 8—雨水出口

用户的室外检查井（窨井），通过连接检查井的排水支管将废水收集到排水管道系统中；雨水的收集是通过屋面雨水管道系统及设备或设在地面的雨水口将雨水收集到雨水排水支管中。

2. 排水管网

排水管网是指分布于排水区域内的排水管道（渠道）网络，其功能是将收集到的污水、废水和雨水等输送到处理地点或排放口，以便集中处理或排放。

排水管网由支管、干管、主干管及附属构筑物等构成，一般沿地面由高往低布置成树状网络。

（1）污（废）水支管　其作用是汇集并输送来自居住小区污水管道系统的污（废）水或工厂企业集中排出的污（废）水。居住小区内污水管道系统包括：建筑物内部污水出户管、连接至户外的接户管、小区支管和小区干管。这些管道的直径一般较小，敷设在居住小区内。

（2）污（废）水干管　其作用汇集并输送污（废）水支管排出的污水。通常按分水线划分成几个排水区域，每个排水区域通常设一根干管。

（3）污（废）水主干管　其作用是汇集各污（废）水干管流来的输送水，并将污（废）水输送至污水处理厂。

（4）雨水支管　其作用是汇集来自雨水口的雨水并输送至雨水干管。

（5）雨水干管　其作用是汇集雨水支管流来的雨水并就近排入水体。

（6）附属构筑物　排水管网（包括污水和雨水）上的附属构筑物种类较多，主要包括：检查井、雨水口、溢流井、跌水井、水封井、换气井、倒虹管、防潮门等，视具体情况而定，便于系统的运行与维护管理。

3. 排水调节池

排水调节池是指具有一定容积的污水、废水和雨水蓄存设施。通过水量调节池可以降低其下游高峰排水流量，从而减小输水管（渠）或排水处理设施的设计规模，降低工程造价。另外，水量调节池还可在系统事故时贮存短时间排水量，以降低造成环境污染的危险。对于工业废水排水系统，水量调节池也能起到均和水质的作用，利于废水的净化处理。

4. 提升泵站

排水提升泵站是指通过水泵提升排水的高程或使排水加压输送。排水在重力输送过程中，高程不断降低，当地面较平坦时，输送一定距离后管道的埋深会很大，建设费用很高，通过水泵提升可以降低管道埋深从而降低工程费用。另外，为了使排水能够进入处理构筑物或达到排放的高程，也需要进行提升或加压。

5. 出水口

出水口是使污（废）水或雨水排入水体并与水体很好地混合的工程设施。雨水出水口管底高程最好不低于多年平均洪水位，一般在常水位以上，以免倒灌。污水管的出水口管顶高程一般都在常水位以下，利于污水与水体充分混合。常用的出水口形式有淹没式、江心分散式、一字式和八字式。

3.4.2　排水管道的布置

1. 排水管道布置形式

布置排水管道时应遵循以下原则：

1）按照城市总体规划，结合当地实际情况布置排水管网，要进行多方案技术经济比较。

2）先确定排水区域和排水体制，然后布置排水管网，应按由干管到支管的顺序进行布置。

3）充分利用地形，采用重力流排除污水和雨水，并使管线最短和埋深最小。

4）协调好与其他管道、电缆和道路等工程的关系，考虑好与企业内部管网的衔接。

5）规划时要考虑到使管渠的施工、运行和维护方便。

6）远、近期规划相结合，考虑发展，尽可能安排分期实施。

排水管道一般布置成树状管网，根据地形、竖向规划、污水处理厂的位置、土壤条件、河流情况以及污水种类和污染程度等分为多种形式。在一定条件下，地形是影响管道定线的主要原因，定线时应充分利用地形，使管道的走向符合地形趋势，一般应顺坡排水。

1）正交式布置（图3-5a）。排水干管与地形等高线垂直，主干管与地形等高线平行敷设。正交式布置适用于地形平坦略向一边倾斜的城市雨水制排水系统。

2）截流式布置（图3-5b）。截流式布置是正交式布置的发展。沿河岸敷设主干管，并将各干管的污水截流到污水处理厂，这种布置称为截流式布置。截流式布置能减轻水体的污染，改善和保护环境，适用于分流制的污水系统、区域排水系统和截流式合流制排水系统。

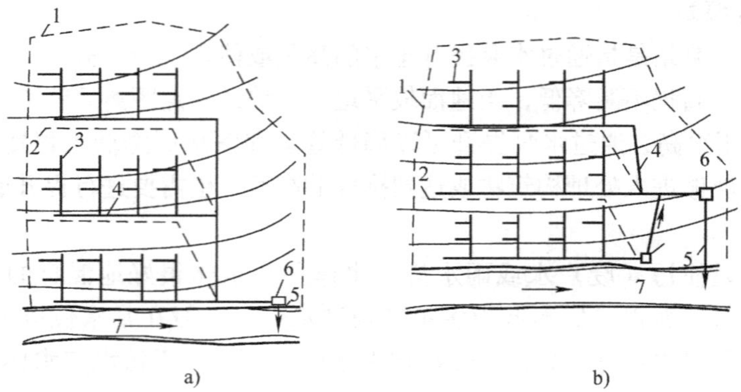

图 3-5 排水管道系统布置形式（一）
a）正交式 b）截流式
1—城市边界 2—排水流域分界线 3—支管 4—干管 5—出水口 6—泵站 7—河流

3）平行式布置（图 3-6a）。排水干管与地形等高线平行，主干管与地形等高线成一定斜角敷设。平行布置可改善干管水力条件，减少跌水井数量，降低工程总造价。平行式布置适用于地形坡度较大的城市。

4）分区式布置（图 3-6b）。高区污水靠重力流入污水处理厂，低区的污水用水泵送入污水处理厂，这种布置称为分区布置。分区布置能够充分利用地形排水，节省能源，适用于城市地势相差较大地区。

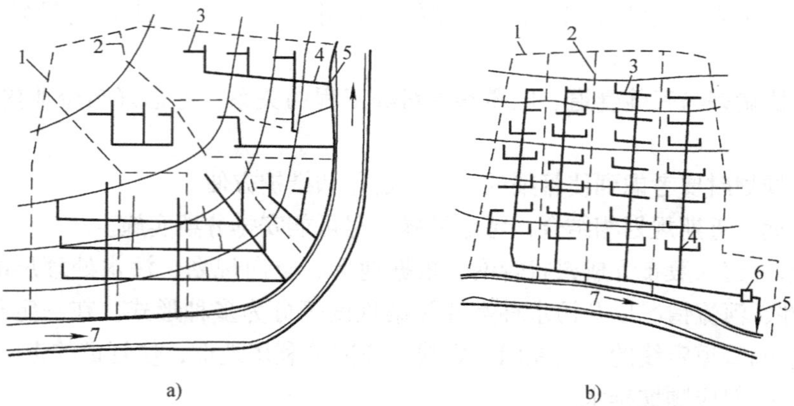

图 3-6 排水管道系统布置形式（二）
a）平行式 b）分区式
1—城市边界 2—排水流域分界线 3—支管 4—干管 5—出水口 6—泵站 7—河流

5）分散式布置（图 3-7a）。城市周围有流域或城市中央部分地势高、地势向四周倾斜的地区，各排水流域的干管常采用辐射状分散布置，各排水流域具有独立的排水系统，这种布置也称分散式布置。在地形平坦的大城市，采用辐射状分散布置是比较有利的。

6）环绕式布置（图3-7b）。这种布置方式是由分散式布置发展而来的，沿四周布置主干管，将各干管的污水截流送往污水处理厂。环绕式布置能节省建造污水处理厂用地，基建投资和运行管理费用也比较节省。

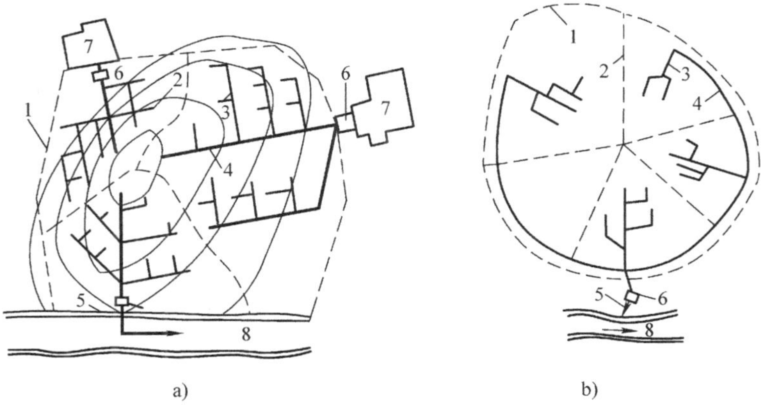

图3-7 排水管道系统布置形式（三）
a）分散式 b）环绕式
1—城市边界 2—排水流域分界线 3—支管 4—干管
5—出水口 6—污水处理厂 7—灌溉田 8—河流

2. 污水管道布置

污水管道平面布置，一般按主干管、干管、支管的顺序进行。在总体规划中，只决定污水主干管、干管的走向与平面位置。在详细规划中，还要决定污水支管的走向及位置。

在进行定线时，要在充分掌握资料的前提下综合考虑各种因素，使拟定的路线能利用有利条件，避免不利条件。通常影响污水管道平面布置的主要因素有：地形和水文地质条件；城市总体规划、竖向规划和分期建设情况；排水体制、路线数目；污水处理利用情况、污水处理厂和排放口位置；排水量大的工业企业和公共建筑情况；道路和交通情况；地下管线和构筑物的分布情况。

地形是影响管道定线的主要因素。定线时应充分利用地形，在整个排水区域较低的地方，如集水线或河岸低处敷设主干管及干管，便于支管的污水自流接入。地形较复杂时，宜布置成几个独立的排水系统，如由于地表中间隆起而布置成两个排水系统。若地势起伏较大，宜布置成高低区排水系统，高区不宜随便跌水，利用重力排入污水处理厂并减少管道埋深；个别低洼地区应局部提升。

污水主干管的走向与数目取决于污水处理厂和出水口的位置与数目。例如，大城市或地形平坦的城市，可能要建几个污水处理厂，分别处理与利用污水，这就需设几个主干管。若几个城镇合建污水处理厂，则需建造相应的区域污水管道系统。

污水干管一般沿城镇道路敷设，不宜设在交通繁忙的快车道下和狭窄的道路下，也不宜设在无道路的空地上，而通常设在污水量较大或地下管线较少一侧的人行道、绿化带或慢车道下。道路宽度超过 40m 时，可考虑在道路两侧各设一条污水管，以减少连接支管的数目以及与其他管道的交叉，并且便于施工、检修和维护管理。污水干管最好以排放大量工业废水的工厂（或污水最大的公共建筑）为起端，除了能较快发挥效用外，还能保证良好的水力条件。图 3-8 所示为某市污水管道系统平面布置图。

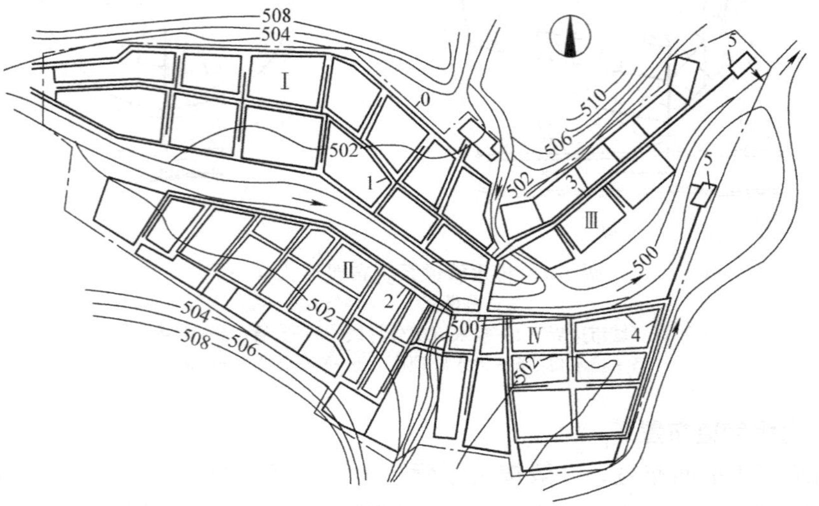

图 3-8　某市污水管道系统平面布置图
0—排水区界　Ⅰ、Ⅱ、Ⅲ、Ⅳ—排水流域编号
1、2、3、4—各排水流域干管　5—污水处理厂

污水支管的平面布置取决于地形及街区建筑特征，并应便于用户接管排水。当街区面积较小而且街区污水管道可采用集中出水方式时，街道支管应敷设在服务街区较低侧的街道下，如图 3-9a 所示，称为低边式布置；当街区面积较大且地形平坦时，宜在街区四周的街道敷设污水支管，如图 3-9b 所示，建筑物的污水排出管可与街道支管连接，称为周边式布置；当街区已按规定确定，街区内的污水管道已按各建筑物的需要设计，组成一个系统时，可将该系统穿过其他街区并与所穿过的街区的污水管道相连接，如图 3-9c 所示，称为穿坊式布置。

3. 雨水管渠布置

城市雨水管渠系统的布置与污水管道系统的布置相近，但也有自己的特点。城市雨水管渠系统是由收集、排放城镇雨水的雨水口、雨水管渠、检查井、出水

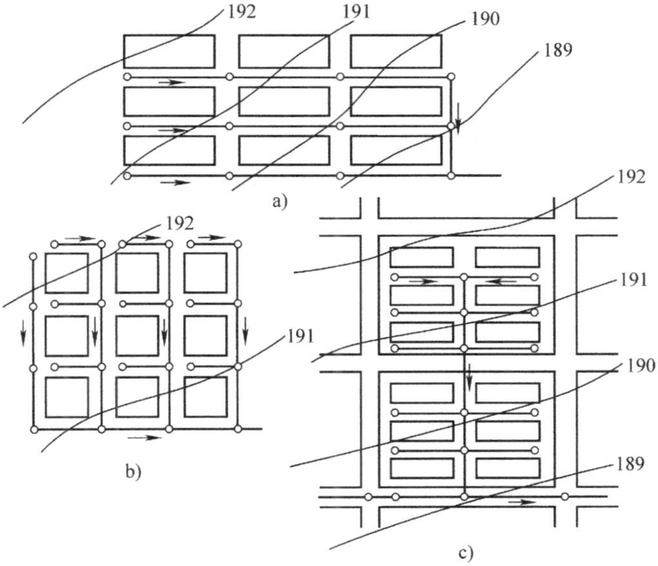

图3-9 污水支管的平面布置
a）低边式 b）周边式 c）穿坊式

口等构筑物所组成的一整套工程设施。城市雨水管渠系统规划布置的主要内容有：确定排水流域与排水方式，进行雨水管渠的定线，确定雨水调节池、雨水泵站及雨水排放口的位置。雨水管渠布置应尽量利用地形的自然坡度以最短的距离依靠重力排入附近的池塘、河流、湖泊等水体中。一般可从以下几个方面进行考虑：

（1）充分利用地形，就近排入水体 规划雨水管线时，首先按地形划分排水区域，进行管线布置。根据分散和直接的原则，尽量利用自然地形坡度，多采用正交式布置，以最短的距离使重力流排入附近的池塘、河流、湖泊等水体中。只有当水体位置较远且地形较平坦或地形不利的情况下，才需要设置雨水泵站。一般情况下，当地形坡度较大时，雨水干管宜布置在地形低处或溪谷线上。当地形平坦时，雨水干管宜布置在排水流域的中间，以便尽可能扩大重力流排出雨水的范围。

（2）根据街区及道路规划布置雨水管道 通常应根据建筑物的分布、道路的布置以及街坊或小区内部的地形、出水口的位置等布置雨水管道，使街坊和小区内大部分雨水以最短距离排入雨水管道。道路边沟最好低于相邻街区地面标高，尽量利用道路两侧边沟排除地面径流。雨水管渠应平行于道路敷设，宜布置在人行道或草地下，不宜设在交通量大的干道下。当路宽大于40m时，应考虑在道路两侧分别设置雨水管道。雨水干管的平面和竖向布置应考虑与其他地下管线和构筑物在相交处相互协调，以满足其最小净距的要求。

（3）合理布置雨水口，保证路面雨水顺畅排除　在街道两侧设置雨水口，是为了使街道边沟的雨水通畅地排入雨水管渠，而不致漫过路面。街道两旁雨水口的间距，主要取决于街道纵坡、路面积水情况以及雨水口的进水量，一般为25～50m。道路边雨水口的布置如图3-10所示。街道交叉处雨水口设置的位置与路面的倾斜方向有关，道路交叉口雨水口的布置如图3-11所示，图3-11中b、c为不需要设置雨水口的路口。

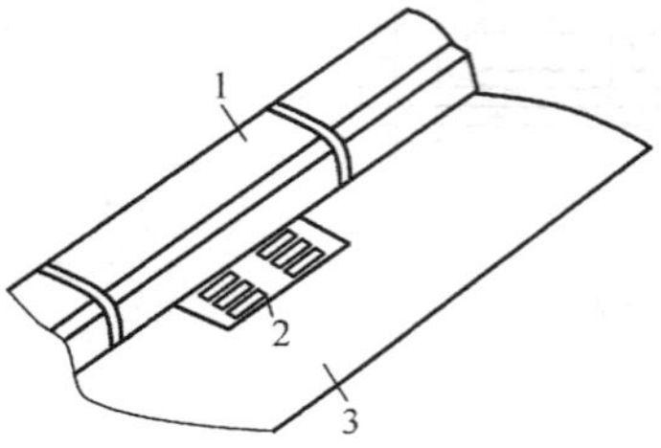

图3-10　道路边雨水口的布置
1—路边石　2—雨水口　3—道路路面

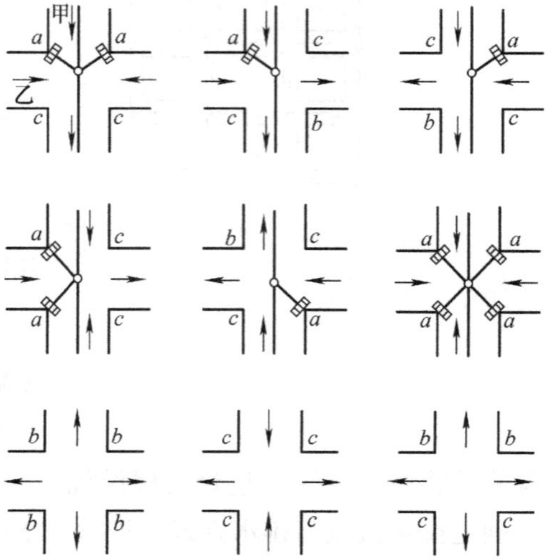

图3-11　道路交叉口雨水口的布置

（4）采用明渠和暗渠相结合的形式　在城市市区，建筑密度较大、交通频繁地区，应采用暗管排除雨水，尽管造价高，但卫生情况好，养护方便，不影响交通；在城市郊区或建筑密度低、交通量小的地方，可采用明渠，以节省工程费用，降低造价。在地形平坦、深埋和出水口深度受限制的地区，可采用暗渠（盖板明渠）排除雨水。

（5）出水口的设置　当出口的水体离流域很近、水体的水位变化不大、洪水位低于流域地面标高且出水口的建筑费用不大时，宜采用分散出口，以便雨水就近排放，使管线较短，管径减小。反之，则可采用集中出口。

（6）调蓄水体的布置　充分利用地形，选择适当的河湖水面作为调蓄池，以调节洪峰流量，降低沟道设计流量，减少泵站的设置数量。必要时，可以开挖池塘或人工河，以达到调节径流的目的。调蓄水体的布置应与城市总体规划相协调，把调蓄水体与景观规划结合起来，也可以把储存的水量用于市政绿化和农田灌溉。

（7）排洪沟的设置　城市中靠近山麓建设的中心区、居住区、工业区，除了应设雨水管道外，还应考虑在规划地区周围设置排洪沟，以拦截从分水岭以内排泄下来的雨洪水，并将其引入附近水体，避免洪水的损害。

图3-12所示为某地区雨水管道系统平面布置示意。

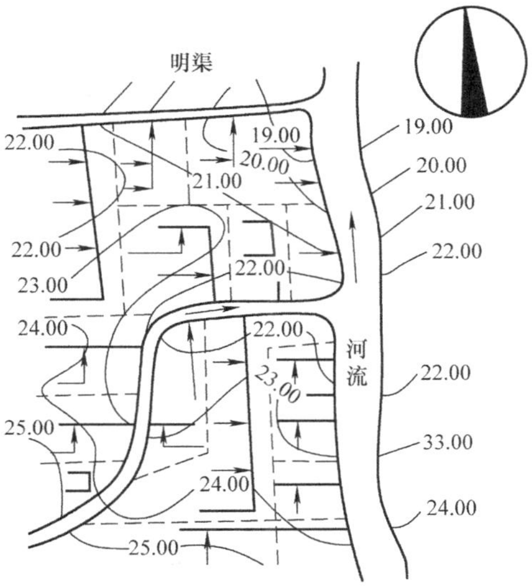

图3-12　某地区雨水管道系统平面布置示意

3.5　城市污水量预测与计算

3.5.1　城市总体规划污水量计算

城市污水量应由城市给水工程统一供水的用户和自备水源供水的用户排出的城市综合生活污水量和工业废水量组成。它与城市规划年限、发展规模有关，是城市排水工程规划设计的基本数据。

城市污水量宜根据城市综合用水量（平均日）乘以城市污水排放系数确定。城市综合生活污水量宜根据城市综合生活用水量（平均日）乘以城市综合生活污水排放系数确定。城市工业废水量宜根据城市工业用水量（平均日）乘以城市工业废水排放系数，或由城市污水量减去城市综合生活污水量确定。

污水排放系数应是在一定的计量时间（年）内的污水排放量与用水量（平均日）的比值。按城市污水性质的不同可分为：城市污水排放系数、城市综合生活污水排放系数和城市工业废水排放系数。

当规划城市供水量、排水量统计分析资料缺乏时，城市分类污水排放系数可根据城市居住、公共设施和分类工业用地的布局，结合以下因素，按表3-1的规定确定。

表 3-1　城市分类污水排放系数

城市污水分类	污水排放系数
城市污水	0.70～0.80
城市综合生活污水	0.80～0.90
城市工业废水	0.70～0.90

注：工业废水排放系数不含石油、天然气开采业和煤炭与其他矿采选业以及电力、蒸汽、热水产供业废水排放系数，其数据应按厂、矿区的气候、水文地质条件和废水利用、排放方式确定。

1）城市污水排放系数应根据城市综合生活用水量和工业用水量之和占城市供水总量的比例确定。

2）城市综合生活污水排放系数应根据城市规划的居住水平、给水排水设施完善程度与城市排水设施规划普及率，结合第三产业产值在国内生产总值中的比例确定。

3）城市工业废水排放系数应根据城市的工业结构和生产设备、工艺先进程度及城市排水设施普及率确定。

在城市总体规划阶段城市不同性质用地污水量可按照 GB 50282—1998《城市给水工程规划规范》中不同性质用地用水量乘以相应的分类污水排放系数确定。

当城市污水由市政污水系统或独立污水系统分别排放时，其污水系统的污水量应分别按其污水系统服务面积内的不同性质用地的用水量乘以相应的分类污水排放系数后相加确定。在地下水位较高地区，计算污水量时宜适当考虑地下水渗入量。

城市污水量和城市用水量一样，也是逐年、逐月、逐日、逐时变化。污水量的变化情况通常用变化系数表示。变化系数有日变化系数、时变化系数和总变化系数。在数值上，总变化系数等于日变化系数与时变化系数的乘积。污水量变化系数随污水流量的大小而不同。污水流量越大，其变化幅度越小，变化系数亦较小；反之则变化系数较大。但城市生活污水和工业废水的变化规律是不一样的，因此变化系数也不一样。

城市综合生活污水量总变化系数可采用表 3-2 中所列数值。当污水平均流量为表中所列污水平均流量中间数值时，其总变化系数可用内插法求得。

表 3-2　综合生活污水量总变化系数

污水平均流量/(L/s)	≤5	15	40	70	100	200	500	≥1000
总变化系数	2.3	2.0	1.8	1.7	1.6	1.5	1.4	1.3

表 3-2 中所列范围的总变化系数 K_Z 可按下式计算

$$K_Z = \frac{2.7}{Q_d^{0.11}} \tag{3-1}$$

式中 Q_d——平均污水流量，单位为L/s。

工业废水量总变化系数，应根据规划城市的具体情况，按行业工业废水排放规律分析确定，或参照条件相似城市的分析成果确定。

一般情况下，大部分工业产品的生产工艺本身与气候、温度关系不大，因此生产废水水量比较均匀，日变化系数较小，多数情形下，日变化系数 K_d 可近似取值为1。

表3-3列出了部分工业生产废水流量的时变化系数 K_h，可供缺乏实际调查资料时参考。

表3-3 部分工业生产废水的时变化系数

工业种类	冶金	化工	纺织	食品	皮革	造纸
时变化系数 K_h	1.0~1.1	1.3~1.5	1.5~2.0	1.5~2.0	1.5~2.0	1.3~1.8

工业企业生活污水量一般按每个工作班污水量定额计算，相应的变化系数按班内污水量变化给出，且与工业企业生活用水量变化系数基本相同，即一般车间采用3.0，高温车间采用2.5。

工业企业淋浴污水量也是按每个工作班污水量定额计算，每班考虑在1h之内使用，且不考虑1h之内的流量变化，即近似地认为均匀用水和排水。

3.5.2 城市详细规划污水量计算

1. 居民生活污水量的计算

影响居民生活污水设计流量的主要因素有生活设施条件、设计人口和污水流量变化。在计算生活污水设计流量时，设计人口指的是排水系统在设计使用年限终期的规划人口。

同一城市中可能存在着多个排水服务区域，其污水量标准不同，计算时要对每个区分别按照其规划目标，取用适当的污水量定额，按各区实际服务人口计算该区的生活污水设计流量。

居民生活污水设计流量 Q_1 的计算式为

$$Q_1 = K_{Z1}\sum \frac{q_{1i}N_{1i}}{24 \times 3600} \tag{3-2}$$

式中 Q_1——居民生活污水设计流量（最高日最高时污水量），单位为L/s；

K_{Z1}——生活污水量的总变化系数，按表3-2采用；

q_{1i}——各排水区域平均日生活污水量标准，单位为L/(人·d)，按平均日人均用水量定额（表2-7）的80%~90%确定；

N_{1i}——各排水区域的规划设计人口数。

在地下水位较高的地区，在计算管道和污水处理设施的流量时，应适当考虑地下水渗入管道的水量。

2. 工业废水设计流量的计算

$$Q_2 = \sum \frac{K_{2i}q_{2i}N_{2i}(1-f_{2i})}{3.6T_{2i}} \tag{3-3}$$

式中 Q_2——工业废水的设计流量，单位为L/s；

q_{2i}——各工矿企业废水量定额，单位为m^3/单位产值、m^3/单位数量产品或m^3/单位生产设备；

N_{2i}——各工矿企业最高日生产产值（如万元）、生产产品数量（如件、台、吨等）或生产设备数量（如台、套等）；

T_{2i}——各工矿企业最高日生产小时数，单位为h；

f_{2i}——各工矿企业生产用水重复利用率；

K_{2i}——各工矿企业废水量的时变化系数。

对于产品种类繁多、工序复杂的综合企业，应分别以各类产品或设备的废水定额计算汇总。

3. 工业企业生活污水量和淋浴污水设计流量的计算

工业企业的生活污水主要来自生产区的食堂、浴室、厕所等，其计算式为

$$Q_3 = \sum \left(\frac{q_{3ai}N_{3ai}K_{h3ai}}{3600T_{3ai}} + \frac{q_{3bi}N_{3bi}}{3600} \right) \tag{3-4}$$

式中 Q_3——工业企业生活污水量和淋浴污水设计流量，单位为m^3/d；

q_{3ai}——各工矿企业车间职工生活用水量定额，单位为L/(人·班)，一般车间采用25L/(人·班)，高温车间采用35L/(人·班)；

q_{3bi}——各工矿企业车间职工淋浴用水量定额，单位为L/(人·班)，按表2-11确定；

N_{3ai}——各工矿企业车间最高日职工生活用水总人数，单位为人；

N_{3bi}——各工矿企业车间最高日职工淋浴用水总人数，单位为人；

T_{3ai}——各工矿企业车间最高日每班工作小时数，单位为h；

K_{h3ai}——各工矿企业车间最高日职工生活污水量班内变化系数，一般车间采用3.0，高温车间采用2.5。

4. 公共建筑生活污水量的计算

公共建筑的污水量可与居民生活污水量合并计算，此时应选用综合生活污水量定额，也可以单独计算。公共建筑排放的污水量比较集中，例如公共浴室、旅馆、医院、学校住宿区、洗衣房、餐饮娱乐中心等。若有条件获得充分的调查资料，则可以分别计算这些公共建筑各自排出的生活污水量。其污水量定额可参照GB 50015—2003《建筑给水排水设计规范》中有关公共建筑的用水量标准采用。公共建筑生活污水量的计算式为

$$Q_4 = \sum \frac{q_{4i}N_{4i}K_{h4i}}{3600T_{4i}} \tag{3-5}$$

式中 Q_4——公共建筑生活污水量，单位为L/s；

N_{4i}——各公共建筑在设计使用年限终期所服务的用水单位数；

q_{4i}——各公共建筑最高日污水量标准，按表2-10生活用水量标准采用，单位为L/天；

K_{h4i}——各公共建筑污水量时变化系数，参照用水量时变化系数表2-10采用。

5. 城市污水设计总流量的计算

城市污水设计总流量一般采用直接求和的方法进行计算，即直接将上述各项污水设计流量计算结果相加

$$Q_h = Q_1 + Q_2 + Q_3 + Q_4 \tag{3-6}$$

式中 Q_h——城市污水设计总流量，单位为L/s。

【例3-1】 某城镇居住小区污水管网设计。该居住小区街坊总面积为50.2hm^2，人口密度为350人/hm^2，居民生活污水量定额为120L/(人·天)；有两座公共建筑，火车站和公共浴室的污水设计流量分别为3.0L/s和4.0L/s；有两个工厂，工厂甲的生活、淋浴污水与工业废水总设计流量为25.0L/s，工厂乙的生活、淋浴污水与工业废水总设计流量6.0L/s。全部污水统一送至污水处理厂处理。试计算该小区污水设计总流量。

【解】 街坊总面积为50.2hm^2，居住人口密度为350人/hm^2，则服务总人口数为50.2×350=17570人。居民生活污水量定额为120L/(人·天)，则居民平均日生活污水量为

$$Q_d = \sum \frac{q_{1i}N_{1i}}{24\times3600} = \frac{120\times17570}{24\times3600}\text{L/s} = 24.4\text{L/s}$$

根据平均日生活污水量查表3-2得总变化系数$K_{Z1}=1.9$。

代入式（3-2）计算得居民生活污水设计流量

$$Q_1 = K_{Z1}\sum \frac{q_{1i}N_{1i}}{24\times3600} = 1.9\times24.4\text{L/s} = 46.4\text{L/s}$$

工业企业生活、淋浴污水与工业废水设计流量已直接给出，为

$$Q_2 + Q_3 = (25.0+6.0)\text{L/s} = 31.0\text{L/s}$$

公共建筑生活污水设计流量也已直接给出，为

$$Q_4 = (3.0+4.0)\text{L/s} = 7.0\text{L/s}$$

将各项污水设计流量直接求和，得该小区污水设计总流量

$$Q_h = Q_1 + Q_2 + Q_3 + Q_4 = (46.4+31.0+7.0)\text{L/s} = 84.4\text{L/s}$$

3.6 污水管道设计与水力计算

城市排水系统采用分流制时，污水管道系统仅担负着城市污水（生活污水和纳入城市污水管道的工业废水）的收集和输送任务。污水管道系统设计的主要内容与步骤包括：

1）管道系统平面布置。

2）设计流量计算。

3）管道直径和坡度计算。

4）管道埋设深度设计。

5）附属构筑物设计。

3.6.1 管段设计流量计算

1. 污水管网的节点与管段

污水管网的管道必须与其服务的所有用户连接，将用户排放的污水收集汇总到较大的管道中，再汇总到污水输送干管中，然后输送到污水处理厂。在工程上，将连接用户的污水管道称为连接管，将主要承担污水输送功能的大型管道称为污水干管（又可分为主干管和干管），将连接管与输送干管之间的收集连接管中污水的管道称为污水支管。

污水管网设计和计算的重要任务是计算管网中不同地点的污水流量、各管段的污水输送流量，从而确定各管段的直径、埋深和衔接方式等。在设计和计算时，将污水管网中流量和管道敷设坡度不变的一段管道称为设计管段，将该管段的上游端汇入污水流量和该管段的收集污水量作为管段的输水流量，称为管段设计流量。每个设计管段的上游端和下游端称为污水管网的节点。污水管网节点处一般设有检查井，但并不是所有检查井均为节点，如果检查井未发生跌水，且连接的管道流量和坡度均保持不变，则该检查井可不作为节点，即管段上可以包括多个检查井。

2. 设计管段的流量确定

设计管段的污水设计流量可能包括本段流量、转输流量和集中流量。

（1）本段流量 q_1　所谓本段流量是指从本管段沿线街坊流来的污水量。对于某一设计管段而言，它沿管线长度是变化的，即从管段起点为零逐渐增加到终点达到最大。为了计算的方便，通常假定本段流量是在起点检查井集中进入设计管段的，它的大小等于本管段服务面积上的全部污水量。

（2）转输流量 q_2　转输流量是指从上游管段和旁侧管段流来的污水量。它对某一设计管段而言，是不发生变化的，但不同的设计管段，可能有不同的转输流量。

（3）集中流量 q_3 集中流量是指从工业企业或其他大型公共设施流来的污水量。对某一设计管段而言，它也不发生变化。

设计管段的设计流量是上述本段流量、转输流量和集中流量三者之和。实际计算时应根据具体情况而定。以图3-13为例，设计管段1～2只收集本管段两侧的沿线流量，故只有本段流量 q_1。设计管段2～3除收集它本管段两侧的沿线流量外，还要接收上游1～2管段流来的污水量，所以设计管段2～3的设计流量包括它的本段流量 q_1 和上游1～2管段的转输流量 q_2 两部分。对于设计管段3～4而言，除收集它本管段两侧的沿线流量外，还要接收上游2～3管段转输流来的污水量以及由工厂流来的集中流量，所以设计管段3～4的设计流量包括它的本段流量 q_1 和上游2～3管段的转输流量 q_2 以及工厂集中流量 q_3 三部分。

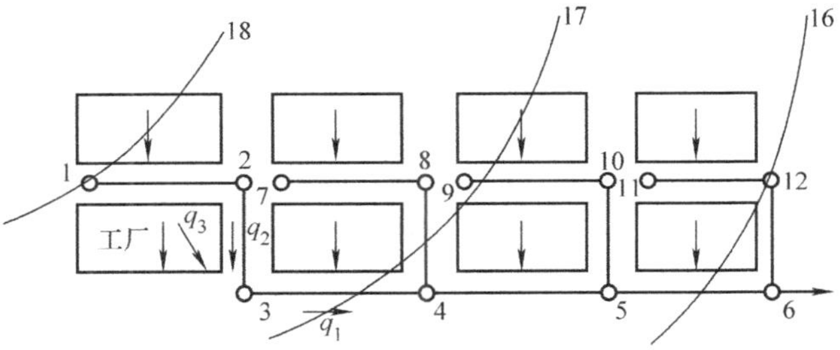

图3-13 设计管段的设计流量

3.6.2 污水管道的水力计算

1. 污水管道中污水流动的特点

在污水管道中，污水由支管流入干管，再由干管流入主干管，最后由主干管流入污水处理厂，经处理后排放或再利用。管道的管径由小到大，分布类似河流，呈树枝状。它与给水管网的环流贯通情况截然不同。污水在管道内依靠管道两端的水面高差从高处流向低处，是不承受压力的，即为重力流。

污水中含有一定数量的悬浮物，它们有的漂浮于水面，有的悬浮于水中，有的则沉积在管底内壁上。这与清水的流动有所差别。但污水中的水分一般在99%以上，所含悬浮物很少，因此，可认为污水的流动遵循一般流体流动的规律，工程设计时仍按水力学公式计算。

污水在管道中的流速随时都在变化，但在直线管段上，当流量没有很大变化又无沉淀物时，可认为污水的流动接近均匀流。设计时对每一设计管段都按均匀流公式进行计算。

2. 管道水力计算的基本公式与水力计算方法

根据以上所述，如果在设计与施工中注意改善管道的水力条件，可使管内的流速接近均匀流。为了简化计算工作，目前在排水管道的计算中仍采用均匀流公式。

流量公式
$$Q = \omega v \tag{3-7}$$

式中 Q——设计流量，单位为 L/s；

ω——过水断面面积，单位为 m^2；

v——流速，单位为 m/s。

流速公式
$$v = C\sqrt{RI} \tag{3-8}$$

式中 R——水力半径，单位为 m；

I——水力坡度（渠底坡降）；

C——流速系数或称谢才系数。

流速系数 C 值一般按曼宁公式计算，即

$$C = \frac{1}{n}R^{\frac{1}{6}} \tag{3-9}$$

将式（3-9）代入式（3-8）得

$$C = \frac{1}{R}R^{\frac{2}{3}}I^{\frac{1}{2}} \tag{3-10}$$

将式 3-10 代入式 3-7 得

$$Q = \frac{1}{n}\omega R^{\frac{2}{3}}I^{\frac{1}{2}} \tag{3-11}$$

式中 n——管壁粗糙系数。

管壁粗糙系数值根据管渠材料而定，见表 3-4，混凝土和钢筋混凝土污水管道的管壁粗糙系数一般采用 0.014。

表 3-4 管壁粗糙系数

管道类别	粗糙系数 n	管道类别	粗糙系数 n
石棉水泥管、钢管	0.012	浆砌砖渠道	0.015
水槽	0.012 ~ 0.014	浆砌块石渠道	0.017
陶土管、铸铁管	0.013	干砌块石渠道	0.020 ~ 0.025
混凝土管、钢筋混凝土管、水泥砂浆抹面渠道	0.013 ~ 0.014	土明渠（包括带草皮）	0.025 ~ 0.030

3. 水管渠的断面与衔接

污水管渠的断面形式必须满足静力学、水力学、经济及养护管理上的要求，即要求管道有足够的稳定性、良好的输水性、管材造价低且便于清通养护等。常用的断面形式有圆形、半椭圆形、马蹄形、矩形、梯形及蛋形等。其中圆形管道具有水力条件好，能适应流量变化，并且便于预制和运输，造价低等优点而应用

较广。对于大型管渠，常采用砖石砌筑、预制组装及现场浇筑的方法施工，管渠断面多为较宽浅的形式。

污水管道在管径、坡度、高程、方向发生变化及支管接入的地方都需设置检查井，满足污水管渠中衔接与维护的要求。在设计时，检查井内上、下游管渠衔接时应遵循以下原则：

1）尽可能提高下游管段的高程，以减少管道埋深，减低造价。

2）避免上游管段中形成回水而产生淤积。

管道的衔接方法通常采用水面平接和管顶平接，特殊情况下需采用管底平接与跌水连接，如图3-14所示。

水面平接是指污水管道水力计算中，上、下游管段在设计充满度的情况下，其水面具有相同的高程，一般适于上、下游管道直径相同时，特别是在平坦地区采用，因为这种衔接方法较管顶平接方法可减小下游管道埋深。

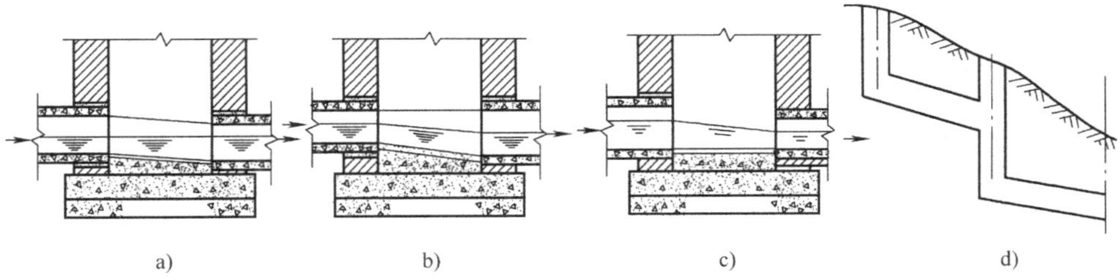

图3-14 污水管道的衔接

a）水面平接 b）管顶平接 c）管底平接 d）跌水连接

管顶平接是指上、下游管段管顶标高相同。管顶平接法一般会使上、下游管道内水平有一定落差，因而不容易产生回水，但下游管道的埋深可能增加。一般在地面坡度较大或下游管道直径大于上游管道直径时采用。

在特殊情况下，如下游管道地面坡度急增时，下游管径可能小于上游管道，此时应采用管底平接方法，即保持上、下游管道底部标高相等。

此外，在地形坡度较大地区，管道坡度小于地面坡度，为了保证下游管段的最小覆土厚度和减小上游管段的埋深，上、下游管渠采用跌水连接。

4. 污水管道水力计算参数

从水力学计算公式可知，设计流量与设计流速及过水断面面积有关，而设计流速是管壁粗糙系数、水力半径和水力坡度的函数。为保证污水管道设计的经济合理，GB 50014—2006《室外排水设计规范》对充满度、流速、管径与坡度等设计参数作了规定，在进行污水管网水力计算时一般应予遵循。

（1）设计充满度　在设计流量下，污水在管道中的水深 h 和管道直径 D 的比值称为设计充满度（或水深比），如图3-15所示。当 $h/D=1$ 时称为满流；当

$h/D<1$ 时称为非满流。

我国 GB 50014—2006《室外排水设计规范》规定，污水管道的设计充满度应小于或等于最大设计充满度，其最大设计充满度见表 3-5。明渠超高（渠中最高设计水面至渠顶的高度）应不小于 0.2m。在计算污水管道的充满度时，不包括淋浴或短时间突然增加的污水量，但当管径小于或等于 300mm 时，应按满流复核。这样规定的原因如下：

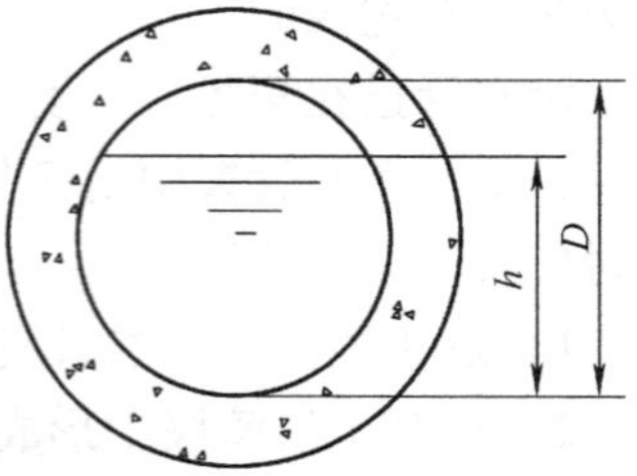

图 3-15 充满度示意图

1）污水量时刻在变化，很难精确计算，而且雨水或地下水可能通过检查井盖或管渠接口渗入污水管道。因此有必要保留一部分管道断面，为未预见水量的增长留有余地，避免污水溢出妨碍环境卫生。

表 3-5 最大设计充满度的有关规定

管径 D 或暗渠高 H /mm	最大设计充满度 h/D 或 h/H	管径 D 或暗渠高 H /mm	最大设计充满度 h/D 或 h/H
200 ~ 300	0.55	500 ~ 900	0.70
350 ~ 450	0.65	≥1000	0.75

2）污水管道内沉积的污泥可能会分解析出一些有害的气体。此外，污水中如含有汽油、苯、石油等易燃液体时，可能形成爆炸性气体，故需留出适当的空间，以利管道的通风，排除有害气体，对防止管道爆炸有良好效果。

3）便于管道的疏通与管理。

（2）设计流速　设计流速是与设计流量、设计充满度相对应的水流平均速度。污水在管内流动缓慢时，污水中所含杂质可能下沉，产生淤积；当污水流速增大时，可能产生冲刷现象，甚至损坏管道。为了防止管道中产生淤积或冲刷，设计流速不宜过小或过大，应在最大和最小设计流速范围之内。就整个污水管道系统而言，各设计管段的设计流速从上游到下游最好是逐渐增加。

最小设计流速是保证管道内不产生淤积的流速。根据国内污水管道实际运行情况的观测数据并参考国外经验，污水管道的最小流速定为 0.6m/s。含金属、矿物质或重油杂质的生产污水管道，其最小设计流速宜适当加大，其值要根据试验或运行经验确定。

最大设计流速是保证管道不被冲刷损坏的流速，该值与管道材料有关，通常金属管道的最大设计流速为 10m/s，非金属管道的最大设计流速为 5m/s。

（3）最小管径　一般污水管道系统的上游部分设计污水流量很小，若根据流量计算，则管径会很小。管径过小的管道极易堵塞，清通频繁且不方便，会增加污水管道的维护工作量和管理费用。为此，为了养护工作的方便，常规定一个允许的最小管径。在街区和厂区内最小管径为200mm，在街道下为300mm。

在进行管道水力计算时，管段由于服务的排水面积小，因而设计流量小，按此流量计算得出的管径小，此时可采用最小管径值。

(4) 最小设计坡度 在均匀流情况下，水力坡度降等于水面坡度，即管底坡度。由均匀流流速公式看出，管渠坡度和流速之间存在一定关系。相应于管内流速为最小设计流速时的管道坡度称为最小设计坡度。

从水力计算公式可以看出，水力设计坡度也与水力半径有关，而水力半径是过水断面积与湿周的比值，因此，不同管径的污水管道应有不同的最小坡度。管径相同的管道，因充满度不同，其最小坡度也不同。当在给定设计充满度条件下，管径越大，相应的最小设计坡度值也就越小。但是，通常对同一直径的管道只规定一个最小坡度，故以设计充满度为1或0.5时的最小坡度作为最小设计坡度。目前我国采用的街坊内污水管道的最小管径为200mm，相应的最小坡度为0.004。街道下污水管道的最小管径为300mm，相应的最小坡度为0.003。若管径增大，相应于该管径的最小设计坡度小于0.003，如管径400mm的最小设计坡度为0.0015。

当设计流量很小而采用最小管径的设计管段称为不计算管段。由于这种管段不进行水力计算，因此直接规定管段的最小设计坡度。

(5) 污水管道的埋设深度 管道的埋设深度是指从地面到管道内底的距离，管道的覆土厚度则指从地面到外顶的距离，如图3-16所示。污水管道的埋深对于工程造价和施工影响很大，污水管道的埋设深度越大，施工越困难，工程造价越高。显然，在满足技术要求的条件下，污水管道的埋设深度越小越好。但是，管道的覆土厚度有一个最小限值，称为最小覆土厚度，其值取决于下列三个因素。

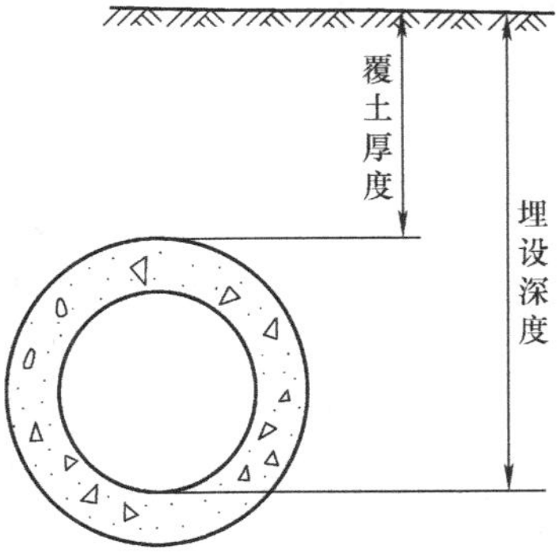

图3-16　管道埋深与覆土厚度

1) 在寒冷地区，必须防止管内污水冰冻和因土壤冰冻膨胀而损坏管道。生活污水的水温一般较高，即使在冬季污水的温度也不会低于4℃，此外，污水管道按一定的坡度敷设，管内污水具有一定的流速，经常保持一定的流量在流动，因此污水在管道内是不会冰冻的，管道周围的泥土也不会冰冻，所以没有必要把整个污水管道都埋在土壤冰冻线以下。但如果将管道全部埋在冰冻线以上，则可能会因土壤冰冻膨胀损坏管道基础，从而损坏管道。

我国GB 50014—2006《室外排水设计规范》规定：无保温措施的生活污水管道或水温与生活污水接近的工业废水管道，管底可埋设在冰冻线以上0.15m；

有保温措施或水温较高的管道，管底在冰冻线以上的距离可以加大，其数值应根据该地区或条件相似地区的经验确定。

2）必须防止管壁因地面荷载而受到破坏。埋设在地下的污水管道承受着覆盖在其上的土壤荷载和地面上交通车辆运行产生的荷载。为了防止管道因外部荷载影响而受到破坏，首先要注意管材质量，另外，必须保证管道有一定的覆土厚度。因为车辆运行对管道产生的荷载，其垂直压力随深度增加而向管道两侧传递，最后只有一部分集中的轮压传递到地下管道上。从这一因素考虑并结合各地埋管经验，我国GB 50014—2006《室外排水设计规范》规定：污水管道在车行道下的最小覆土厚度不小于0.7m；在非车行道下的最小覆土厚度可以适当减小。

3）必须满足管道与管道之间的衔接要求。街道污水管起点埋深，可根据污水出户管埋深，按下式计算确定（图3-17）

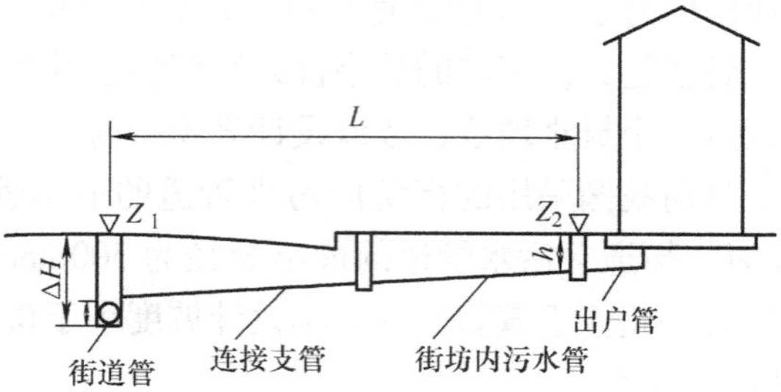

图3-17 污水管道起端埋深

$$H = h + iL + Z_1 - Z_2 + \Delta h \tag{3-12}$$

式中 H——街道污水管最小埋深，单位为m；

h——街坊内最远处污水管起点的最小埋深，单位为m；

i——街坊内污水管和连接支管坡度；

L——街坊内污水管和连接支管坡度总长度，单位为m；

Z_1——街道污水管检查井处地面标高，单位为m；

Z_2——街坊内污水管起点检查井处地面标高，单位为m；

Δh——连接支管与街道污水管的管内底高差，单位为m。

对于每一个具体管段，按上述决定最小埋深的三个条件，可以得到三个不同的管底埋深或管顶覆土厚度值，其中最大值即是该管段的允许最小埋深或最小覆土厚度。

污水管渠埋深越大，工程造价越高，当地下水位高时更是如此，并且给管渠施工带来困难，因此必须根据经济指标及施工方法定出管渠埋深允许的最大值，该值称为最大允许埋深。在一般比较干燥的土壤中，最大允许埋深不超过7～8m；在地下水位高、流沙、石灰岩地层中，最大允许埋深不超过5m。当超过最大允许埋深时，应设置泵站以提高管渠的位置。

5. 管道水力计算方法与特殊管段的计算

（1）管道水力计算方法 污水管网管段设计流量确定之后，即可由上游管段开始，进行各管段的水力计算。在设计管段具体计算中，已知设计流量Q和

粗糙系数 n，求管径 D、水力坡度 I 和流速 v。由于计算中未知数较多，使用水力计算公式计算比较复杂。为了简化管渠水力计算，常采用水力计算图（表）进行计算。图3-18为 $D=300\text{mm}$ 的水力计算图，图中包括流量 Q、充满度 h/D、管径 D、粗糙系数 n、水力坡度 I 和流速 v 六个水力因素，其中管径 D 和粗糙系数 n 是已知的。在流量 Q、充满度 h/D、水力坡度 I 和流速 v 四个因素中，只要知道两个因素，就可查出另外两个。

【例3-2】 已知 $n=0.014$、$D=300\text{mm}$、$Q=30\text{L/s}$、$I=0.004$，求流速 v 和充满度 h/D。

【解】 采用 $D=300\text{mm}$ 的水力计算图，如图3-18所示。

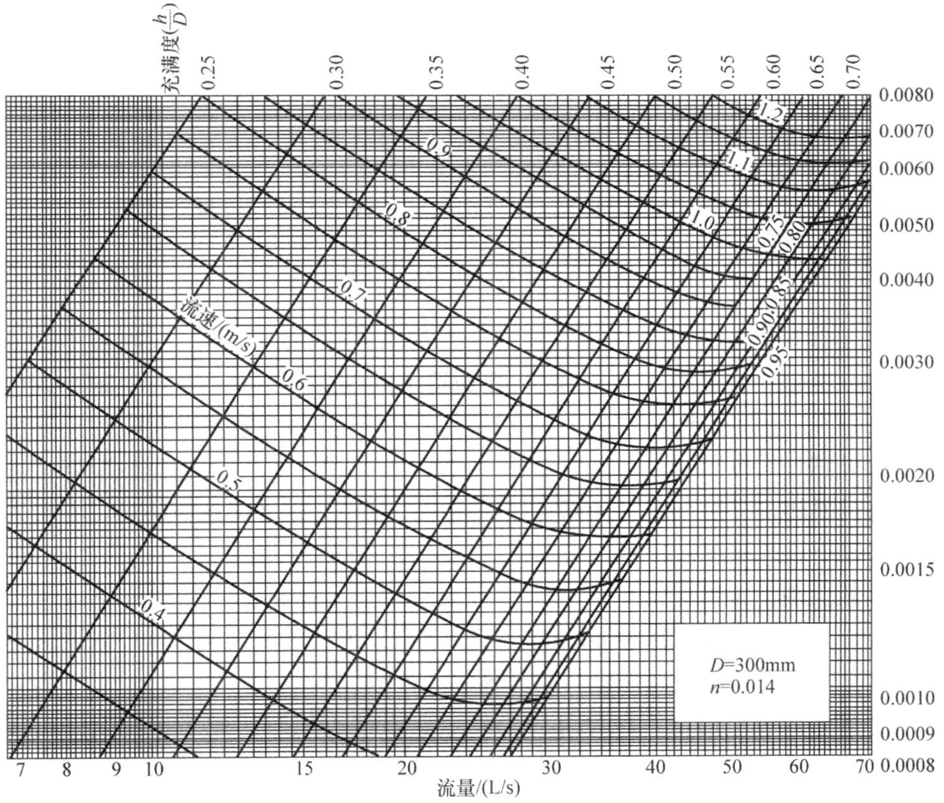

图3-18　$D=300\text{mm}$ 的水力计算图

在横坐标轴上找到 $Q=30\text{L/s}$ 值，做竖线，在纵坐标轴上找到 $I=0.004$ 值，做横线。两线交于一点，从这一点的位置可估算出

$$v=0.82\text{m/s}\qquad h/D=0.52$$

也可采用水力计算表进行计算，表3-6所列为圆形断面（$n=0.014$）$D=300\text{mm}$ 水力计算表的部分数据。表中的管径 D 和粗糙系数 n 已知，表中流量 Q、

充满度 h/D、水力坡度 I 和流速 v 四个因素，知道其中任意两个便可求出另外两个。

表 3-6 圆形断面（$n=0.014$）$D=300$mm 水力计算表

坡度 / 流量、流速 / h/D	0.0025		0.0030		0.0040		0.0050		0.0060	
	Q	v	Q	v	Q	v	Q	v	Q	v
0.40	15.13	0.57	16.57	0.63	19.14	0.72	21.40	0.81	23.44	0.89
0.45	18.70	0.61	20.94	0.66	23.65	0.77	26.45	0.86	28.97	0.94
0.50	22.45	0.64	24.59	0.70	28.39	0.80	31.75	0.90	34.78	0.98
0.55	26.30	0.66	28.81	0.72	33.26	0.84	37.19	0.93	40.74	1.02
0.60	30.16	0.68	33.04	0.75	38.15	0.86	42.66	0.96	46.73	1.06
0.65	33.96	0.70	37.20	0.76	42.96	0.88	48.03	0.99	52.61	1.08
0.70	37.59	0.71	41.18	0.78	47.55	0.90	53.16	1.01	58.23	1.10
0.75	40.94	0.72	44.85	0.79	51.79	0.91	57.90	1.02	63.42	1.12
0.80	43.89	0.72	48.07	0.79	55.51	0.92	62.06	1.02	67.99	1.12
0.85	46.26	0.72	50.68	0.79	58.52	0.91	65.43	1.01	71.67	1.12
0.90	47.85	0.71	52.42	0.78	60.53	0.90	67.67	0.98	74.13	1.11
0.95	48.24	0.70	52.85	0.76	61.02	0.88	68.22	0.90	74.74	1.08
1.00	44.90	0.64	49.18	0.70	56.79	0.80	63.49	0.91	69.55	0.98

（2）不计算管段的确定　按规范规定，污水管道在街区和厂区内最小管径为200mm，其最小设计坡度为0.004；在街道下的最小管径为300mm，最小设计坡度为0.003。当管道粗糙系数为0.014时，通过计算，上述管段对应的设计流量分别为9.19L/s和14.63L/s。当设计污水流量小于上述值时，已经没有管径选择的余地，因此，可以不通过计算直接采用最小管径，在平坦地区还可以直接采用相应的最小设计坡度。

（3）较大坡度地区管段计算　当管段敷设地点有一定的地形坡度可以利用时，管道计算坡度可以选择地面坡度。管段直径选用满足最大充满度要求的最小直径。由已知的设计流量和坡度，求其他水力参数。

（4）平坦或反坡地区管段计算　当管道敷设地点地形比较平坦甚至是反坡时，管段设计不但要考虑规范规定的最小流速、最大充满度等技术要求，同时还要认真考虑经济性问题。通过计算可以列出不同设计流量范围内的最大管径供设计参考，见表3-7。

（5）管段高程衔接设计 污水管衔接设计是由上游管段向下游管段进行的，首先是根据上述方法确定管段起点埋深，对于非起点管段，则应确定它与上游管段的衔接关系，即根据具体情况选用三种衔接方法（管顶平接、水面平接和管底平接）之一，以确定本管段的起点埋深；然后用本管段设计确定的管径、坡度、充满度以及管段长度等，推求本管段的终端埋深，作为下游管段的衔接条

表3-7 污水管最大管径（管壁粗糙系数 $n=0.014$）

设计流量/(L/s)	最大管径/mm	设计流量/(L/s)	最大管径/mm
<9.19	200	126.84~172.65	700
9.19~16.60①	250	172.65~225.50	800
16.60~23.90①/<14.63	300	225.50~285.39	900
23.90~39.72/14.63~39.72	350	285.39~379.11	1000
39.72~51.88	400	379.11~458.72	1100
51.88~65.66	450	458.72~545.92	1200
65.66~88.08	500	690.93~853.00	1500
88.08~126.84	600		

① 对于最小管径为200mm时。

件。管段末端埋深计算公式为

$$(E_2-H_2)=(E_1-H_1)-IL \tag{3-13}$$

式中 E_1、E_2——管段上、下游节点处的地面高程，单位为m；

H_1、H_2——管段上、下游节点处的埋设深度，单位为m，根据管道衔接等技术条件确定；

L——管段长度，单位为m；

I——管段坡度；

L——管段降落量，单位为m。

6. 水力计算中应注意的问题

1）必须仔细研究管网系统的控制点。各条管道的起端、低洼地区的个别街坊和污水出口较深的工业企业或公共建筑都是控制点的研究对象。

2）必须仔细研究管道敷设坡度与地面坡度之间的关系，使确定的管道敷设坡度，在保证最小流速的前提下，尽量减小管道埋深，同时便于支管的接入。

3）水力计算自上游依次向下游管段进行，管径一般应沿程增大。当管道穿过陡坡地段时，管径可以由大变小，但减小范围不得超过二级。

4）当地面高程有剧烈变化或地面坡度太大时，可采用跌水井，防止管内流速过大而冲刷损坏管壁。通常污水管道的跌落差大于1m时，宜设置跌水井；跌落差小于1m时，只把检查井中的流槽做成斜坡即可。

5）在旁侧管与干管的连接点上，要考虑干管已定埋深是否可以允许旁侧管接入。同时，避免旁侧管和干管产生回水，旁侧管中的设计流速不应大于干管中的设计流速。

7. 污水管道设计计算举例

【例3-3】 图3-19所示为某城镇居住区街坊平面图，街坊人口密度为400人/10^4m^2，居住区生活污水量标准为100L/(人·d)。街坊Ⅱ中有一工厂，其污水流量为15L/s，街坊Ⅴ中有一公共浴池，每天容纳600人洗浴，浴室开放12h，其污水流量为150L/(人·次)，变化系数为1.0，该城镇污水管道最小埋深为1.0m。试进行该居住区污水管道的设计计算。

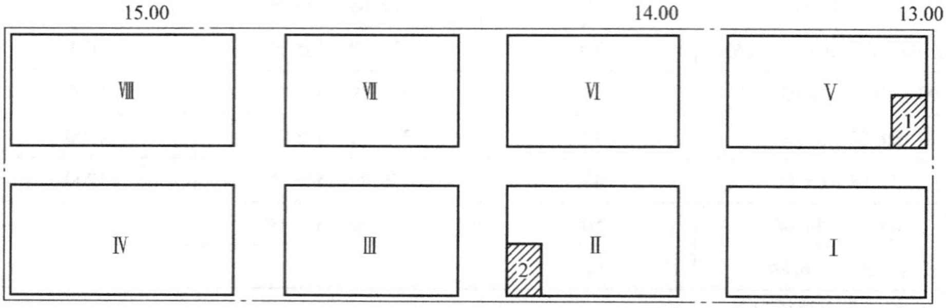

图3-19　某城镇居住区街坊平面图
1—公共浴室　2—工厂

【解】污水管设计计算方法与步骤如下：

1）在街坊平面图上布置污水管网。从街坊平面图可知该区地势自西北向东南倾斜，坡度不大，无明显分水线，可划分一个排水流域。整个管道系统呈低边式布置，如图3-20所示。

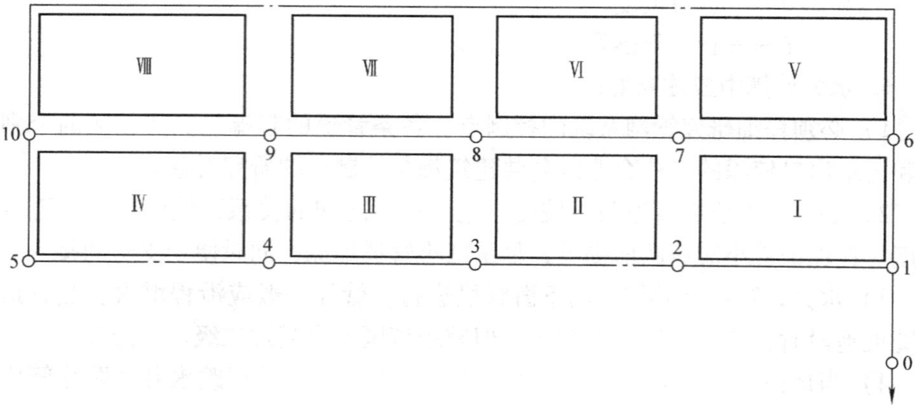

图3-20　某镇区污水管道平面图
注：图中尺寸管径D以mm计，坡度I以0.1%计，长度L以m计

2）街坊编号并计算其面积，计算结果见表3-8。

表3-8　街坊面积

街坊编号	Ⅰ	Ⅱ	Ⅲ	Ⅳ	Ⅴ	Ⅵ	Ⅶ	Ⅷ
街坊面积/10^4m^2	20	11.25	11.25	15	20	12.5	11.25	15

3）划分设计管段，计算设计流量。将各管道中有本段流量进入的点（一般为街坊两端）、集中流量及旁侧支管接入的点作为设计管段起讫点的检查井，并标上编号，如图3-19所示。

根据居住区人口密度与污水量标准100L/(人·d)计算面积比流量，即

$$q_0=\frac{400\times100}{24\times3600}\text{L/(s}\cdot10^4\text{m}^2)=0.463\text{L/(s}\cdot10^4\text{m}^2)$$

公共浴池的污水通过检查井6进入管道，其最高时污水量为

$$Q_4=\frac{150\times600\times1.0}{3600\times12}\text{L/s}=2.1\text{L/s}$$

另一个集中流量为工厂的排水，在检查井3进入管道，相应设计流量为15L/s。根据上述的计算方法分别计算各管段设计流量，计算结果见表3-9。

表3-9 某镇区污水管段设计流量计算

管段编号	居住区生活污水设计流量 Q_1								集中流量		设计流量/(L/s)
	沿线流量				转输流量/(L/s)	平均流量/(L/s)	总变化系数 K_z	生活污水设计流量/(L/s)	本段/(L/s)	转输/(L/s)	
	街坊编号	街坊面积/10^4m^2	比流量 q_0/[L/(s·10^4m^2)]	流量/(L/s)							
10~9	Ⅷ	15	0.463	7.0	—	7.0	2.24	15.7	—	—	15.7
9~8	Ⅶ	11.25	0.463	5.2	7.0	12.2	2.08	25.4	—	—	25.4
8~7	Ⅵ	12.5	0.463	5.8	12.2	18.0	1.98	35.6	—	—	35.6
7~6	Ⅴ	20	0.463	9.3	18.0	27.3	1.90	51.9	—	—	51.9
6~1	—			—	18.0	27.3	1.90	51.9	2.1	—	54.0
5~4	Ⅳ	15	0.463	7.0	—	7.0	2.24	15.6	—	—	15.6
4~3	Ⅲ	11.25	0.463	5.2	7.0	12.2	2.08	25.4	—	—	25.4
3~2	Ⅱ	11.25	0.463	5.2	12.2	17.4	1.98	34.5	15.0	—	49.5
2~1	Ⅰ	20	0.463	9.3	17.4	26.7	1.90	50.7	—	15.0	65.7
1~0	—			——	54.0	54.0	1.75	94.5	—	17.1	111.6

4）确定各管段设计流量后，就可以从上游管段开始进行水力计算，计算结果见表3-10。污水管道水力计算按下列步骤进行。

表3-10 某镇区污水管段水力计算

管段编号	管段长度 L/m	设计流量 Q/(L/s)	管径 D/mm	坡度 I	流速 v/(m/s)	充满度		降落量 IL/m
						h/D	水深 h/mm	
10~9	200	15.3	300	0.0030	0.63	0.38	0.114	0.60
9~8	200	25.0	300	0.0035	0.75	0.49	0.147	0.70
8~7	200	35.3	350	0.0035	0.80	0.47	0.164	0.70
7~6	250	51.3	400	0.0030	0.84	0.49	0.196	0.75
6~1	300	53.4	400	0.0030	0.85	0.51	0.204	0.90
5~4	200	15.3	300	0.0030	0.63	0.38	0.114	0.60
4~3	200	25.0	300	0.0035	0.75	0.49	0.147	0.70
3~2	200	49.3	400	0.0025	0.78	0.51	0.204	0.50
2~1	250	65.2	450	0.0023	0.79	0.52	0.230	0.58
1~0	150	111.0	500	0.0026	0.97	0.57	0.285	0.39

（续）

管段编号	标高/m						埋深/m	
	地面		水面		管内底		起点	终点
	起点	终点	起点	终点	起点	终点		
10~9	14.600	14.000	13.714	13.114	13.600	13.000	1.00	1.00
9~8	14.000	13.400	13.114	12.414	12.967	12.267	1.03	1.13
8~7	13.400	12.800	12.381	11.681	12.217	11.517	1.18	1.28
7~6	12.800	12.100	11.663	10.913	11.467	10.717	1.33	1.38
6~1	12.100	11.300	10.913	10.013	10.709	9.809	1.39	1.49
5~4	13.500	12.750	12.614	12.014	12.500	11.900	1.00	1.05
4~3	12.750	12.500	12.014	11.314	11.817	11.167	1.08	1.33
3~2	12.500	12.000	11.271	10.771	11.067	10.567	1.43	1.43
2~1	12.000	11.300	10.751	10.171	10.517	9.937	1.48	1.36
1~0	11.300	10.900	10.122	9.750	9.837	9.447	1.46	1.45

① 从管道平面布置图上量出每一段设计管段的长度。

② 将各计算管段的设计流量、设计管段起讫点检查井处的地面标高列入表中。

③ 计算每一设计管段的地面坡度（地面坡度=地面高程差/距离），作为确定管道坡度的参考。

④ 确定起始管段的管径 D、设计流速 v、设计坡度 I 以及设计充满度 h/D。根据管段设计流量，参照地面坡度，试定管径。例如管段 10~9 的设计流量为 15.6L/s，采用 300mm 的管径，查水力计算图得：$v=0.63\text{m/s}$、$I=0.003$、设计充满度 $h/D=0.38$，结果符合设计规定。

⑤ 根据上述方法确定其他管段的管径 D 以及设计流速 v、设计坡度 I、设计充满度 h/D。通常随着设计流量的增加，下一段管段的管径一般会增大一级或两级，或保持不变，这样便可根据流量的变化确定管径。然后根据设计流速随设计流量的增大或不变的规律确定设计流速。根据选定管径的水力计算图，查出相应 I 和 h/D 值，如 I 和 h/D 值符合设计规范要求，说明水力计算合理，将计算结果填入表中相应的位置。

⑥ 根据设计管段的设计长度和管道坡度求降落量。例如管段 9~10 的降落量为 $IL=200\times0.003\text{m}=0.60\text{m}$。

⑦ 根据管径和充满度求管段的水深。例如管段 9~10 的水深为 $h=D(h/D)=0.3\times0.38\text{m}=0.114\text{m}$。

⑧ 确定管网系统的控制点的埋深，应满足最小埋深的要求，并计算管段起端管底标高。

⑨ 计算管段起端和终端的管底标高、水面标高及埋深。

8. 绘制管道平面图与纵剖面图

污水管道的平面图和纵剖面图，是污水管道设计的主要图样。设计阶段不同，图样表现的深度亦有所不同。

初步设计阶段的管道平面图就是管道总体布置图，通常采用的比例尺为(1∶5000)～(1∶10000)，图上包括地形、地物、河流、风玫瑰或指北针。污水管道用粗线条表示，在管线上画出设计管段起讫点的检查井，并编上号码，标出各设计管段的服务面积、可能设置的中途泵站、倒虹管或其他的特殊构筑物、污水处理厂、出水口等。初步设计的管道平面图上还应将主干管各设计管段的长度、管径和坡度在图上注明。此外，图上应有管道的主要工程项目表和说明。

施工图阶段的管道平面图比例尺常用（1∶1000）～（1∶5000），图上内容基本同初步设计，但要求更为详细确切。要求标明检查井的准确位置及污水管道与其他地下管线或构筑物交叉点的具体位置、高程，居住区街坊连接管或工厂废水排出管接入污水干管或主干管的准确位置和高程。图上还应有图例、主要工程项目表和施工说明。

污水管道纵剖面图，反映管道沿线高程位置，它和管道平面布置图对应。图中要画出地面高程线、管道高程线（常用双线表示管顶与管底）并注明检查井号、地面高程及管底高程、管径及长度、基础、管材等。

3.7 城市雨水管网系统、排洪沟的设计与水力计算

雨水管网系统是由收集和排放城市雨水的雨水口、雨水管渠、检查井、出水口等构筑物组成的一整套工程设施。雨水管网的任务是及时地收集、排除暴雨形成的地面径流，保障人的生命安全和工农业生产的正常进行。通常，雨水管网设计的主要内容包括以下几个方面。

1）划定排水流域，进行雨水管渠的平面布置，确定雨水调节池与泵站位置。

2）根据城市雨量统计资料及气候条件，确定或选定当地暴雨强度公式。

3）确定计算参数，计算雨水流量并进行水力计算，确定雨水管渠断面尺寸、设计坡度、埋设深度等。

4）确定雨水管道在街道横断面上的位置。

5）绘制管渠平面图和纵剖面图。

3.7.1 雨水管道设计流量的计算

1. 雨水量计算

城市雨水量计算应与城市防洪、排涝系统规划相协调，宜按当地或地理环境、气候相似的所属城市或邻近城市的标准，按降雨强度公式计算确定。雨水量的计算公式如下

$$Q = \Psi q F = 166.7 i F \tag{3-14}$$

式中 Q——雨水量，单位为L/s；

q——暴雨强度，单位为$L/(s \cdot ha)$，$1ha = 10^4 m^2$；

Ψ——径流系数，其数值小于1；

F——汇水面积，单位为ha；

i——降雨强度，单位为mm/min。

雨水设计流量公式是根据一定假设条件，由雨水径流成因加以推导而得出的，是半经验半理论的公式，通常称为推理公式。当有生产废水排入雨水管道时，应将其水量计算在内。

2. 设计参数

（1）暴雨强度公式　降雨量是降雨的绝对量，用深度H表示。降雨强度指某一连续降雨时段内单位时间的平均降雨量，用i表示。降雨强度的表达式为

$$i = \frac{H}{t} \tag{3-15}$$

式中 i——降雨强度，单位为mm/min；

t——降雨历时，即连续降雨的时段，单位为min；

H——相应于降雨历时的降雨量，单位为mm。

降雨强度也可以用单位时间内单位面积上的降雨体积$[L/(s \cdot 10^{-4} m^2)]$表示。

在设计雨水管渠时，为了确定雨水管渠的断面尺寸，必须求出管渠的设计流量。应假定降雨在汇水面积上均匀分布，选择降雨强度最大的雨作为设计依据。因此，需要对降雨资料进行统计分析，找出表示暴雨特征的降雨强度、降雨历时与降雨重现期之间的关系，作为雨水管渠设计的依据。

暴雨强度公式一般采用下式表示

$$q = \frac{167 A_1 (1 + C \lg P)}{(t + b)^n} \tag{3-16}$$

式中 q——暴雨强度，单位为$L/(s \cdot 10^{-4} m^2)$；

P——重现期，单位为a；

t——降雨历时，单位为min；

A_1、C、b、n——地方参数，根据统计方法进行计算确定。

《给水排水设计手册》第5册收录了若干城市的暴雨强度公式，设计时可直接选用。对于无暴雨强度公式又无资料可以用来推算的城镇，可借用附近气象条件相似城市的暴雨强度公式。

（2）设计重现期　设计重现期是指设计暴雨强度出现的周期，是城市雨水

设计的标准。暴雨强度的频率是指等于或大于该暴雨强度发生的机会，在水文计算中往往用重现期来替代频率。暴雨强度的重现期指在一定长的统计期内，等于或大于某暴雨强度的降雨出现一次的平均间隔时间。强度大的暴雨，其重现期长；强度小的暴雨，其重现期短。暴雨强度的重现期具有统计平均概念，不能机械地把它看成多少年一定出现一次。例如，“百年一遇”的雨量并不是指某地雨量大于等于这个雨量正好一百年出现一次，事实上也许一百年中这样的值出现好多次，也许一次也不会出现，只有在很长的过程中，或对长时期而论是正确的。

雨水管渠设计重现期，应根据汇水地区性质、地形特点和气候特征等因素确定。重现期过大，会使管渠断面尺寸很大，工程造价会很高；取值过小，一些重要地区如中心区、干道则会经常遭受暴雨积水损害。进行雨水管渠规划时，不同重要程度地区的雨水管渠，应采取不同的重现期来设计。规范规定，重要地区重现期为3～5a，一般地区重现期为1～3a。具体规划中可按表3-11选用。

表3-11 设计降雨重现期

地形		设计降雨重现期/a		
地形分级	地面坡度	一般居住区 一般道路	中心区、使馆区、工厂区、仓库区、干道、广场	特殊重要地区
有两向地面排水出路的平缓地形	<0.002	0.333～0.5	0.5～1	1～2
有一向地面排水出路的溪谷地形	0.002～0.01	0.5～1	1～2	2～3
无地面排水出路的封闭的洼地	>0.01	1～2	2～3	3～5

注：“地形分级”与“地面坡度”是地形条件的两种分类标准，符合其中的一种情况即可按表选用。如两种不利情况同时占有，则宜选用表中的高值。

（3）设计降雨历时　连续降雨的时段称为降雨历时，降雨历时可以指一场雨全部降雨的时间，也可以指其中个别的连续时段。

根据极限强度法理论，只有当降雨历时等于集水时间时，雨水流量最大。所以设计中通常以汇水面积最远点的雨水流到设计断面时的集水时间作为设计降雨历时，它包括地面集水时间和雨水在管渠内的流行时间

$$t = t_1 + mt_2 \tag{3-17}$$

式中　t——集水时间（数值上等于设计降雨历时），单位为min；

t_1——地面集水时间，单位为min；

m——折减系数，暗管$m=2$，明渠$m=1.2$，陡坡地区的暗管$m=1.2\sim2$；

t_2——雨水在管渠内的流行时间，单位为min。

地面集水时间t_1为汇水面积上最远点地面或房屋面的雨水流到雨水管道系统雨水口的时间，它受地形坡度、地面铺砌、地面植被情况、水流距离等因素影响。应结合当地具体条件，合理地选定t_1值。t_1选用过大，将会造成排水不畅，致使管道上游地面经常积水；t_1选用过小，又将加大雨水管渠尺寸，从而增加工

程造价。规范建议地面集水时间采用 5 ~ 15min。一般在建筑密度较大、地形较陡、雨水口布置较密的地区，宜采用较小值，取 t_1 =5 ~ 8min。在建筑密度较小、地形较平坦、雨水口布置较疏的地区，宜采用较大值，取 t_1 =10 ~ 15min。同时，起点检查井上游地面雨水流行距离以不超过 120 ~ 150m 为宜。

雨水在管渠内的流行时间 t_2 可按下式计算

$$t_2 = \sum \frac{L}{60v} \tag{3-18}$$

式中 L——上游各管段的长度，单位为 m；

v——上游各管段满流时的流速，单位为 m/s。

（4）径流系数　降落在地面上的雨水，只有一部分径流流入雨水管道，其径流量与降雨量之比就是径流系数 Ψ。影响径流系数的因素很多，最主要的影响因素是排水区域的地面性质。地面上的植被生长和分布情况、地面上的建筑物面积或道路路面的性质等对径流系数有很大的影响。此外，地面坡度越陡、雨水量越大，径流系数越大。表 3-12 所示为单一覆盖地面的径流系数。

表 3-12　单一覆盖地面的径流系数

地面种类	径流系数 Ψ	地面种类	径流系数 Ψ
各种屋面、混凝土和沥青路面	0.85 ~ 0.95	干砌砖石和碎石路面	0.35 ~ 0.40
大块石铺砌路面和沥青表面处理的碎石路面	0.55 ~ 0.65	非铺砌土地面	0.25 ~ 0.35
级配碎石路面	0.40 ~ 0.50	公园或绿地	0.10 ~ 0.20

通常汇水面积是由各种性质的地面覆盖组成，随着它们占有的面积比例变化，径流系数 Ψ 值也各异，所以，整个汇水面积上的平均径流系数 Ψ 值是按各类地面的径流系数采用加权平均法计算而得到

$$\Psi_{aV} = \frac{\sum F_i \Psi_i}{F} \tag{3-19}$$

式中 Ψ_{aV}——平均径流系数；

Ψ_i——相应于各类地面的径流系数；

F_i——汇水面积上各类地面的面积，单位为 ha($1\text{ha} = 10^4\text{m}^2$)；

F——全部汇水面积，单位为 ha。

设计中也可以采用区域综合径流系数，一般城市综合径流系数可参考表 3-13。

3. 雨水管道设计流量的计算

一般城市的雨水管渠的汇水面积较小，通常按式（3-14）计算汇水面积的设计最大径流量，也是要排除的雨水设计流量。随着排水管渠计算断面位置的不同，管渠的计算汇水面积也不一样，从汇水面积最远端到不同的计算断面处的集

流时间 τ（包括管道内的流行时间）也不一样，在计算平均设计暴雨强度时，应采用不同的降雨历时 $t(t=\tau)$。

表3-13　城市综合径流系数

区域情况	Ψ
城市建筑密集区	0.60～0.85
城市建筑较密集区	0.45～0.6
城市建筑稀疏区	0.20～0.45

在雨水管渠设计中，应根据各集水断面节点上的集水时间 τ 正确计算各管段的设计流量。管段 i 的设计流量按下式计算

$$q_i = \frac{167A_1(1+C\lg P)}{(t_1+mt_2+b)^n}\sum \psi_k F_k \tag{3-20}$$

式中　q_i——管段 i 设计雨水量，单位为（L/s）；

F_k、Ψ_k——管段 i 承担的各上游汇水区域的面积及相应的径流系数；

t_1——管段 i 承担的汇水区域雨水从最远点开始的地面集水时间，单位为 min；

t_2——雨水在管段 i 上游所有管段内流行总时间，单位为 min；

A_1、C、b、n——暴雨强度公式中的参数。

如图3-21所示，A 点为雨水集水面积上的最远点，从 A 点到雨水管道的地面集水时间为 t_1，则各管段设计流量为

$$q_1 = \frac{167A_1(1+C\lg P)}{(t_1+b)^n}\sum \Psi_1 F_1 \tag{3-21}$$

$$q_2 = \frac{167A_1(1+C\lg P)}{\left(t_1+m\dfrac{L_1}{60v_1}+b\right)^n}\sum (\Psi_1 F_1+\Psi_2 F_2) \tag{3-22}$$

$$q_3 = \frac{167A_1(1+C\lg P)}{\left[t_1+m\left(\dfrac{L_1}{60v_1}+\dfrac{L_2}{60v_2}\right)+b\right]^n}\sum (\Psi_1 F_1+\Psi_2 F_2+\Psi_3 F_3) \tag{3-23}$$

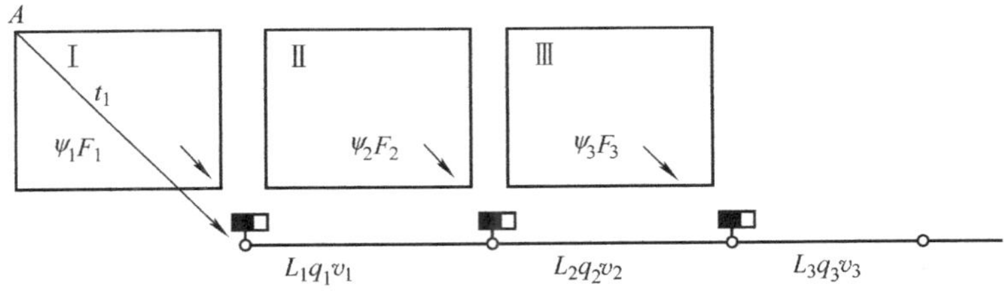

图3-21　雨水管段设计流量计算

4. 雨水管道系统设计计算步骤

1）划分排水流域和管道定线。根据城市设计和排水区的地形，划分排水流域。结合建筑物及雨水口分布，布置管渠系统，绘制水力计算简图。

2）划分设计管段。把两个检查井之间流量没有变化且计算管径和坡度也没有变化的管段定为设计管段，设计管段上下游端点的检查井为节点，并从管段上游往下游按顺序进行设计管段和节点的编号。

3）划分并计算各设计管段的汇水面积。各设计管段汇水面积的划分结合地形坡度、汇水面积的大小以及雨水管段布置等情况而划定，一般以 100～200m 为一段。地形平坦时，可按就近排入附近雨水管道的原则，把汇水面积按周围管渠的布置用等分角线划分。当有适宜的地形坡度时，应按地面雨水径流的水流方向划分汇水面积，并将每块面积进行编号，计算面积的数值标注在图中。汇水面积除街区外，还包括街道、绿地。

4）确定各排水流域的平均径流系数。通常根据排水流域内各类地面的面积数或所占比例，计算出该排水流域的平均径流系数，也可根据设计地区类别，采用区域径流系数。

5）确定设计重现期、地面集水时间。结合设计地区的地形特点、汇水面积、建筑性质、气象特点及管渠溢流后的损失大小等因素，确定设计重现期。

根据该地区建筑密度情况、地形坡度和地面覆盖种类、街区是否设置雨水暗管等，确定雨水管道的地面集水时间。

6）求单位面积径流量。暴雨强度与径流系数的乘积，称为单位面积径流量。只要求得各管段的管内雨水流行时间，就可求出相应于该管段的值。

7）确定管渠的最小埋深。在保证管渠不被压坏、不冻坏和满足街坊内部沟道的衔接的要求下，确定管渠的最小埋深。管顶最小的覆土厚度，在车行道下时一般不小于 0.7m，管道基础应设在冰冻线以下。

8）雨水管渠流量和水力计算。列表进行雨水管渠流量和水力计算，确定管渠断面尺寸、坡度、管底标高及管道埋深等。

9）绘制雨水管渠平面图及纵剖面图。

【例 3-4】 图 3-22 所示为某街坊平面图，试布置雨水管渠并进行水力计算。已知：

1）管道的设计粗糙系数混凝土管 $n=0.013$，明渠 $n=0.025$。

2）该区综合径流系数为 0.65。

3）降雨强度公式为 $q=\dfrac{1976(1+\lg P)}{(t+8)^{0.7}}$。

4）管道起点的埋深为 1.40m，河道正常水位标高为 17.50m。

【解】 1）根据街坊地形布置管线，干线设在东西方向，支线设在南北方向，街坊外部布置明渠，如图3-22所示。

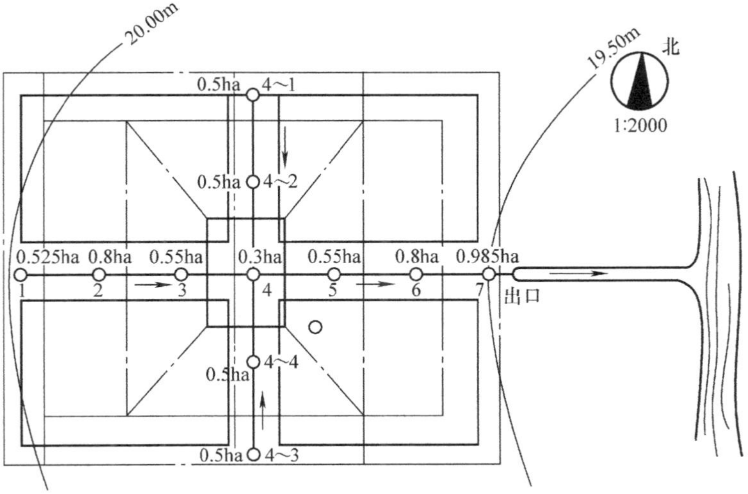

图3-22 某街坊平面图

2）划分并计算汇水面积，结果见表3-14。

表3-14 汇水面积计算表

设计管段编号	本段汇水面积/10^4m^2	转输汇水面积/10^4m^2	总汇水面积/10^4m^2
1~2	0.525	0	0.525
2~3	0.80	0.525	1.325
3~4	0.55	1.325	1.875
4~5	2.30	1.875	4.175
5~6	0.55	4.175	4.725
6~7	0.80	4.725	5.525
7~出口	0.985	5.525	6.51
出口~河	0	6.51	6.51

3）根据街坊面积、地面坡度、地面覆盖及街坊内部雨水管渠情况，取地面集水时间为10min，$m=2.0$。

4）重现期采用0.5年，单位面积径流量为

$$q_0=\Psi q=0.65\times\frac{1976(1+\lg 0.5)}{(10+2t_2+8)^{0.7}}\mathrm{L/(S\cdot10^4m^2)}=\frac{975}{(18+2t_2)^{0.7}}\mathrm{L/(s\cdot10^4m^2)}$$

管段1~2

$$t_2=0,q_0=\frac{975}{(18+2t_2)^{0.7}}L/(s\cdot10^4m^2)=\frac{975}{18^{0.7}}L/(s\cdot10^4m^2)=128.92L/(s\cdot10^4m^2)$$

管段3~4 $2t_2=t_{1\sim2}+t_{2\sim3}=(2.22+2.06)\mathrm{min}=4.28\mathrm{min}$

$$q_0=\frac{975}{(18+4.28)^{0.7}}\mathrm{L/(s\cdot10^4m^2)}=\frac{975}{18^{0.7}}\mathrm{L/(s\cdot10^4m^2)}=111.04\mathrm{L/(s\cdot10^4m^2)}$$

将计算结果列入表3-15中。

表3-15　雨水管道水力计算表

设计管段编号	管长L/m	汇水面积$F/10^4m^2$	管内雨水流行时间/min		单位面积径流量/[L/(s·10^4m^2)]	设计流量Q/(L/s)	管径D或宽×高/(mm×mm)	坡度I
			$2\sum L/v$	$2L/v$				
1~2	50	0.525	0	2.22	128.92	67.7	350	0.0025
2~3	50	1.325	2.22	2.06	118.84	157.5	500	0.0018
3~4	50	1.875	4.28	2.06	111.04	208.2	600	0.0014
4~5	50	4.175	6.34	1.92	104.37	435.7	800	0.0011
5~6	50	4.725	8.26	1.77	98.97	467.6	800	0.0013
6~7	50	5.525	10.03	1.59	94.55	522.4	800	0.0016
7~出口	10	6.51	11.62	0.28	90.97	592.2	800	0.0020
出口~河	120	6.51	11.90	—	90.37	588.3	$B=500$, $h=650$, $m=1.5$	0.0010

设计管段编号	流速/(m/s)	管道输水能力/(L/s)	坡降/m	设计地面标高/m		设计管内底标高/m		埋深/m	
				起点	终点	起点	终点	起点	终点
1~2	0.75	72	0.13	20.00	19.92	18.60	18.48	1.40	1.44
2~3	0.81	159	0.09	19.92	19.83	18.43	18.34	1.49	1.49
3~4	0.81	229	0.07	19.83	19.75	18.24	18.17	1.59	1.58
4~5	0.87	437	0.06	19.75	19.66	17.97	17.91	1.78	1.75
5~6	0.94	472	0.07	19.66	19.58	17.91	17.84	1.75	1.74
6~7	1.05	528	0.09	19.58	19.50	17.84	17.75	1.74	1.75
7~出口	1.18	593	0.02	19.50	19.48	17.75	17.73	1.75	1.75
出口~河	0.62	592	0.12	19.48	19.28	17.63	17.51	1.85	1.77

5）用各计管段的单位面积径流量乘以该管段的总汇水面积得设计流量，如管段1~2的设计流量$Q_{1\sim2}=28.92\times0.525\text{L/s}=67.7\text{L/s}$。

6）查水力计算图进行水力计算，求管径、管道坡度和流速。

7）根据设计管段的设计流速求本管段的管内雨水流行时间。

8）由管段长度乘以管道坡度得到该管段起点与终点之间的高差，即降落量。

9）根据管道起点的埋深为1.4m，按管道管顶衔接的方法进行管道高程计算，方法同污水管道计算。

3.7.2　雨水管渠水力计算

1. 雨水管渠水力计算的设计规定

（1）设计充满度　我国GB 50014—2006《室外排水设计规范》规定，雨水管道的设计充满度按满流考虑。明渠应有大于或等于0.20m的超高，街道边沟应有大于或等于0.03m的超高。

（2）设计流速　为避免雨水所挟带的泥沙等无机物在管渠内沉淀下来而堵

塞管道，雨水管道在满流时最小设计流速为0.75m/s，明渠最小设计流速为0.40m/s。

为避免管道因冲刷而损坏，影响及时排水，对雨水管渠的最大设计流速规定为：金属管道的最大设计流速为10m/s，非金属管道的最大设计流速为5m/s。明渠最大设计流速取决于渠道的铺砌材料及水深，当水深为0.4～1.0m时，宜按表3-16采用。当水深在0.4～1.0m范围以外时，表3-16所列最大设计流速应乘以系数。当水深小于0.4m时，上述数值乘以系数0.85；当水深大于1.0m时，上述数值乘以系数1.25；当水深大于或等于2.0m时，上述数值乘以系数1.40。

表3-16 明渠最大设计流速

明渠类别	最大设计流速/(m/s)	明渠类别	最大设计流速/(m/s)
粗砂或低塑粉质黏土	0.8	草皮护面	1.6
粉质黏土	1.0	干砌块石	2.0
黏土	1.2	浆砌块石或浆砌砖	3.0
石灰岩或中砂岩	4.0	混凝土	4.0

(3) 最小设计坡度与最小管径 雨水管道的最小管径为300mm，相应的最小坡度为0.003，雨水口连接管道的最小管径为200mm，相应的最小坡度为0.001。明渠和盖板渠的底宽最小为0.3m，无铺砌的明渠边坡应根据不同的地质条件设计，砖石或混凝土块铺砌的明渠可采用(1∶0.7)～(1∶1)的边坡。

(4) 最小埋深与覆土厚度 具体规定同污水管道。

(5) 雨水管道的衔接 雨水管道的衔接一般以管顶平接为原则，但当地条件不利时也可采用管底平接。

2. 雨水管渠水力计算的方法

雨水管渠水力计算仍按均匀流考虑，其水力计算公式与污水管道相同，但按满流（即$h/D=1$）计算。在实际计算中，通常采用根据公式计算制成的水力计算图或水力计算表，供设计时使用。

对每一计算管段而言，通过水力计算主要确定5个水力因素：管径D、粗糙系数n、水力坡度I、流量Q、流速v。在工程设计中，通常选定管材之后，n即为已知数值，而设计流量Q也是经过计算后求得的已知数。在实际中，可以参考地面坡度，假定管底坡度，从水力计算图（图3-22）或水力计算表求得D及v值，并使所求得的D、v、I各值符合水力计算基本数据的技术规定。

【例3-5】 已知：$n=0.013$，$Q=200\text{L/s}$，该管段地面坡度为$I=0.004$，试计算该管段的管径D、流速v及管底坡度I。

【解】 设计采用$n=0.013$的水力计算图，如图3-23所示。

在横坐标轴上找到$Q=200\text{L/s}$值，作竖线，在纵坐标轴上找到$I=0.004$值，作横线。两线相交，得到 $v = 1.17\text{m/s}$，D 值介于 400～500mm 两斜线之间，须进行调整。

设 $D = 400\text{mm}$，将 $Q = 200\text{L/s}$ 值的竖线与 $D = 400\text{mm}$ 的斜线相交，查图得到 $I = 0.0092$，及 $v = 1.60\text{m/s}$，此结果符合要求，但 I 与原地坡度相差较大，将增加管道埋深，不宜采用。

设 $D = 500\text{mm}$，将 $Q = 200\text{L/s}$ 值的竖线与 $D = 500\text{mm}$ 的斜线相交，得到 $I = 0.0028$，及 $v = 1.02\text{m/s}$，此结果合适，故决定采用。

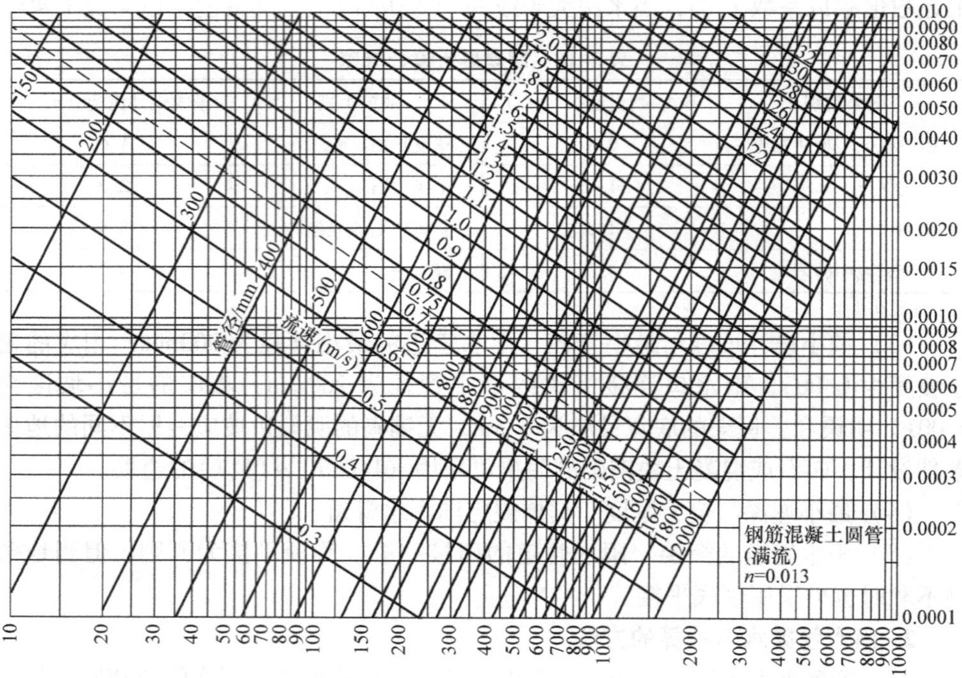

图 3-23　钢筋混凝土圆管水力计算图（D 以 mm 计）

3.7.3　合流制管网的设计与计算

1. 合流制管网的使用条件

1）排水区域内有一处或多处水源充沛的水体，其流量和流速足够大，一定量的混合污水溢入水体后对水体的污染在允许范围内。

2）街坊和街道建设比较完善，必须采用暗管（渠）排除雨水，而街道横断面较窄，管渠的设置位置受到限制。

3）地面有一定的坡度坡向水体，当水体水位较高时，岸边不受淹没，污水排放不需要设置泵站提升。

4）水体卫生要求特别高的地区，污水、雨水均需要处理。

在采用合流制管渠系统时，必须满足环境保护要求，充分考虑水体环境容量的限制，根据当地城市建设和地形条件合理选用合流制管渠系统。

2. 合流制管网的布置

合流制管渠系统除应满足管渠、泵站、污水处理厂、出水口等布置的一般要求外，还应考虑以下要求。

1）管渠的布置应充分考虑生活污水、工业废水及雨水的顺利排出，结合地形以最短的距离坡向水体。支管、干管布置基本与雨水管渠布置方法相同。

2）沿水体岸边布置与水体平行的截流干管，在截流干管适当的位置设置溢流井，使溢流混合污水能顺利通过溢流井就近排入水体。

3）溢流井数目不宜过多，位置选择要恰当，并适当集中。最好靠近水体，以缩短排放管渠的长度，尽可能结合排涝泵站与中途泵站一起修建，降低工程造价。

4）在合流制管网的上游排水区域，如果雨水可沿地面的街道边沟排泄，则该区域可只设置污水管道。只有当雨水不能沿地面排泄时，才考虑布置合流管渠。

3. 合流排水管网设计流量计算

合流管渠的设计流量包括生活污水量、工业废水量和雨水量三部分。在要求高的场合，生活污水量 Q_S 和工业废水量 Q_g 分别按最高时生活污水量和最大班最高时工业废水量计算。雨水量计算方法与分流制系统中雨水量计算相同，其中生活污水量与工业废水量之和称为旱流量 Q_f。

（1）完全合流制排水管网设计流量　完全合流制排水管网设计流量按下式计算

$$Q_Z = Q_S + Q_g + Q_y = Q_f + Q_y \tag{3-24}$$

式中　Q_Z——完全合流制排水管网设计流量，单位为L/s；

Q_S——设计生活污水量，单位为L/s；

Q_g——设计工业废水量，单位为L/s；

Q_y——设计雨水量，单位为L/s；

Q_f——溢流井以前的旱流污水量，单位为L/s。

（2）截流式合流制排水管网设计流量　截流式合流制排水管网中溢流井上游管渠（图3-24中的管段1～2）实际也相当于完全合流制排水管渠，其设计流量计算方法与完全合流制排水管网设计流量计算方法相同。

溢流井下游管渠（图3-24中的管段2～3）的设计流量可按下式计算

$$Q_2 = (n_0 + 1)(Q_S + Q_g) + Q'_S + Q'_g + Q'_y = (n_0 + 1)Q_f + Q'_f + Q'_y \tag{3-25}$$

式中 Q_2——溢流井下游管渠的设计流量，单位为 L/s；

Q'_s——设计管段汇水面积内的生活污水设计流量，单位为 L/s；

Q'_g——设计管段汇水面积内的工业废水设计流量，单位为 L/s；

Q'_f——设计管段汇水面积内的旱流量，单位为 L/s；

Q'_y——设计管段汇水面积内的雨水设计流量，单位为 L/s；

n_0——截流倍数，即开始溢流时所截流的雨水量与其旱流污水量之比。

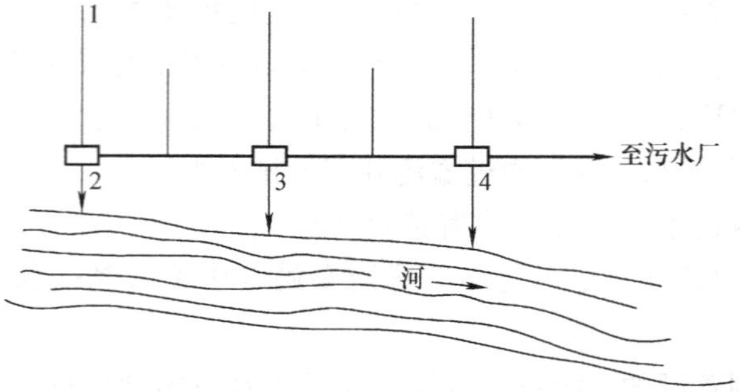

图 3-24 设有溢流井的合流制排水管网示意图

截流倍数 n_0 应根据旱流污水性质与水量、水体卫生环境、水位和气象条件等因素确定。我国 GB 50014—2006《室外排水设计规范》规定：n_0 一般采用 1 ~5，实践中多用 3（表 3-17）。随着水环境保护要求的提高，采用的 n_0 值有逐渐增大的趋势。

表 3-17 不同排放条件下的截流倍数值 n_0

排放条件	n_0
在居住区排入大河流	1 ~2
在居住区排入小河流	3 ~5
在区域泵站和总泵站前及排水总管的端部，根据居住区内水体不同性质	0.5 ~2
在处理构筑物前根据不同的处理方法与不同构筑物的组成	0.5 ~1
工厂区	1 ~3

4. 合流制排水管网水力计算

（1）设计计算规定

1）合流制排水管渠设计充满度一般按满流考虑。

2）合流制排水管渠的雨水设计重现期一般比同一情况下雨水管渠设计重现期适当提高 10% ~25%，以防止混合废水从检查井溢出街道。

3）合流管道（满流时）最小设计流速为 0.75m/s。晴天时，合流管内污水充满度较小，污水在管渠内沉淀而堵塞管道，需校核旱流量时管内流速，一般不宜低于 0.2 ~0.5m/s。

4）最大设计流速、最小设计坡度、最小管径与最小埋深要求基本上和雨水管渠的设计相同。

（2）合流制排水管网水力计算内容　合流制排水管网水力计算内容通常包括：溢流井上游合流管渠的计算，截流干管和溢流井的计算与晴天旱流情况校核。溢流井上游合流管渠的计算与雨水管网的计算基本相同，只是它的设计流量要包括雨水、生活污水和工业废水。晴天旱流量校核应使旱流时流速能满足污水管渠最小流速的要求，当不能满足这一要求时，可修改设计管段的管径与坡度。但由于河流管渠中旱流量相对较小，特别是在上游管段，旱流量校核往往不能满足最小流速的要求，此时可在管渠底设置缩小断面的流槽以保证旱流时的流速，或加强养护管理，利用雨天流量冲洗管渠，以防淤塞。

3.7.4　排洪沟的设计与计算

1. 设计防洪标准

在进行防洪工程设计时，选定某个以频率作为计算洪峰流量的标准，称为防洪设计标准。防洪设计标准是根据防护对象的规模、经济社会的发展、受洪（雨）水威胁程度、淹没损失大小、工程修复难易程度、环境污染状况以及其他自然经济条件等因素，进行综合分析，合理选定。实际工作中一般常用重现期衡量设计标准的高低，即重现期越大，则设计标准就越高，工程规模也就越大；反之，设计标准低，工程规模小。

我国现有的山洪防治标准见表3-18，城市防洪标准见表3-19。

表3-18　山洪防治标准

工程等别	保护对象	防洪标准	
		频率（%）	重现期/年
二	大型工业企业、重要中型工业企业	2～1	50～100
三	中、小型工业企业	5～2	20～50
四	工业企业生活区	10～5	10～20

表3-19　城市防洪标准

工程等别	保护对象			防洪标准	
	城市等级	人口/万人	重要性	频率（%）	重现期/年
一	大城市、重要城市	>50	重要的政治、经济、国防中心及交通枢纽，特别重要的大型工业企业	<1	>100
二	中等城市	20～50	比较重要的政治、经济中心，大型工业企业、重要的中型工业企业	2～1	50～100
三	小城市	<20	一般性小城市，中、小型工业企业	5～2	20～50

2. 设计洪峰流量计算

相应于防洪设计标准的洪水流量，称为设计洪水流量，排洪沟属于小汇水面积上的排水构筑物。一般情况下，小汇水面积没有实测的流量资料，所需的设计洪水往往用实测暴雨资料间接推求，并假定暴雨与其所形成的洪水流量同频率。

目前，我国各地计算小汇水面积的山洪洪峰流量的方法较多，常用方法主要有以下四种。

（1）推理公式法　推理公式是缺乏资料时小流域计算设计洪水时常用的方法，如山洪防治。推理公式有一定的理论基础，方法简便。被应用的流域由于自然条件各异，有关参数的确定也存在一定的任意性，因此必须对计算成果进行合理性与可靠性分析，并与其他方法综合分析比较，从中进行取舍。我国水利科学研究院水文研究所提出的推理公式已得到广泛采用。设计洪峰流量的计算式为

$$Q = 0.278C\frac{S}{t^n}F \tag{3-26}$$

式中　Q——设计洪峰流量，单位为（m^3/s）；

S——暴雨雨力，即与设计重现期相应的最大的一小时降雨量，单位为（mm/h）；

C——洪峰径流系数；

t——流域的集流时间，单位为 h；

F——流域面积，单位为 km^2；

n——暴雨强度衰减指数，与当地气象有关。

式（3-26）的适用范围为流域面积 40 ~ 50km^2。公式中各参数的确定方法，需要通过查阅相关计算图表和当地水文手册求得。

（2）地区性经验公式法　在缺乏水文直接观测资料的地区，可采用经验公式法。该法使用方便，计算简单，但地区性很强。相邻地区采用时，必须注意各地区的具体条件是否一致，否则不宜套用，地区经验公式可参阅各省（区）水文手册。应用最普遍的是以流域面积为参变数，具体公式如下

$$Q = MF^n \tag{3-27}$$

式中　Q——洪峰流量，单位为（m^3/s）；

M——径流模数，是概括了流域特征、气候特征、河槽坡度和粗糙程度及降雨强度公式中的指数等因素的综合系数，可根据不同地区按表 3-20采用。

F——流域汇水面积，单位为 km^2；

n——面积参数，当 1km≤F<10km 时，按表 3-20 采用；当 F≤1km^2 时，n =1。

式（3-27）适用于汇水面积小于 10km^2 的流域。

经验公式使用方便，被广泛推广应用。地区性经验公式很多，应用时可参阅有关资料和各省水文手册。

表3-20 径流模数及面积参数

地区	在不同洪水频率时的 M 值					n 值
	1:2	1:5	1:10	1:15	1:25	
华北	8.1	13.0	16.5	18.0	19.0	0.75
东北	8.0	11.5	13.5	14.6	15.8	0.85
东南沿海	11.0	15.0	18.0	19.5	22.0	0.25
西南	9.0	12.0	14.0	14.5	16.0	0.75
华中	10.0	14.0	17.0	18.0	19.6	0.75
黄土高原	5.5	6.0	7.5	7.7	8.5	0.80

注：表中的洪水频率反映不同大小洪水发生的可能性，例如1:5反映这种洪水发生的可能性是20%（即5年中可能发生一次，100年中可能发生20次）。

（3）洪水调查法　当城市或工业区附近的河流或沟道，没有实测资料或资料不足时，设计洪水流量可采用洪水调查法进行推算。当采用推理公式或经验公式进行计算时，为了论证其正确性，也可采用洪水调查法推算洪水流量加以验证。

洪水调查主要是对河流、山溪历史上出现的特大洪水流量的调查和推算。调查的主要内容是历史上洪水的概况及洪水痕迹标高，推出它发生的频率，选择和测量河槽断面，按照式（3-28）计算流速，按照式（3-29）推算设计洪峰流量。

通过洪水调查，取得洪痕标高（洪水水位）、调查河段的过水断面及河道的其他特征数值，根据这些数值，即可整理分析计算洪水流量。计算洪水流量的方法较多，其中均匀流公式最为常用，即

$$v = \frac{1}{n} R^{\frac{2}{3}} I^{\frac{1}{2}} \tag{3-28}$$

$$Q = \omega v \tag{3-29}$$

式中　v——相应调查断面的流速，单位为（m/s）；

n——河槽粗糙系数；

R——河槽的过水断面与湿周之比，即水力半径；

I——水面比降，一般用河底平均比降代替；

Q——通过调查面的洪峰流量，单位为（m^3/s）；

ω——调查河槽断面的过水面积，单位为 m^2；

（4）实测流量法　城市上游设有水文站，且具有20年以上的流量等实测资料，利用这些多年实测资料，采用数理统计方法，计算出相应于各重现期的洪水流量。实测流量法计算成果的准确性优于其他几种方法。在有条件的地区，最好采用实测流量推算洪水流量。

3. 排洪沟渠设计要点

排洪沟渠是应用较为广泛的一种防洪工程设施，特别在山区、小城镇和工业区应用更多。排洪沟渠按作用和设置的位置可分为截洪沟、分洪沟和排洪沟，其断面形式通常是梯形与矩形明渠。排洪沟设计通常按以下几方面考虑。

1）排洪沟的布置要与城市或厂区的总体规划相配合，统一考虑。

2）排洪沟的布置宜因地制宜，尽可能利用自然地形坡度和原有天然山洪沟道。当原有天然山洪沟道不能满足设计要求而必须加以修整时，尽可能不改变原有沟道的水力条件，而应因势利导，使洪水排泄通畅。

3）排洪沟应尽量利用自然地形坡度，使洪水能以重力通过最短的距离排入受纳水体。一般情况下排洪沟上不设中途泵站。

4）排洪沟主要采用明渠截洪。排洪沟设计流量在 $150m^3/s$ 以上的采用明渠排洪；设计流量在 $150m^3/s$ 以下的可根据城镇用地情况采用暗渠排洪或明渠排洪。为美化城市景观，按实际需要及排洪明渠底坡情况，设置橡皮坝等活动蓄水构筑物，使排洪沟形成可供市民接近的水面。

5）排洪沟一般不宜穿过建筑群，并与建筑群保持 3m 以上的距离，以防洪水冲刷建筑物。

6）排洪沟的进口段应选在地形和地质良好的地段，其长度一般不小于 3m，并在进口段上段一定范围内进行必要的整治，使之衔接良好，水流畅通，具有较好的水流条件；出口段布置应不致冲刷排放地点（河流、山谷等）的岸坡，因此应选在地质良好的地段。此外，出口段宜设置渐变段或采用消能、加固等措施。

7）排洪沟底与顶宽发生变化时，宜设渐变段，渐变段的长度一般为 5～20 倍底或顶的宽度。

8）当排洪沟受地形限制无法布置成直线走向时，应保证转弯处有良好的水流条件，不应使弯道受到冲刷。平面上转弯处的弯曲半径一般不应小于 5～10 倍的设计水面宽度。

9）排洪沟的坡度应根据天然沟纵坡、冲淤情况，以及地形、地质、护砌等条件确定，一般不小于 0.01。

10）对原有排洪沟的改造和养护，要注意输、导、护、防四个方面。

11）排洪明渠的断面形式常用矩形或梯形断面，最小断面 $B \times H = 0.4m \times 0.4m$；沟渠材料及加固形式应根据沟内最大流速、当地地形及地质条件、当地材料供应情况确定，一般采用片石、块石铺砌，不宜采用土明沟。图 3-25 所示为常用排洪明渠断面及其加固形式。

12）为防止山洪，排洪沟应按流速大小选用不同铺砌的加固形式加强沟底沟壁。表 3-21 所列为常用铺砌及防护渠道的最大设计流速。

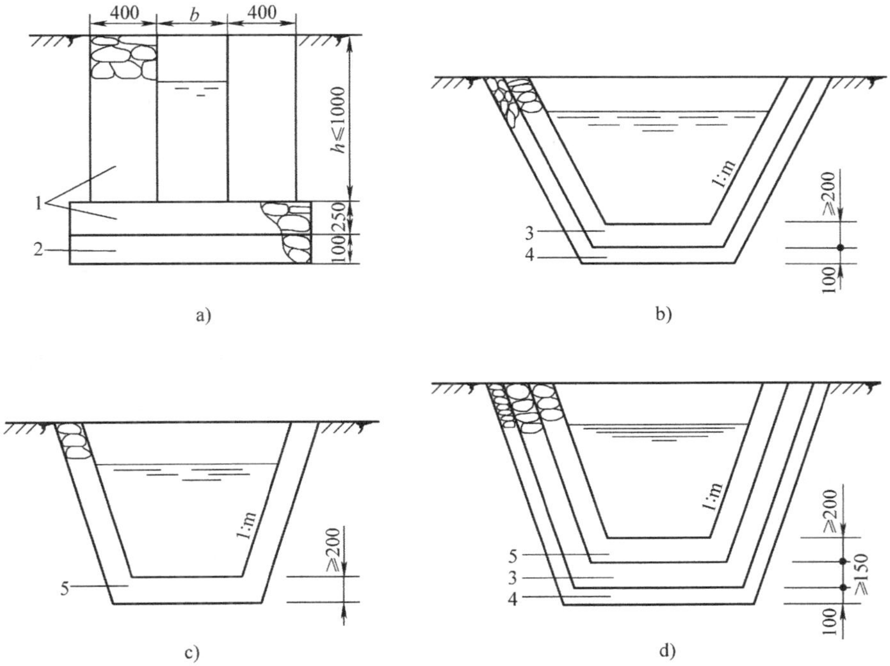

图3-25　常用排洪沟断面及其加固形式
a）矩形片石沟　b）梯形单层干砌片石沟　c）梯形单层浆砌片石沟　d）梯形双层浆砌片石沟
1—M5砂浆砌石块　2—三七灰土或碎（卵）石层　3—单层干砌片
4—碎石垫片　5—M5水泥砂浆砌片（卵）石

表3-21　常用铺砌及防护渠道的最大设计流速

铺砌及防护类型	水流平均深度/m			
	0.4	1.0	2.0	3.0
	平均流速/(m/s)			
单层铺石（石块尺寸为15cm）	2.5	3.0	3.5	3.8
单层铺石（石块尺寸为20cm）	2.9	3.5	4.0	4.3
双层铺石（石块尺寸为15cm）	3.1	3.7	4.3	4.6
双层铺石（石块尺寸为20cm）	3.6	4.3	5.0	5.4
水泥砂浆砌软弱沉积岩块石砌体，石材强度等级不低于Mu10	2.9	3.5	4.0	4.4
水泥砂浆砌中等强度沉积岩块石砌体	5.8	7.0	8.1	8.7
水泥砂浆砌，石材强度等级不低于Mu15	7.1	8.5	9.8	11.0

3.8　城市污水处理及污水处理厂

3.8.1　城市污水的主要水质指标

污水的污染指标是用来衡量水在使用过程中被污染的程度，也称污水的水质指标。下面介绍最常用的几项主要水质指标。

1. 生物化学需氧量（BOD）

生物化学需氧量（BOD）是一个反映水中可生物降解的含碳有机物的含量及排入水体后所产生的耗氧影响的指标。它表示在温度为20℃和有氧的条件下，由于好氧微生物分解水中有机物的生物化学氧化过程中消耗的溶解氧量，也就是水中可生物降解有机物稳定化所需要的氧量，单位为mg/L。BOD越高，表示污水中可生物降解的有机物越多。

污水中可降解有机物的转化与温度、时间有关。在20℃的自然条件下，有机物氧化到硝化阶段即实现全部分解，稳定所需时间在100d以上。但实际上常用20℃时20d的生化需氧量BOD_{20}近似地代表完全生化需氧量。生产应用中仍嫌20d的时间太长，一般采用20℃时5d的生化需氧量BOD_5作为衡量污水有机物含量的指标。

2. 化学需氧量（COD）

化学需氧量（COD）是指在酸性条件下，用强氧化剂重铬酸钾将污水中有机物氧化为CO_2、H_2O所消耗的氧量，用COD_{cr}表示，一般写成COD，单位为mg/L。重铬酸钾的氧化性极强，水中有机物绝大部分（约90%~95%）会被氧化。化学需氧量的优点是能够更精确地表示污水中有机物的含量，并且测定的时间短，不受水质的限制。缺点是不能像BOD那样表示出微生物氧化的有机物量。另外，还有部分无机物也会被氧化，并非全部代表有机物含量。

城市污水的COD一般大于BOD_5，两者的差值可反映废水中存在难以被微生物降解的有机物。在城市污水处理分析中，常用BOD_5/COD的比值来分析污水的可生化性。当$BOD_5/COD>0.3$时，可生化性较好，适宜采用生化处理工艺。

3. 悬浮物SS

悬浮固体是水中未溶解的非胶态的固体物质，在条件适宜时可以沉淀。悬浮固体可分为有机性和无机性两类，反映污水汇入水体后将发生的淤积情况，其含量的单位为mg/L。因悬浮固体在污水中肉眼可见，能使水浑浊，属于感官性指标。

悬浮固体代表了可以用沉淀、混凝沉淀或过滤等物化方法去除的污染物，也是影响感观性状的水质指标。

4. pH值

酸度和碱度是污水的重要污染指标，用pH值来表示。它对保护环境、污水处理及水工构筑物都有影响，一般生活污水呈中性或弱碱性，工业污水多呈强酸或强碱性。城市污水的pH值呈中性，一般为6.5~7.5。pH值的微小降低可能是由于城市污水输送管道中的厌氧发酵；雨季时较大的pH值降低往往是城市酸雨造成的，这种情况在合流制系统尤其突出。pH值的突然大幅度变化不论是升高还是降低，通常是由于工业废水的大量排入造成的。

5. 总氮 TN、氨氮 NH_3-N、凯氏氮 TKN

（1）总氮 TN 总氮为水中有机氮、氨氮和总氧化氮（亚硝酸氮及硝酸氮之和）的总和。有机污染物分为植物性和动物性两类：城市污水中植物性有机污染物如果皮、蔬菜叶等，其主要化学成分是碳（C），由 BOD_5 表征；动物性有机污染物质包括人畜粪便、动物组织碎块等，其化学成分以氮（N）为主。氮属植物性营养物质，是导致湖泊、海湾、水库等缓流水体富营养化的主要物质，也是废水处理的重要控制指标。

（2）氨氮 NH_3-N 氨氮是水中以 NH_3 和 NH_4^+ 形式存在的氮，它是有机氮化物氧化分解的第一步产物。氨氮不仅会促使水体中藻类的繁殖，而且游离的 NH_3 对鱼类有很强的毒性，致死鱼类的浓度为0.2～2.0mg/L。氨也是污水中重要的耗氧物质，在硝化细菌的作用下，氨被氧化成 NO_2^- 和 NO_3^-，所消耗的氧量称硝化需氧量。

（3）凯氏氮 TKN 它是氨氮和有机氮的总和。测定 TKN 及 NH_3-N 两者之差即为有机氮。

6. 总磷 TP

总磷是污水中各类有机磷和无机磷的总和。与总氮类似，磷也属植物性营养物质，是导致缓流水体富营养化的主要物质。水体中的总磷含量同样受到人们的关注，成为一项重要的水质指标。

7. 非重金属无机物质有毒化合物和重金属

非重金属无机物质有毒化合物主要包括氰化物（CN）、砷（As）。氰化物是剧毒物质，急性中毒时抑制细胞呼吸，造成人体组织严重缺氧，对人的经口致死量为0.05～0.12g。砷是累积性中毒的毒物，当饮水中砷含量大于0.05mg/L时就会导致累积。

重金属中汞（Hg）、镉（Cd）、铬（Cr）、铅（Pb）毒性最大，危害也最大。

汞是累积性毒物，无机汞进入人体后随血液分布于全身组织，在血液中遇氯化钠生成二价汞盐累积在肝、肾和脑中，在达到一定浓度后毒性发作，使细胞的正常代谢发生障碍。我国饮用水、农田灌溉水都要求汞的含量不得超过0.001mg/L。

镉是一种典型的累积富集型毒物，主要累积在肾脏和骨骼中，引起肾功能失调，骨质中钙被镉所取代，使骨路软化，造成自然骨折，疼痛难忍。每人每日允许摄入的镉量为0.057～0.071mg。我国饮用水标准规定，镉的浓度不得大于0.01mg/L，农业用水与渔业用水标准则规定要小于0.005mg/L。

铬在水中以六价和三价形态存在，三价铬的毒性低，作为污染物质所指的是六价铬。人体大量摄入六价铬能够引起急性中毒，长期少量摄入也能引起慢性中毒。饮用水中六价铬的浓度不得超过0.05mg/L，农业灌溉用水与渔业用水应小于0.1mg/L。

铅对人体也是累积性毒物，其毒理是铅离子与人体内多种酶络合，从而扰乱了机体多方面的生理功能，可危及神经系统、造血系统、循环系统和消化系统。我国饮用水、渔业用水及农田灌溉水都要求铅的含量小于0.1mg/L。

8. 微生物指标

污水生物性质的检测指标有大肠菌群数（或称大肠菌群值）、大肠菌群指数、病毒及细菌总数。

水中存在大肠菌，就表明受到粪便的污染，并可能存在病原菌。

污水中已被检出的病毒有100多种。检出大肠菌群，可以表明肠道病原菌的存在，但不能表明是否存在病毒及其他病原菌（如炭疽杆菌）。因此还需要检验病毒指标。

细菌总数是大肠菌群数、病原菌、病毒及其他细菌数的总和，以每毫升水样中的细菌菌落总数表示。细菌总数越多，表示病原菌与病毒存在的可能性越大。

因此用大肠菌群数、病毒及细菌总数3个卫生指标来评价污水受生物污染的严重程度就比较全面。

3.8.2 城市污水排放标准

目前，我国城镇污水处理厂污染物的排放均执行由原国家环境保护总局和国家技术监督检验总局批准发布的GB 18918—2002《城镇污水处理厂污染物排放标准》。该标准是专门针对城镇污水处理厂污水、废气、污泥污染物排放制定的国家专业污染物排放标准，适用于城镇污水处理厂污水排放、废气的排放和污泥处置的排放与控制管理。根据国家综合排放标准与国家专业排放标准不交叉执行的原则，该标准实施后，城镇污水处理厂污水、废气和污泥的排放不再执行综合排放标准。

该标准将城镇污水污染物控制项目分为两类：

第一类为基本控制项目，主要是对环境产生较短期影响的污染物，也是城镇污水处理厂常规处理工艺能去除的主要污染物，包括：BOD、COD、SS、动植物油、石油类、LAS、总氮、氨氮、总磷、色度、pH和粪大肠菌群数共12项，一类重金属汞、烷基汞、镉、铬、六价铬、砷、铅共7项。

第二类为选择控制项目，主要是对环境有较长期影响或毒性较大的污染物，或是影响生物处理、在城市污水处理厂又不易去除的有毒有害化学物质和微量有机污染物，如酚、氰、硫化物、甲醛、苯胺类、硝基苯类、三氯乙烯、四氯化碳等43项。

该标准制定的技术依据主要是处理工艺和排放去向，根据不同工艺对污水处理程度和受纳水体功能，对常规污染物排放标准分为三级：一级标准、二级标准、三级标准。一级标准分为A标准和B标准。一级标准是为了实现城镇污水资源化利用和重点保护饮用水源的目的，适用于补充河湖景观用水和再生利用，应采用深度处理或二级强化处理工艺。二级标准主要是以常规或改进的二级处理为主的处理工艺为基础制定的。三级标准是为了在一些经济欠发达的特定地区，根据当地的水环境功能要求和技术经济条件，可先进行一级半处理，适当放宽的过渡性标准。一类重金属污染物和选择控制项目不分级。

一级标准的A标准是城镇污水处理厂出水作为回用水的基本要求。当污水处理厂出水引入稀释能力较小的河湖作为城镇景观用水和一般回用水等用途时，执行一级标准的A标准。

城镇污水处理厂出水排入GB 3838—2002《地表水环境质量标准》规定的地表水Ⅲ类功能水域（划定的饮用水水源保护区和游泳区除外）、GB 3097—1997《海水水质标准》规定的海水二类功能水域和湖、库等封闭或半封闭水域时，执行一级标准的B标准。

城镇污水处理厂出水排入GB 3838—2002《地表水环境质量标准》规定的地表水Ⅳ、Ⅴ类功能水域或GB 3097—1997《海水水质标准》规定的海水三、四类功能海域时，执行二级标准。

非重点控制流域和非水源保护区的建制镇的污水处理厂，根据当地经济条件和水污染控制要求，采用一级强化处理工艺时，执行三级标准。但必须预留二级处理设施的位置，分期达到二级标准。

城镇污水处理厂水污染物排放基本控制项目，执行表3-22和表3-23所示的规定。选择控制项目按表3-24的规定执行。

表3-22 基本控制项目最高允许排放浓度 （日均值：mg/L）

序号	基本控制项目		一级标准		二级标准	三级标准
			A标准	B标准		
1	化学需氧量（COD）		50	60	100	120①
2	生化需氧量（BOD_5）		10	20	30	60①
3	悬浮物（SS）		10	20	30	50
4	动植物油		1	3	5	20
5	石油类		1	3	5	15
6	阴离子表面活性剂		0.5	1	2	
7	总氮（以N计）		15	20		
8	氨氮（以N计）②		5（8）	8（15）	25（30）	
9	总磷（以P计）	2005年12月31日前建设的	1	1.5	3	5
		2006年1月1日起建设的	0.5	1	3	5
10	色度（稀释倍数）		30	30	40	50
11	pH		6，9			
12	粪大肠菌群数（个/L）		103	104	104	

① 下列情况下按去除率指标执行：当进水COD＞350mg/L时，去除率应大于60%；BOD＞160mg/L时，去除率应大于50%。

② 括号外数值为水温＞12℃时的控制指标，括号内数值为水温≤12℃时的控制指标。

表 3-23　部分一类污染物最高允许排放浓度　（日均值：mg/L）

序　号	项　目	标 准 值
1	总汞	0.001
2	烷基汞	不得检出
3	总镉	0.01
4	总铬	0.1
5	六价铬	0.05
6	总砷	0.1
7	总铅	0.1

表 3-24　选择控制项目最高允许排放浓度　（日均值：mg/L）

序号	选择控制项目	标准值	序号	选择控制项目	标准值
1	总镍	0.05	23	三氯乙烯	0.3
2	总铍	0.002	24	四氯乙烯	0.1
3	总银	0.1	25	苯	0.1
4	总铜	0.5	26	甲苯	0.1
5	总锌	1.0	27	邻-二甲苯	0.4
6	总锰	2.0	28	对-二甲苯	0.4
7	总硒	0.1	29	间-二甲苯	0.4
8	苯并（a）芘	0.00003	30	乙苯	0.4
9	挥发酚	0.5	31	氯苯	0.3
10	总氰化物	0.5	32	1，4-二氯苯	0.4
11	硫化物	1.0	33	1，2 二氯苯	1.0
12	甲醛	1.0	34	对硝基氯苯	0.5
13	苯胺类	0.5	35	2，4-二硝基氯苯	0.5
14	总硝基化合物	2.0	36	苯酚	0.3
15	有机磷农药（以 P 计）	0.5	37	间-甲酚	0.1
16	马拉硫磷	1.0	38	2，4-二氯酚	0.6
17	乐果	0.5	39	2，4，6-三氯酚	0.6
18	对硫磷	0.05	40	邻苯二甲酸二丁酯	0.1
19	甲基对硫磷	0.2	41	邻苯二甲酸二辛酯	0.1
20	五氯酚	0.5	42	丙烯腈	2.0
21	三氯甲烷	0.3	43	可吸附有机卤化物（AOX 以 Cl 计）	1.0
22	四氯化碳	0.03			

3.8.3　城市污水处理的基本方法

污水处理的基本方法，按原理可分为物理法、生物法和化学及物理化学法3类。城市污水处理普遍采用的是物理法和生物法的组合。近几年，城市污水的排放标准越来越高，因此，在深度处理阶段也有采用化学及物理化学法进行处理。另外，污水消毒也是城市污水处理必不可少的单元。

1. 物理法

物理法主要是利用物理作用去除污水中呈悬浮状态的固体污染物质，城市污水的物理处理主要有筛滤、沉淀，主要构筑物有格栅、沉砂池、沉淀池。在深度处理中也采用过滤，采用的构筑物主要是滤池。

2. 生物法

水的生物处理是利用微生物具有氧化分解有机物的这一功能，采取一定的人工措施，创造有利于微生物生长、繁殖的环境，使其大量增殖以提高氧化分解有机物效率的一种污水处理方法。根据生物处理过程中微生物对氧的需求情况，生物处理一般分为好氧生物处理和厌氧生物处理。好氧生物处理是指在有氧条件下进行生物处理，污染物最终被氧化分解为 CO_2 和 H_2O。好氧生物处理方法主要有活性污泥法和生物膜法。厌氧生物处理则在无氧的环境下，污染物最终被分解为 CH_4、CO_2、H_2S、N_2、H_2 和 H_2O 以及有机酸和醇等。另外，自然生物处理方法，如氧化塘、人工湿地等也是生物处理法。生物处理法因具有高效、经济等优点，在城市污水处理中得到广泛的应用。

(1) 活性污泥法　活性污泥法（Activated Sludge Process）是污水处理技术领域中最有效的生物处理方法。它于1914年由安登（Ardern）和洛克特（Lockett）开创，并在英国曼彻斯特市建成试验厂，已有100年的历史。几十年来，研究人员从生物学、反应动力学以及工艺等方面，对活性污泥法进行了深入广泛地研究，研制开发了能够适应各种条件的工艺流程。迄今为止，活性污泥法已被广泛地应用在城市污水处理领域。

活性污泥法是以活性污泥为主体的一种污水好氧生物处理方法。活性污泥是一种絮状的泥粒，主要是由大量繁殖的微生物群体构成，还含有一些分解中的有机物和无机物。活性污泥具有很大的表面积，具有很强的吸附和氧化分解有机物的能力。活性污泥法的基本流程如图3-26所示。

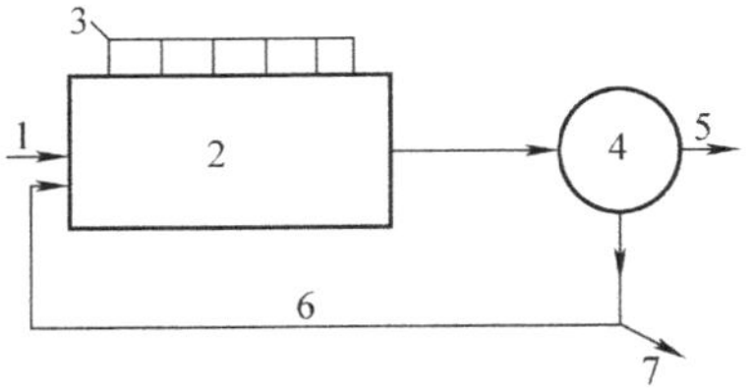

图3-26　活性污泥法的基本流程（传统活性污泥法）
1—进水　2—曝气池（活性污泥反应器）　3—空气　4—二次沉淀池　5—出水　6—回流污泥　7—剩余污泥

活性污泥法处理系统是以活性污泥反应器——曝气池为核心的处理单元，此外还有二次沉淀池、污泥回流设备和曝气系统所组成。

污水经过前处理去除大量漂浮物和悬浮物后，进入曝气池内。与此同时，从二沉池沉淀回流的活性污泥连续回流到曝气池，作为接种污泥，二者均在曝气池首端同时进入池体。曝气系统的空压机将压缩空气，通过管道和铺放在曝气池底部的空气扩散装置以较小气泡的形式进入污水中，向曝气池混合液供氧，保证活性污泥中微生物的正常代谢反应。另外，通入的空气还能使曝气池内的污水和活性污泥处于混合状态。活性污泥与污水互相混合、充分接触，使得生化反应得以正常进行。

在曝气池内，活性污泥和污水进行生化反应，反应结果是污水中的有机物得到降解、去除，污水得到净化，同时，微生物得以繁殖增长，活性污泥量也在增加。

活性污泥净化作用中经过一段时间后，曝气池混合液由曝气池末端流出，进入二次沉淀池进行泥水分离，澄清后的污水作为处理水排出。二次沉淀池排出的活性污泥一部分作为接种污泥回流到曝气池，剩余部分则作为剩余污泥排出系统。剩余污泥与在曝气池内增长的污泥，在数量上保持平衡，使曝气池内污泥浓度相对保持恒定的范围内。

活性污泥法在实际应用中已派生出很多的处理方法，每种处理方法都有其特点，要根据进水水质和出水水质的要求选用。

（2）生物膜法　生物膜法是使微生物在滤料或某些载体上生长繁殖，形成膜状生物性污泥——生物膜，在与水接触时，生物膜上的微生物摄取水中的有机物作为营养物质，从而使水得到净化。

污水流过固体介质（滤料）表面，经过一段时间后，固体介质表面会形成生物膜，生物膜将覆盖滤料表面。这个过程是生物膜法处理污水的初始阶段，亦称挂膜。对于不同的生物膜法污水处理工艺以及性质不同的污水，挂膜阶段需 15 ~ 30d；一般城市污水，在 20℃左右的条件下，需 30d 左右完成挂膜。

图 3-27 所示为生物滤池滤料上生物膜的构造。

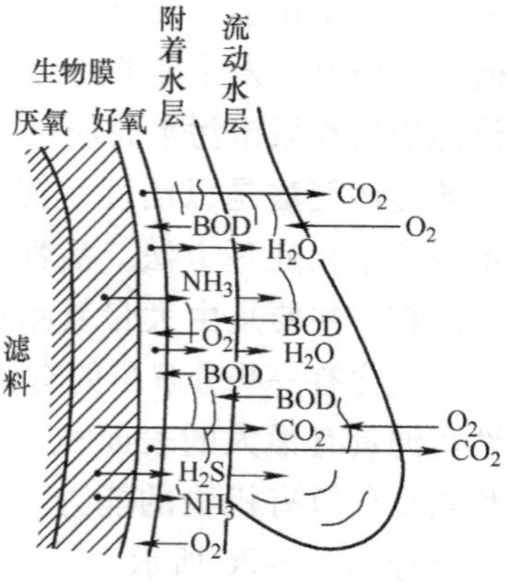

图 3-27　生物滤池滤料上生物膜的构造（剖面图）

生物膜是高度亲水的物质，在污水不断在其表面更新的条件下，其外侧总是存在着一层附着水层。生物膜又是微生物高度密集的物质，在膜的表面和一定深度的内部生长繁殖着大量的各种类型的微生物和微型动物，并形成有机污染物—细菌—原生动物（后生动物）的食物链。

生物膜在其形成与成熟后，由于微生物不断增殖，生物膜的厚度不断增加，在增厚到一定程度后，在氧不能透入的里侧深部将转变为厌氧状态，形成厌氧性生物膜。这样，生物膜便由好氧和厌氧两层组成。好氧层的厚度一般为2mm左右，有机物的降解主要是在好氧层内进行。

从图3-27可见，在生物膜内、外，生物膜与水层之间进行着多种物质的传递过程。空气中的氧溶解于流动水层中，从那里通过附着水层传递给生物膜，供微生物呼吸；污水中的有机污染物则由流动水层传递给附着水层，然后进入生物膜，并通过细菌的代谢活动而被降解。这样就使污水在其流动过程中逐步得到净化。微生物的代谢产物如 H_2O 等则通过附着水层进入流动水层，并随其排走，而 CO_2 及厌氧层分解产物如 H_2S、NH_3 以及 CH_4 等气态代谢产物则从水层逸出进入空气中。

当厌氧层还不厚时，它与好氧层保持着一定的平衡与稳定关系，使好氧层能保持很好的净化功能。但随着厌氧层逐渐加厚，其代谢产物也会逐渐增多，它们在通过好氧层向外逸出时，就破坏了好氧层生态系统的稳定性，此时生物膜已老化，再加上气态产物的不断逸出，减弱了生物膜在滤料上的固着力，促使了生物膜脱落。老化的生物膜脱落后，随水流排出，所以在生物膜法中要设二沉池。当然，老化的生物膜脱落后又会长出新的生物膜，重复这一过程。

生物膜法有多种处理构筑物，如生物滤池、生物转盘、淹没式生物滤池（生物接触氧化法）以及生物流化床等。

（3）自然生物处理法　自然生物处理法就是利用在自然条件下生长、繁殖的微生物处理污水，形成由水体（土壤）、微生物、植物组成的生态系统，对污染物进行一系列的物理、化学和生物净化。自然生物处理法将污水处理和自然生态系统建设和保护紧密结合在一起，是经济、节能、简易和有效的污水处理技术。目前，在世界上包括发达国家应用最广泛的自然生物处理法有氧化塘、人工湿地和土地处理系统。

氧化塘是一种古老的污水处理技术，能够有效地用于生活污水、城市污水和各种工业废水的处理。美国第一个有记录的氧化塘是1901年在得克萨斯州的圣安东尼奥市修建的。氧化塘是一个面积比较大的池塘。污水进入池塘后，首先被塘内的水所稀释，降低了污水中污染物的浓度；污染物中部分悬浮物逐渐沉积到水底形成污泥，这也使污水中污染物浓度降低。同时，污水中溶解和胶体状有机物在塘内大量繁殖的菌类、水生动物、藻类和水生植物的作用下逐渐分解，并被微生物等吸收，其中一部分在氧化分解的同时释放能量，另一部分用于合成新的有机体。在此净化过程中，一些重金属和有毒有害组分也可以很好地被去除。图3-28所示为典型的兼性稳定塘的生态系统，其中包括好氧区、厌氧区及两者之间的兼性区。

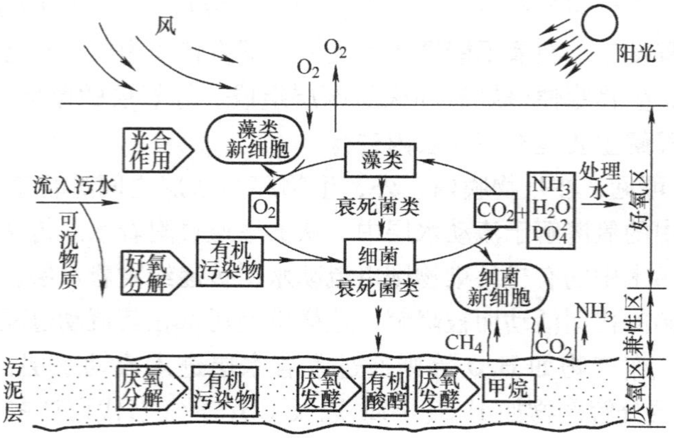

图 3-28　典型的兼性稳定塘生态系统

氧化塘可以分为好氧塘、兼性塘、厌氧塘、曝气塘、深度处理塘等。氧化塘的造价低廉，节省能源、管理方便，能有效去除多种污染物，比较适合小规模的污水处理。

人工湿地是人工建造的、可控制及工程化的湿地系统，它通过对自然生态系统中的物理、化学和生物作用的优化组合来进行废水处理。人工湿地一般都由防渗层、基质层、腐质层、水体层和湿地植物构成，如图 3- 29 所示。

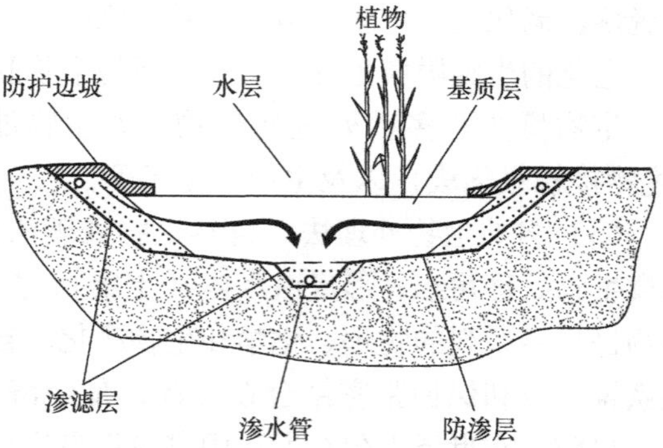

图 3-29　人工湿地的结构

根据污水在湿地中水面位置的不同，人工湿地分为自由水面人工湿地和潜流人工湿地。自由水面人工湿地的水面位于湿地基质层以上，其水深一般为 0.3 ~0.5m，其采用最多的水流形式为地表径流。在这种类型的人工湿地中，污水从进口以一定深度缓慢流过湿地表面，部分污水蒸发或渗入湿地，出水经溢流堰流出。潜流型人工湿地的水面位于基质层以下，根据湿地中水流动的状态可将其分为水平流潜流式湿地、竖向流潜流式湿地和复合流潜流式湿地。

3. 化学及物理化学法

化学及物理化学法主要是利用化学和物理化学作用去除污水中有机污染物及其他有毒有害污染物质，城市污水的深度处理有时需要采用化学及物理化学法，如采用混凝法提高有机物和悬浮物的去除效果，采用化学沉淀法进一步去除磷等。

4. 城市污水的消毒

城市污水处理后，水质已经改善，细菌含量也大幅度减少，但细菌的绝对值仍较高，并存在有病原菌的可能。因此，在排放水体前或再生利用时应进行消毒。

污水消毒的主要方法是向污水投加消毒剂。目前用于污水消毒的消毒剂有液氯、臭氧、氯酸钠、二氧化氯、紫外线等。

（1）氯消毒　氯气溶解在水中后，水解为 HCl 和次氯酸 HOCl，次氯酸再离解为 H^+ 和 OCl^-，HOCl 比 OCl^- 的氧化能力要强得多。另外，由于加入的 Cl_2 是中性分子，容易接近细菌而予以氧化，而 OCl^- 带负电荷，难以靠近同样带负电的细菌，虽然有一定氧化作用，但在浓度较低时很难起到消毒作用。

pH 值影响 HOCl 和 OCl^- 的含量，因此对消毒效果影响较大。pH 值小于 7 和温度较低时，OCl^- 含量高，消毒效果较好。pH 值小于 6 时，水中的氯几乎 100% 地以 OCl^- 的形式存在，pH 值为 7.5 时，HOCl 和 OCl^- 的含量大致相等，因此氯的杀菌作用在酸性水中比在碱性水中更有效。如果污水中含有氨氮，加氯时会生成一氯氨 NH_2Cl 和二氯氨 $NHCl_2$，此时消毒作用比较缓慢，效果较差，且需要较长的接触时间。

（2）二氧化氯消毒　二氧化氯对细菌、病毒等有很强的灭活能力，消毒能力比氯强。二氧化氯一般通过发生器现场制备。发生器产生的二氧化氯定量投加到消毒池，并根据出水中的余氯量对投加量进行调整。

（3）臭氧消毒　臭氧具有极强的氧化能力，氧化能力仅次于氟。臭氧消毒可以将现场制备的臭氧直接通入废水中。

（4）紫外线消毒　紫外线消毒技术是利用特殊设计制造的高强度、高效率和长寿命的 C 波段 254nm 紫外光发生装置产生的强紫外光照射水流，使水中的各种病原体细胞组织中的 DNA 结构受到破坏而失去活性，从而达到消毒杀菌的目的。污水处理中使用较多的紫外发生器是紫外汞灯。紫外汞灯可分为低压汞灯（汞蒸气压力为 1.33 ~ 133Pa）、中压汞灯（汞蒸气压力为 0.1 ~ 1MPa）和高压汞灯（汞蒸气压力达到 20MPa）。

（5）次氯酸钠消毒　次氯酸钠投入水中能够生成 HOCl，因而具有消毒杀菌的能力。次氯酸钠可用次氯酸钠发生器，以海水或食盐水的电解液电解产生。从次氯酸钠发生器产生的次氯酸钠可直接投入水中，进行接触消毒。

3.8.4　城市污水处理的工艺流程

城市污水处理技术，按处理程度划分，可分为一级处理、二级处理和三级处理。

1. 城市污水一级处理

一级处理主要去除污水中呈悬浮状态的固体污染物质，物理处理法大部分只能完成一级处理的要求。城市污水一级处理的主要构筑物有格栅、沉砂池和初沉池。一级处理的工艺流程如图3-30所示。格栅的作用是去除污水中的大块漂浮物，沉砂池的作用是去除相对密度较大的无机颗粒，沉淀池的作用主要是去除无机颗粒和部分有机物质。经过一级处理后的污水，SS一般可去除40%～55%，BOD一般可去除30%左右，达不到排放标准。一级处理属于二级处理的预处理。

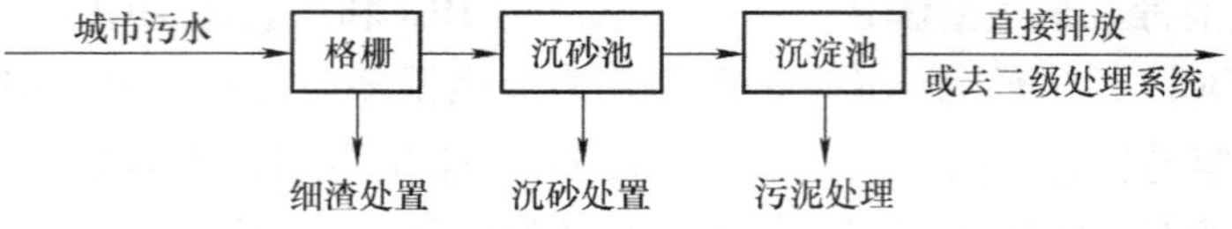

图3-30 一级处理的工艺流程

2. 城市污水二级处理

城市污水二级处理是在一级处理的基础之上增加生化处理方法，其目的主要是去除污水中呈胶体和溶解状态的有机污染物质（即BOD、COD物质）。二级处理采用的生化方法主要有活性污泥法和生物膜法，其中采用较多的是活性污泥法。经过二级处理，城市污水有机物的去除率可达90%以上，出水中的BOD、SS等指标能够达到排放标准。二级处理是城市污水处理的主要工艺，应用非常广泛。图3-31所示为城市污水二级处理典型的工艺流程。

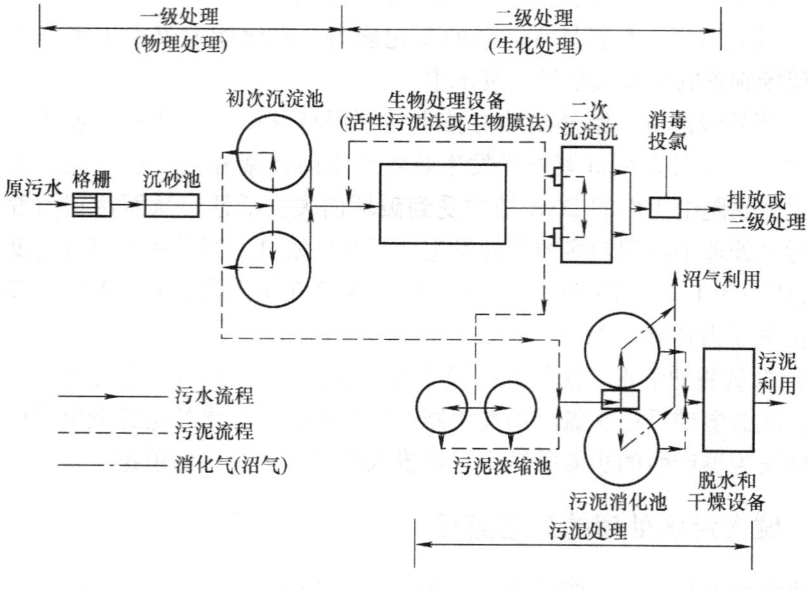

图3-31 城市污水二级处理典型的工艺流程

3. 城市污水三级处理

城市污水三级处理是在一级、二级处理后，进一步处理难降解的有机物以及磷、氮等能够导致水体富营养化的可溶性无机物等。主要方法有生物脱氮除磷法、混凝沉淀法、砂滤法、活性炭吸附法、离子交换法和电渗析法等。三级处理是深度处理的同义语，但两者又不完全相同，三级处理常用于二级处理之后。而深度处理则以污水回收、再用为目的，在一级或二级处理后增加的处理工艺。三级处理的方法是多种多样的，化学处理法和生物处理法的许多处理单元都可以用于三级处理。图3-32所示为城市污水三级处理流程。

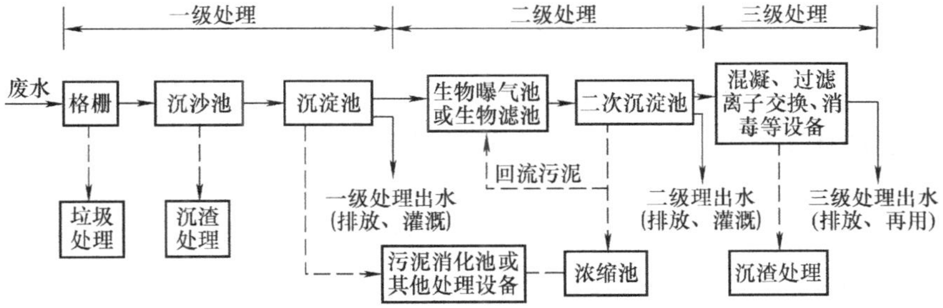

图3-32 城市污水三级处理流程

3.8.5 城市污水处理工艺方案的选择

过去我国城市城市污水处理多采用二级生物处理，但随着城市污水处理厂排放标准的提高，传统的二级生物处理工艺很难满足出水水质的要求，特别是氮、磷指标。因此，目前城市污水处理均要采取强化除氮、磷的措施。当污水有再生利用的要求时，应采用三级处理工艺，提高出水水质。

无论是二级处理，还是三级处理，其中的一级处理工艺基本都是一样的，即格栅—沉砂池—初沉池。三级（深度）处理工艺将在本章的3.8.6中介绍，在这里主要介绍二级生物处理单元的工艺方案选择。

1. 缺氧—好氧活性污泥法（A/O法）

缺氧—好氧工艺具有同时去除有机物和脱氮的功能。具体做法是在常规的好氧活性污泥法处理系统前，增加一段缺氧生物处理过程，经过预处理的污水先进入缺氧段，然后再进入好氧段。好氧段的一部分硝化液通过内循环管道回流到缺氧段。缺氧段和好氧段可以分建，也可以合建。图3-33所示为分建式缺氧—好氧活性污泥处理系统。

A/O法的A段在缺氧条件下运行，溶解氧应控制在0.5mg/L以下。缺氧段的作用是脱氮。在这里反硝化细菌以原水中的有机物作为碳源，以好氧段回流液中硝酸盐作为受电体，进行反硝化反应，将硝态氮还原为气态氮（N_2），使污水

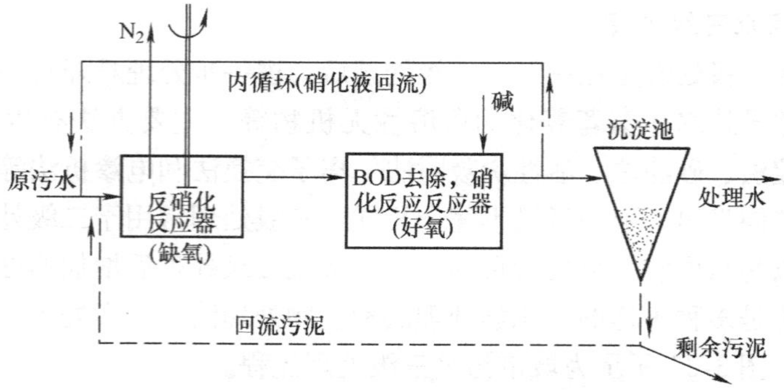

图 3-33　分建式缺氧—好氧活性污泥处理系统

中的氮去除。

好氧段的作用有两个，一是利用好氧微生物氧化分解污水中的有机物；二是利用硝化细菌进行硝化反应，将氨氮转化为硝态氮。由于硝化反应过程中要消耗一定碱度，因此，在好氧段一般需要投碱，补偿硝化反应消耗的碱度。但在反硝化反应过程也能产生一部分碱度，因此，对于含氮浓度不高的城市污水，可不必另行投碱以调节 pH 值。

A/O 法是生物脱氨工艺中流程比较简单的一种工艺，而且装置少，不必外加碳源，基建费用和运行费用都比较低。但该工艺的出水来自硝化曝气池，因此，出水中含有一定浓度的硝酸盐，如果沉淀池运行不当，在沉淀池内也会发生反硝化反应，使污泥上浮，造成出水水质恶化。

另外，该工艺的脱氮效率取决于内循环量的大小，从理论上讲，内循环量越大，脱氮效果越好，但内循环量越大，运行费用就越高，而且缺氧段的缺氧条件也不好控制。因此，该工艺的脱氮效率很难达到 90%。

A/O 工艺也可以建成合建式的，即反硝化、硝化与有机物的去除均在一个曝气池中完成。现有推流式曝气池改造为合建式 A/O 工艺最为方便。图 3-34 所示为合建式缺氧—好氧活性污泥处理系统。

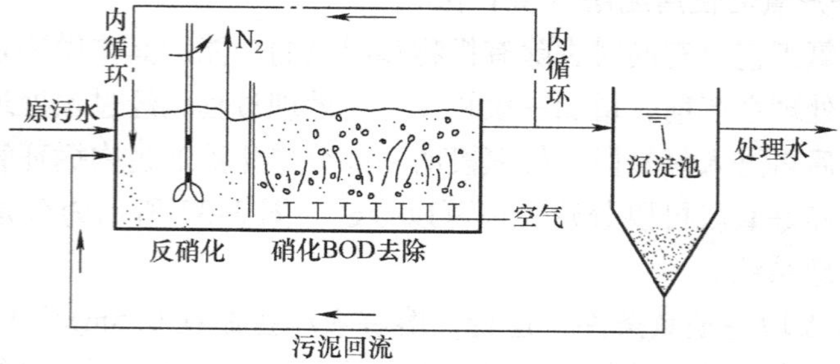

图 3-34　合建式缺氧—好氧活性污泥处理系统

2. 厌氧—好氧活性污泥法（An/O 法）

厌氧—好氧工艺具有同时去除有机物和除磷的功能。具体做法是在常规的好氧活性污泥法处理系统前，增加一段厌氧生物处理过程，经过预处理的污水与回流污泥（含磷污泥）一起进入厌氧段，然后再进入好氧段。回流污泥在厌氧段吸收一部分有机物，并释放出大量磷，进入好氧段后，污水中的有机物得到好氧降解，同时污泥将大量摄取污水中的磷，部分富磷污泥以剩余污泥的形式排出，实现磷的去除。图 3-35 所示为厌氧—好氧活性污泥处理系统。

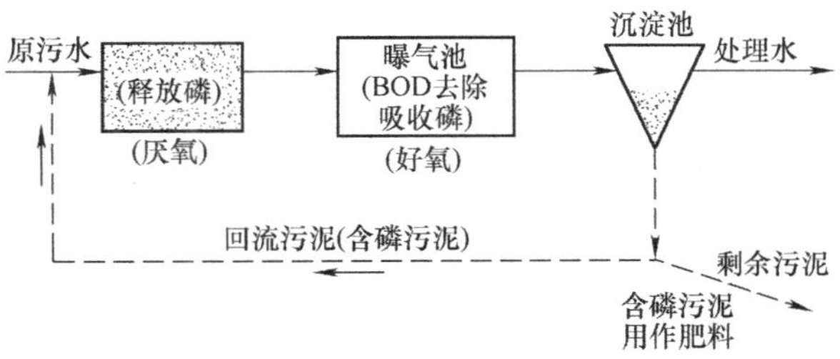

图 3-35 厌氧—好氧活性污泥处理系统

An/O 工艺除磷流程简单，不需投加化学药品，也不需要考虑内循环，因此建设费用及运行费用都较低。另外，厌氧段在好氧段之前，不仅可以抑制丝状菌的生长、防止污泥膨胀，而且有利于聚磷菌的选择性增殖。该工艺存在的问题是除磷效率较低，处理城市污水时的除磷效率只有 75% 左右。

3. 厌氧—缺氧—好氧活性污泥法（A^2/O 法）

厌氧—缺氧—好氧工艺不仅能够去除有机物，同时还具有脱氮和除磷的功能。具体做法是在 A/O 前增加一段厌氧生物处理过程，经过预处理的污水与回流污泥（含磷污泥）一起进入厌氧段，再进入缺氧段，最后再进入好氧段。图 3-36所示为厌氧—缺氧—好氧活性污泥系统。

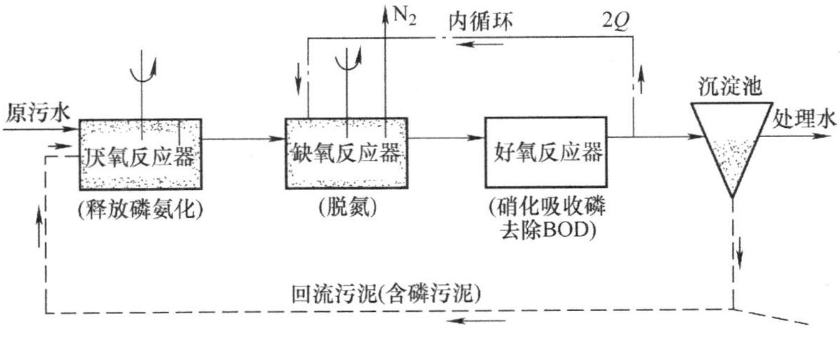

图 3-36 厌氧—缺氧—好氧活性污泥系统

厌氧段的主要功能是释放磷，同时部分有机物进行氨化。

缺氧段的主要功能是脱氮，硝态氮是通过内循环由好氧反应器送来的，循环的混合液量较大，一般为 $2Q$（Q——原污水流量）。

好氧段是多功能的，去除有机物，硝化和吸收磷等项反应都在本段进行。这三项反应都是重要的，混合液中含有 NO_3-N，污泥中含有过剩的磷，而污水中的 BOD（或 COD）则得到去除。流量为 $2Q$ 的混合液从这里回流缺氧反应器。

该工艺具有以下各项特点：

1）运行中不需投药，两个 A 段只用轻缓搅拌，以不增加溶解氧为度，运行费用低。

2）在厌氧、缺氧、好氧交替运行条件下，丝状菌不能大量增殖，避免了污泥膨胀的问题，SVI（污泥体积指数）值一般均小于 100。

3）工艺简单，总停留时间短，建设投资少。

该法也存在如下待解决问题：

1）除磷效果难以再行提高，污泥增长有一定的限度，不易提高，特别是当 P/BOD 值高时更是如此。

2）脱氮效果也难以进一步提高，内循环量一般以 $2Q$ 为限，不宜太高。

4. 改良厌氧—缺氧—好氧活性污泥法（改良的 A^2/O 法）

对于 A^2/O 工艺，由于生物脱氮效率不可能达到 100%，一般情况下不超过 85%，出水中总会有相当数量的硝态氮，这些硝态氮随回流污泥进入厌氧区，将优先夺取污水中易生物降解有机物，使聚磷菌缺少碳源，失去竞争优势，降低除磷效果。在进水碳源（BOD）不足情况下，这种现象尤为明显。针对此情况研究人员又开发了改良 A^2/O 工艺。其改良之处是在普通 A^2/O 工艺前增加一前置反硝化段，全部回流污泥和 10% ~30%（根据实际情况进行调节）的水量进入前置反硝化段中，剩下 70% ~90% 的水量进入厌氧段。主要目的是利用少量进水中的可快速分解的有机物作碳源去除回流污泥中的硝酸盐氮，从而为后序厌氧段聚磷菌的磷释放创造良好的环境，提高生物除磷效果。

改良 A^2/O 工艺流程如图 3-37所示。

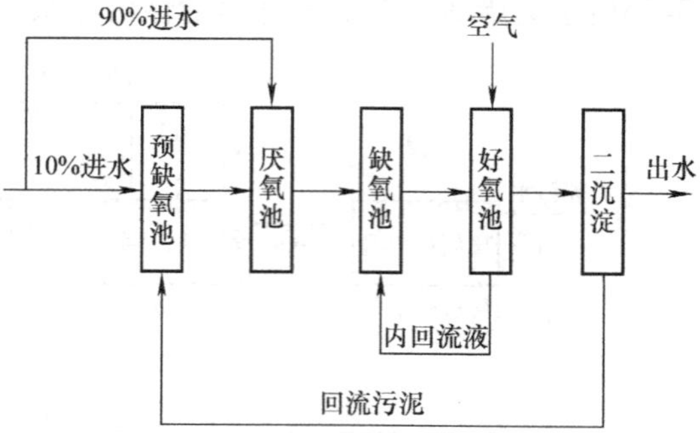

图 3-37 改良 A^2/O 工艺流程

5. 间歇式活性污泥法（SBR 法）

间歇式活性污泥法又称序批式活性污泥法，简称 SBR 法。其主要特征是反应池一批一批地处理污水，采用间歇式运行的方式，每一个反应池都兼有曝气池和二沉池作用，因此不再设置二沉池和污泥回流设备，而且一般也可以不建水质或水量调节池。图 3-38 所示为间歇式活性污泥法工艺流程。

SBR法具有以下几个特点：

1）对水质水量变化的适应性强，运行稳定，适于水质水量变化较大的中小城镇污水处理；也适应高浓度污水处理。

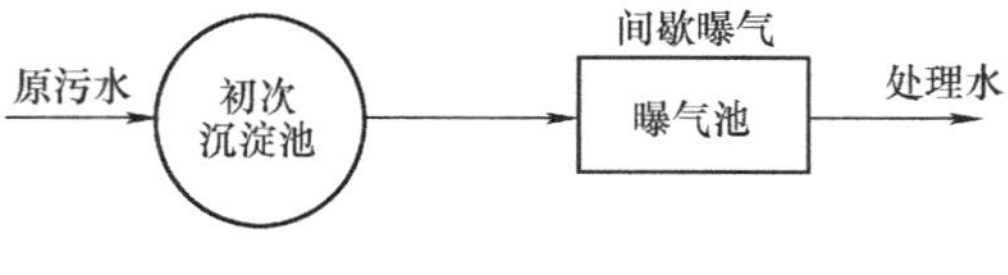

图3-38　间歇式活性污泥法工艺流程

2）为非稳态反应，反应时间短；静沉时间也短，可不设初沉池和二沉池；体积小，基建费比常规活性污泥法约省22%，占地少38%左右。

3）处理效果好，BOD_5去除率达95%，且产泥量少。

4）好氧、缺氧、厌氧交替出现，能同时具有脱氮（80%～90%）和除磷（80%）的功能。

5）反应池中溶解氧浓度在0～2mg/L变化，可减少能耗，在同时完成脱氮除磷的情况下，其能耗仅相当于传统活性污泥法。

间歇式活性污泥法曝气池的运行周期由进水、曝气、反应、沉淀、排放、闲置待机五个工序组成，而且这五个工序都是在曝气池内进行，其运行工序示意如图3-39所示。

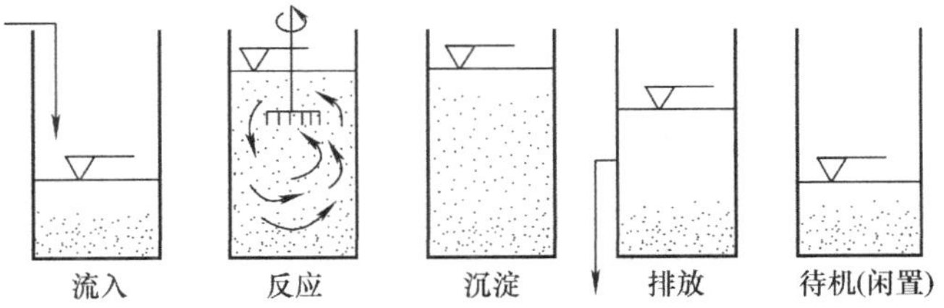

图3-39　间歇式活性污泥法曝气池运行工序示意

进水工序是指从开始进水至到达反应器最大容积期间的所有操作。进水工序的主要任务是向反应器中注水，但通过改变进水期间的曝气方式，也能够实现其他功能。

进水工序完成后，即污水注入达到预定高度后，就进入反应工序。反应工序的主要任务是对有机物进行生物降解或除磷脱氮。这是该工艺最主要的一道工序。

反应工序完成后进入沉淀工序，沉淀工序的任务是完成活性污泥与水的分离。在这个工序SBR反应器相当于活性污泥法连续系统的二次沉淀池。

排放工序首先是排放经过沉淀后产生的上清液，然后排放系统产生的剩余污泥，并保证SBR反应器内残留一定数量的活性污泥，作为种泥。

待机工序也称闲置工序，即在处理水排放后，反应器处于停滞状态，等待下一个操作周期开始的阶段。

经典 SBR 工艺只有一个反应池，间歇进水后，再依次经历反应、沉淀、排放、闲置四个阶段完成对污水的处理过程，因此在处理连续来水时，一个 SBR 系统就无法应对。工程上采用多池系统，使进水在各个池子之间循环切换，每个池子在进水后按上述程序对污水进行处理，因此使得 SBR 系统的管理操作难度和占地都会加大。

为克服 SBR 法固有的一些不足（例如不能连续进水等），人们在使用过程中不断改进，发展出了许多新型和改良的 SBR 工艺，例如 ICEAS 系统、CASS 系统、DAT - IAT 系统、UNITANK 系统、MSBR 系统等。这些新型 SBR 工艺仍然拥有经典 SBR 的部分主要特点，同时还具有自己独特的优势，但因为经过了改良，经典 SBR 法所拥有的部分显著特点又会不可避免地被舍弃掉。目前，在实际工程中应用的工艺主要有间歇式循环延时曝气活性污泥法（ICEAS 工艺），循环式活性污泥法（CAST 工艺），周期循环活性污泥法（CASS 工艺），连续进水、连续—间歇曝气法（DAT - IAT 工艺），UNITANK 工艺等。

6. 氧化沟

氧化沟又称循环曝气池，是荷兰 20 世纪 50 年代开发的一种生物处理技术，属活性污泥法的一种变法。图 3-40 所示为氧化沟的平面示意图，而图 3-41 所示为以氧化沟为生物处理单元的污水处理流程。

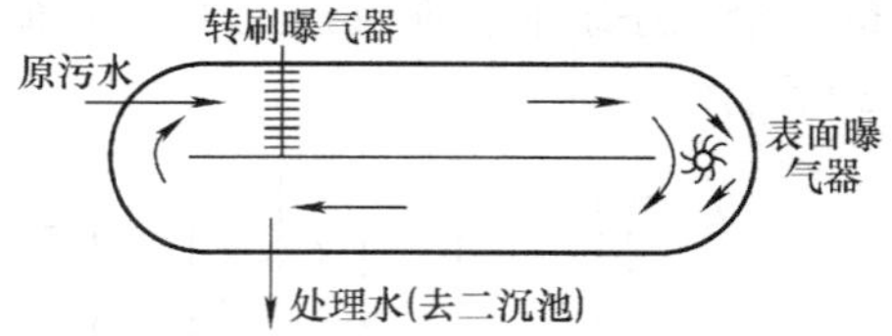

图 3-40 氧化沟的平面示意图

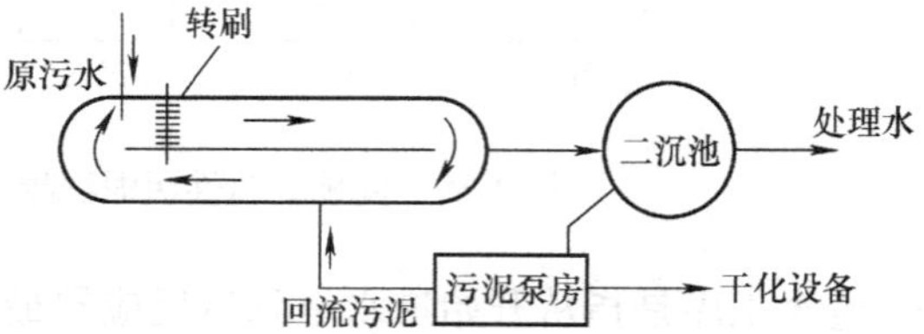

图 3-41 以氧化沟为生物处理单元的污水处理流程

进入氧化沟的污水和回流污泥混合液在曝气装置的推动下，在闭合的环形沟道内循环流动、混合曝气，同时得到稀释和净化。与入流污水及回流污泥总量相同的混合液从氧化沟出口流入二沉池。处理水从二沉池出水口排放，底部污泥回流至氧化沟。与普通曝气池不同的是，氧化沟除外部污泥回流之外，还有极大的内回流，环流量为设计进水流量的 30 ~ 60 倍，循环一周的时间为 15 ~ 40min 。因此，氧化沟是一种介于推流式和完全混合式之间的曝气池形式，综合了推流式与完全混合式的优点。

氧化沟的曝气装置有横轴曝气装置和纵轴曝气装置。横轴曝气装置有横轴曝气转刷和曝气转盘；纵轴曝气装置就是表面机械曝气器。

氧化沟按其构造和运行特征可分多种类型。在城市污水处理较多的有卡罗塞氧化沟、奥贝尔氧化沟、交替工作型氧化沟及 DE 型氧化沟。

3.8.6 城市污水的再生利用

1. 小城镇污水再生利用的用途

我国是一个水资源短缺的国家，人均可利用水资源约为2200m³/年，仅为世界平均值的1/4，缺水已严重阻碍了社会经济的发展。污水再生利用是解决水资源短缺的主要途径之一。城镇污水再生利用的用途见表3-25。

表3-25 城镇污水再生利用的用途

序号	分类	范 围	示 例
1	农、林、牧、渔业用水	农田灌溉	种籽与育种、粮食与饲料作物、经济作物
		造林育苗	种籽、苗木、苗圃、观赏植物
		畜牧养殖	畜牧、家畜、家禽
		水产养殖	淡水养殖
2	城市杂用水	城市绿化	公共绿地、住宅小区绿化
		冲厕	厕所便器冲洗
		道路清扫	城市道路的冲洗及喷洒
		车辆冲洗	各种车辆冲洗
		建筑施工	施工场地清扫、浇洒、灰尘抑制、混凝土制备与养护、施工中的混凝土构件和建筑物冲洗
		消防	消火栓、消防水炮
3	工业用水	冷却用水	直流式、循环式
		洗涤用水	冲渣、冲灰、消烟除尘、清洗
		锅炉用水	中压、低压锅炉
		工艺用水	溶料、水浴、蒸煮、漂洗、水力开采、水力输送、增湿、稀释、搅拌、选矿、油田回注
		产品用水	浆料、化工制剂、涂料
4	环境用水	娱乐性景观环境用水	娱乐性景观河道、景观湖泊及水景
		观赏性景观环境用水	观赏性景观河道、景观湖泊及水景
		湿地环境用水	恢复自然湿地、营造人工湿地
5	补充水源水	补充地表水	河流、湖泊
		补充地下水	水源补给、防止海水入侵、防止地面沉降

2. 污水再生利用水质标准

污水再生利用水质标准应根据不同的用途具体确定。

用于冲厕、道路清扫、消防、城市绿化、车辆冲洗、建筑施工等杂用的再生水水质应符合国家标准GB/T 18920—2002《城市污水再生利用 城市杂用水水质》的规定，见表3-26。用于景观环境用水的再生水水质应符合国家标准GB/T

18921—2002《城市污水再生利用　景观环境用水水质》的规定，见表3-27。用于农田灌溉的再生水水质应符合国家标准GB 5084—2005《农田灌溉水质标准》的规定，见表3-28。

表3-26　城镇杂用水水质标准

项目	冲厕	道路清扫、消防	城市绿化	车辆冲洗	建筑施工
pH值≤	6.0~9.0				
色度/（度）≤	30				
嗅	无不快感觉				
浊度/(NTU)≤	5	10	10	5	20
溶解性固体/(mg/L)≤	1500	1500	1000	1000	—
BOD_5/(mg/L)≤	10	15	20	10	15
氨氮(以N计)/(mg/L)≤	10	10	20	10	20
阴离子表面活性剂/(mg/L)≤	1.0	1.0	1.0	0.5	1.0
铁/(mg/L)≤	0.3	—	—	0.3	—
锰/(mg/L)≤	0.1	—	—	0.1	—
溶解氧/(mg/L)≥	1.0				
总余氯/(mg/L)≤	接触30min后≥1.0,管网末端≥0.2				
总大肠菌群指数/(个/L)≤	3				

注：混凝土拌合水还应符合JGJ 63—2006《混凝土用水标准》的规定。

表3-27　景观环境用水的再生水水质指标

序号	项　目	观赏性景观环境用水			娱乐性景观环境用水		
		河道类	湖泊类	水景类	河道类	湖泊类	水景类
1	基本要求	无漂浮物，无令人不愉快的嗅和味					
2	pH值（无量纲）	6~9					
3	5日生化需氧量（BOD_5）≤	10	6		6		
4	悬浮物（SS）≤	20	10		—①		
5	浊度（NTU）≤	—①			5.0		
6	溶解氧≥	1.5			2.0		
7	总磷（以P计）≤	1.0	0.5		1.0	0.5	
8	总氮≤	15					
9	氨氮（以N计）≤	5					
10	粪大肠菌群/（个/L）≤	10000		2000	500	不得检出	

（续）

序号	项　　目	观赏性景观环境用水			娱乐性景观环境用水		
		河道类	湖泊类	水景类	河道类	湖泊类	水景类
11	余氯②≥	0.05					
12	色度（度）≤	30					
13	石油类 ≤	1.0					
14	阴离子表面活性剂 ≤	0.5					

注：1. 对于需要通过管道输送再生水的非现场回用情况采用加氯消毒方式；而对于现场回用情况不限制消毒方式。

2. 若使用未经过除磷脱氮的再生水作为景观环境用水，鼓励使用本标准的各方在回用地点积极探索通过人工培养具有观赏价值水生植物的方法，使景观水的氮磷满足表中的要求，使再生水中的水生植物有经济合理的出路。

①“—”表示对此项无要求。

②氯接触时间不应低于30min的余氯，对于非加氯方式无此项要求。

表3-28　农田灌溉水质标准　　（单位：m/L）

项目		水　作	旱　作	蔬菜
五日生化需氧量（BOD_5）	≤	60	100	40①，15②
化学需氧量（COD_{Cr}）	≤	150	200	100①，60②
悬浮物	≤	80	100	60①，15②
阴离子表面活性剂（LAS）	≤	5	8	5
水温/℃	≤	35		
pH		5.5~8.5		
全盐量	≤	1000②（非盐碱土地区）2000③（盐碱土地区）		
氯化物	≤	350		
硫化物	≤	1		
总汞	≤	0.001		
镉	≤	0.01		
总砷	≤	0.05	0.1	0.05
铬（六价）	≤	0.1		
铅	≤	0.2		
铜	≤	0.5	1	
锌	≤	2		
硒	≤	0.02		
氟化物	≤	2（一般地区），3（高氟区）		
氰化物	≤	0.5		
石油类	≤	5	10	1

（续）

项目		水　作	旱　作	蔬菜
挥发酚	≤	1		
苯	≤	2.5		
三氯乙醛	≤	1	0.5	0.5
丙烯醛	≤	0.5		
硼	≤	1. 对硼敏感作物，如黄瓜、豆类、马铃薯、笋瓜、韭菜、洋葱、柑橘等 2. 对硼耐受性较强的作物，如小麦、玉米、青椒、小白菜、葱等 3. 对硼耐受性强的作物，如水稻、萝卜、油菜、甘蓝等		
粪大肠菌群数/(个/100mL)	≤	4000	4000	2000①，1000②
蛔虫卵数/（个/L）	≤	2		2①，1②

① 加工、烹调及去皮蔬菜。

② 生食类蔬菜、瓜类和草本水果。

③ 具有一定的水利灌排设施，能保证一定的排水和地下水径流条件的地区，或有一定淡水资源能满足冲洗土体中盐分的地区，农田灌溉水质全盐量指标可以适当放宽。

国外的再生水水质标准，由于各个国家的经济和技术条件不尽相同，当前世界上还没有一个公认的统一标准。

3. 城市污水再生利用及深度处理工艺系统

城市污水深度处理工艺方案取决于二级出水水质及再生利用水水质的要求，其基本工艺有如下4种：

1）二级处理—消毒。

2）二级处理—过滤—消毒。

3）二级处理—混凝—沉淀（澄清、气浮）—过滤—消毒。

4）二级处理—微孔过滤—消毒。

二级处理加消毒工艺可以用于农灌用水和某些环境用水。

二级处理后增加过滤工艺是先通过过滤去除二级出水中的微细颗粒物，然后进行消毒杀菌。该工艺对有机物的去除效果较差。处理后的水可作为工业循环冷却用水、城市浇洒、绿化、景观、消防、补充河湖等市政用水和居民住宅的冲洗厕所用水等杂用水，以及不受限制的农业用水等对水质的要求不高的回用水。

二级处理加混凝、沉淀、过滤、消毒工艺，是国内外许多工程常用的再生工艺。通过混凝进一步去除二级生化处理厂未能除去的胶体物质、部分重金属和有机污染物，处理后出水可以作为城镇杂用水水质，也可作锅炉补给水和部分工艺用水。

二级处理加微孔膜过滤工艺是用微孔膜过滤替代传统的砂滤，其出水效果比砂滤更好。微孔过滤是一种较常规过滤更有效的过滤技术。微滤膜具有比较整齐、均匀的多孔结构。微滤的基本原理属于筛网状过滤，在静压差作用下，小于微滤膜孔径的物质通过微滤膜，而大于微滤膜孔径的物质则被截留到微滤膜上，使大小不同的组分得以分离。

上述基本工艺可满足当前大多数用户的水质要求。当用户对再生水水质有更高要求时，可增加深度处理其他单元技术中的一种或几种组合。其他单元技术有：活性炭吸附、臭氧—活性炭、脱氨、离子交换、超滤、纳滤、反渗透、膜生物反应器、曝气生物滤池、臭氧氧化、自然净化系统等。

污水处理厂二级出水经物化处理后，其出水中的某些污染物指标仍不能满足再生利用水质要求时，则应考虑在物化处理后增设粒状活性炭吸附工艺。

当再生水水质对磷的指标要求较高，采用生物除磷不能达到要求时，应考虑增加化学除磷工艺。化学除磷是指向污水中投加无机金属盐药剂，与污水中溶解性磷酸盐混合后形成颗粒状非溶解性物质，使磷从污水中去除。

3.8.7 污泥的处理与处置

1. 污泥的减量化、稳定化和无害化处理

城市污水处理中会同时产生大量的污泥，其数量约占处理水量的0.3%～0.5%（以含水率为97%计)。这些污泥集聚了污水中的污染物，含有大量的有毒有害物质，如寄生虫、病原微生物、细菌、合成有机物及重金属离子等；也含有有用物质如植物营养素（如氮、磷、钾等)。不经处理，任意堆放或排泄，会对周围环境造成二次污染。为满足环境卫生方面要求和综合利用的需要，必须对污泥进行减量化、稳定化和无害化处理，然后再进行最终处置。

污泥处理可供选择的方案大致有：

1）生污泥→浓缩→消化→自然干化→最终处置。

2）生污泥→浓缩→消化→机械脱水→最终处置。

3）生污泥→浓缩→自然干化→堆肥→最终处置。

4）生污泥→浓缩→机械脱水→干燥焚烧→最终处置。

5）生污泥→湿污泥池→最终处置。

6）生污泥→浓缩→消化→最终处置。

污泥处理方案的选择，应根据污泥的性质与数量、投资情况与运行管理费用、环境保护要求及有关法律与法规、城市农业发展情况及当地气候条件等情况，综合考虑后选定。

污泥浓缩的目的是降低污泥的含水率，减少污泥体积。浓缩后污泥的含水率可从99%降至95%～97%。污泥浓缩方法有重力浓缩、气浮浓缩和机械浓缩。

污泥脱水去除的主要是污泥中的吸附水和毛细水，一般可使污泥含水率从

96%左右降低至60%～85%。污泥脱水的方法主要有自然干化和机械脱水。自然干化法目前应用较少，机械脱水方法有真空吸滤法、压滤法和离心法等。

稳定化和无害化处理工艺主要有污泥厌氧消化、污泥好氧消化、污泥堆肥、石灰稳定、污泥湿式氧化。目前采用较多的是污泥厌氧消化。

2. 污泥的最终处置和利用

污泥的最终处置和利用是目前污泥处理与处置的一个难题。目前国内污水处理厂污泥大都采用卫生填埋方式处置，国外许多国家对污泥处置采用较多的方法是焚烧、卫生填埋、堆肥、干化造粒和投海等。

（1）农肥利用与土地处理　污泥可以作为肥料直接施用，也可以直接用于改造土壤，如用污泥投放于废弃露天大矿场、尾矿场、采石场、戈壁滩与沙漠等地。

（2）污泥堆肥　污泥堆肥就是通过堆肥技术，使污泥成为含有大量腐殖质能改善土壤结构的堆肥产品。污泥堆肥分为厌氧堆肥和好氧堆肥。厌氧堆肥是在缺氧的条件下，利用厌氧微生物代谢有机物。好氧堆肥是在好氧条件下，利用嗜温菌、嗜热菌的作用，分解泥中有机物质并杀死污泥中大量存在的病原微生物，并且使水分蒸发、污泥含水率下降、体积缩小。

（3）卫生填埋　卫生填埋是把脱水污泥运到卫生填埋场与城市垃圾一起，按卫生填埋操作进行处置的工艺，常见的有厌氧和兼氧卫生填埋两种。卫生填埋法处置具有处理量大、投资省、运行费低、操作简单、管理方便、对污泥适应能力强等优点，但也有占地大、渗滤液及臭气污染较重等缺点。卫生填埋法适宜于填埋场选地容易、运距较近、有覆盖土的地方。迄今为止，卫生填埋法是国内外处理城市污水处理厂脱水污泥最常用的方法。其缺点是机械脱水后直接填埋，操作困难，运输费用大，且易产生卫生问题。卫生填埋将向调理后再实施的方向发展。

（4）干化　污泥干化造粒工艺是近年来比较引人注目的方向。一般说来，污泥干化造粒工艺是污泥直接土地利用技术普及前的一种过渡。干化造粒后的泥球可以作为肥料、土壤改良剂和燃料，用途广泛。国内的污泥复合肥研究生产，也是走的干化造粒道路，只是在其中添加了化肥以提高肥效。

（5）焚烧　焚烧既是一种污泥处理方法，也是一种污泥处置方法，利用污泥中丰富的生物能发热，使污泥达到最大程度的减容。焚烧过程中，所有的病菌病原体被彻底杀灭，有毒有害的有机残余物被热氧化分解。焚烧灰可用作生产水泥的原料，使重金属被固定在混凝土中，避免其重新进入环境。污泥焚烧的优点是适应性较强、反应时间短、占地面积小、残渣量少、达到了完全灭菌的目的。该法的缺点是工艺复杂，一次性投资大，设备数量多，操作管理复杂，能耗高，运行管理费高，焚烧过程存在“二噁英”污染的潜在危险。

(6) 投海 污泥投海曾经是沿海城市污水处理厂污泥处置最常见的方式，但近年来出于对海洋环境保护的考虑和越来越严格的环保条例的执行，应用已经越来越少。

3.8.8 城市污水处理厂厂址选择及布置

1. 城市污水处理厂厂址选择

城市污水处理厂是城市排水工程的一个重要组成部分，恰当地选择污水处理厂的位置，进行合理的总平面布局，关系到城市环境保护的要求、污水利用的可能性、污水管网系统的布置以及污水处理厂本身的投资、年经营管理费用等，所以慎重地选择厂址位置，是城市排水工程规划的一项重要内容。

污水处理厂厂址选择，应遵循下列各项原则：

1) 应与选定的污水处理工艺相适应，如选定稳定塘或土地处理系统为处理工艺时，必须有适当的闲置土地面积。

2) 无论采用什么处理工艺，污水处理厂都应尽量做到少占农田和不占良田。

3) 污水处理厂必须位于集中给水水源下游，至少500m。

4) 污水处理厂应设在城镇、工厂厂区及生活区的下游和夏季主风向的下风向。为保证卫生要求，厂址应与城镇、工厂厂区、生活区及农村居民点保持约300m以上的距离，但也不宜太远，以免增加管道长度，提高造价。

5) 当处理后的污水或污泥用于农业、工业或市政设施时，污水处理厂应考虑与用户靠近，或者便于运输。当处理水排放时，则应与受纳水体靠近。

6) 污水处理厂不宜设在雨季易受水淹的低洼处。靠近水体的处理厂，要考虑不受洪水威胁。厂址尽量设在地质条件较好的地方，以方便施工，降低造价。

7) 要充分利用地形，应选择有适当坡度的地区，以满足污水处理构筑物高程布置的需要，减少土方工程量。若有可能，宜采用污水不经水泵提升而自流流入处理构筑物的方案，以节省动力费用，降低处理成本。

8) 根据城市总体发展规划，污水处理厂厂址的选择应考虑远期发展的可能性，有扩建的余地。

9) 污水处理厂周围应设置一定宽度的防护距离，减少对周围环境的不利影响。

2. 城市污水处理厂的占地面积

污水处理厂面积与污水量及处理方法有关。表3-29所列为各种污水量、不同处理级别的污水处理厂所需的面积指标，规划时应以此为据进行确定，同时还要考虑污水处理厂的发展用地。

表 3-29　城市污水处理厂规划用地指标（单位：m^2・天/m^3）

建设规模	污水量				
	20 万 m^3 以上	10~20 万 m^3	5~10 万 m^3	2~5 万 m^3	1~2 万 m^3
用地指标	一级污水处理指标				
	0.3~0.5	0.4~0.6	0.5~0.8	0.6~1.0	0.6~1.4
	二级污水处理指标（一）				
	0.5~0.8	0.6~0.9	0.8~1.2	1.0~1.5	1.0~2.0
	二级污水处理指标（二）				
	0.6~1.0	0.8~1.2	1.0~2.5	2.5~4.0	4.0~6.0

注：1. 用地指标是按生产必需的土地面积计算。
2. 本指标未包括厂区周围绿化带用地。
3. 处理级别以工艺流程划分：一级处理工艺流程大体力泵房、沉砂、沉淀及污泥浓缩、干化处理等；二级处理（一）工艺流程大体为泵房、沉砂、初次沉淀、曝气、二次沉淀及污泥浓缩、干化处理等；二级处理（二）工艺流程大体为泵房、沉砂、初次沉淀、曝气、二次沉淀、消毒及污泥提升、浓缩、消化、脱水及沼气利用等。
4. 本用地指标不包括进厂污水浓度较高及深度处理的用地，需要时可视情况增加。

3. 城市污水处理厂平面布置

污水处理厂的平面布置包括：处理构筑物、办公、化验及其他辅助建筑物，以及各种管道、道路、绿化等的布置。

平面布置的一般原则如下：

1）处理构筑物的布置应紧凑，节约用地并便于管理。池形的选择应考虑占地多少及经济因素。圆形池造价较低，但进出水构造较复杂。方形池或矩形池池墙较厚，但可利用公共墙壁以节约造价，且布置可紧凑，减少占地。一般小型处理厂采用圆形池较为经济，而大型处理厂则采用矩形池较为经济。除厂占地、构造和造价等因素以外，还应考虑水力条件、浮渣清除，以及设备维护等因素。

每一单元过程的最少池数为两座，但在大型污水处理厂中，由于设备尺寸的限制，往往有多座。当发生事故，一座池子停止运转时，其余的池子负荷增加，必须计算其对出水水质的影响，以确定每一座池子的尺寸。根据生产实践，每一座单独处理池的能力可达 10~20 万 m^3/天。

在选择池子的尺寸和数目时，必须考虑污水处理厂的扩建。对每一种单元过程的全部处理池，最好采用相同的尺寸，且应避免在初期运行时有过大的富余能力。

2）处理构筑物应尽可能地按流程顺序布置，以避免管线迂回，同时应充分利用地形，以减少土方量。

3）经常有人工作的建筑物如办公、化验等用房应布置在夏季主风向的上风一方，在北方地区，并应考虑朝阳。

4）在布置总图时，应考虑安装充分的绿化地带。

5）总图布置应考虑远近期结合，有条件时，可按远景规划水量布置，将处理构筑物分为若干系列，分期建设。远景设施的安排应在设计中仔细考虑，除了满足远景处理能力的需要而增加的处理池以外，还应为改进出水水质的设施预留场地。

6）构筑物之间的距离应考虑敷设管渠的位置，运转管理的需要和施工的要求，一般采用5～10m。

7）污泥处理构筑物应尽可能布置成单独的组合，以策安全，并方便管理。污泥消化池应距初次沉淀池较近，以缩短污泥管线，但消化池与其他构筑物之间的距离不应小于20m。贮气罐与其他构筑物的间距则应根据容量大小按有关规定办理。

8）变电站的位置宜设在耗电量大的构筑物附近，高压线应避免在厂内架空敷设。

图3-42所示为某污水处理厂的平面布置图。

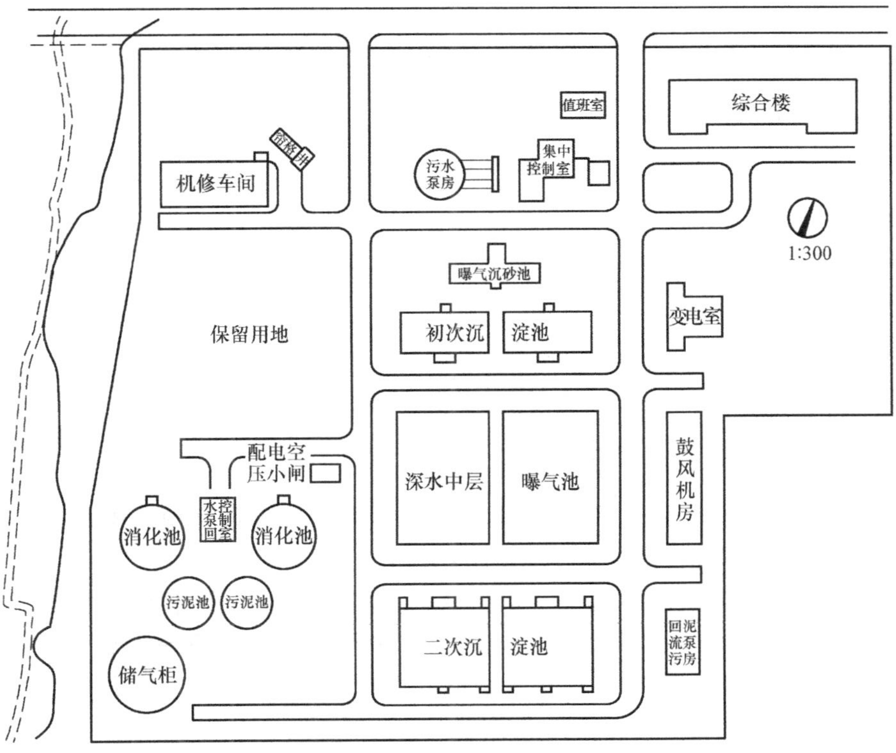

图3-42 某污水处理厂的平面布置图

3.9 村镇排水工程规划

随着城市化建设进程的不断加快，村镇排水工程规划越来越受到人们的重视。由于村镇经济发展水平、管理人员的技术水平、人们的生活水平、基础设施的完善程度等与大城市还有较大差距，因此，村镇排水工程规划有别于城市排水工程规划。2007 年建设部颁布了 GB 50188—2007《镇规划标准》，对村镇排水工程规划提出了具体的要求。

村镇排水工程规划应包括确定排水量、排水体制、排放标准、排水系统布置、污水处理设施。

3.9.1 排水体制的选择

合理地选择排水系统的体制，是村镇排水系统规划和设计的重要问题。有条件的村镇应选择分流制，经济不发达地区的村镇可以选择合流制或不完全分流制，但在污水排入管网系统前应采用化粪池、生活污水净化沼气池等方法预处理。

对现有排水系统的改造，可创造条件，逐步向分流制过渡。

3.9.2 排水量的估算

排水量应包括污水量、雨水量，污水量应包括生活污水量和生产污水量。排水量可按下列规定计算：

1）生活污水量可按生活用水量的 75% ~85% 进行计算。

2）生活污水量及变化系数可按产品种类、生产工艺特点和用水量确定，也可按生产用水量的 75% ~90% 进行计算。

3）雨水量可按邻近城市的标准计算。

3.9.3 污水处理与再生利用

1）村镇污水应当采取适当处理措施，污水排放应符合现行国家标准 GB 8978—1996《污水综合排放标准》的有关规定。

2）污水处理后再利用的，水质应根据用途符合国家现行相关标准的有关规定，如国家标准 GB 50336—2002《建筑中水设计规范》和 GB 50335—2002《污水再生利用工程设计规范》；污水用于农田灌溉应符合现行国家标准 GB 5084—2005《农田灌溉水质标准》的有关规定。

3）村镇污水处理分为集中处理和分散处理。经济发达村镇可采用与城市相同的处理技术，如 A/O、A^2/O 等。适宜于村庄污水集中处理的设施有：氧化沟、生物塘（稳定塘）、人工湿地、生物滤池等。适宜于村庄污水分散式简易处理的设施主要有：三格化粪池、双层沉淀池、生活污水净化沼气池等。

4）污水采用集中处理时，污水处理厂的位置应选在镇区的下游，靠近受纳水体或农田灌溉区。

3.9.4 管道布置

布置排水管渠时，雨水应充分利用地面径流和沟渠排除；污水应通过管道或暗渠排放，雨水、污水的管、渠均应按重力流设计。

第 4 章

城市供热工程规划

4.1 概述

编制城市供热规划应遵循的原则：

1）应符合城市规划的总体要求。

2）应符合城市环境保护规划、相关环境整治措施及节能减排的要求。

3）应符合城市能源发展规划的总体要求。

4）城市供热规划应充分重视城市供热系统的安全可靠性，统筹分析热源规模、数量和分布，管网布局，供热能源种类、输送与存储等多种因素。

5）城市供热规划应从城市全局出发，充分体现社会、经济、环境、节能等综合效益。

6）城市供热规划的编制阶段应与城市总体规划、详细规划相衔接。城市供热规划期限的划分，应与城市规划相一致。

7）城市供热规划应近、远期相结合，正确处理近期建设和远期发展的关系。

在总体规划阶段，城市供热规划应依据城市发展规模预测供热设施的规模；在详细规划阶段，城市供热规划应依据规划区内的主要技术经济指标预测供热设施的规模。

城市供热规划应与道路交通规划、河道规划、绿化系统规划以及城市供水、排水、供电、燃气、信息等市政公用工程规划相协调，统筹安排，妥善处理相互间影响和矛盾。

城市燃气工程规划通常按下列步骤进行：

1）明确规划任务的内容、范围。同时，还需收集有关部门对供热工程规划的指示、文件，与其他部门分工协议等。

2）搜集调查基础资料和现场踏勘。需要收集的资料包括自然环境资料、城市现状与规划资料和城市供热工程资料。自然环境资料、城市现状与规划资料的具体内容在第一章绪论中已有详尽叙述。城市供热工程资料具体包括以下几个方面：

① 城市供热现状资料：

a. 城市集中供热工程设施现状图、分区供热工程设施现状图、详细规划范围供热设施与管线现状图。

b. 现状建筑物供热面积，民用采暖建筑面积，集中供热普及率。

c. 现有采暖供热的供热方式、比例、生活热水供应情况，热能利用状况。

d. 现有火电厂和热电厂（站）的概况，市区工业和民用锅炉的分布、供热能力。

e. 已利用的余热资源、供热能力、运行情况和开发前景。

② 城市供热规划资料：

a. 城市集中供热的规划普及率，集中供热的范围、对象，城市发展集中供热的政策。

b. 城市燃料产地和燃料质量分析资料。

c. 地热、太阳能等能源在当地利用的可能性与开发前景。

3）撰写城市供热工程规划说明书，绘制城市供热工程规划图样。图中应包括供热输配设施的位置、规模和用地，供热管网的平面位置、管径、敷设方式等。说明书内容应包括规划项目的性质、建设规模、方案构思的优缺点、设计依据、工程造价、所需主要设备材料及能源消耗等。

城市供热工程规划的编制阶段与城市总体规划和详细规划相衔接，其规划期限的划分也要与城市规划相一致。

4.2 城市供热工程规划的主要内容与深度

4.2.1 城市供热工程总体规划

1. 城市供热工程总体规划的主要内容

总体规划阶段的城市供热规划内容应包括：

1）分析供热系统现状、特点和存在问题。

2）依据城市总体规划确定的城市发展规模，预测城市热负荷和年供热量。

3）依据城市总体规划、环境保护规划、能源规划，确定城市供热能源种类，热源发展原则、供热方式和供热分区。

4）依据城市总体规划的用地功能布局，热负荷分布，确定重点规划区域内的供热方式、供热分区、供热热源规模和布局，包括种类、个数、容量和布局。

5）依据供热热源规模、布局以及供热负荷分布，确定城市热网主干线布局。

6）依据城市近期发展要求、环境治理要求以及供热系统改造要求，确定近期建设重点项目。

2. 城市供热工程总体规划图样

城市供热工程总体规划图样包括：

1）城市供热工程系统现状图。主要反映城市供热系统现状、热源及供热设施的布局和干线管网布局的情况。

2）城市供热工程系统规划图。主要反映规划期末城市供热热源，供热设施的位置、规模和用地情况，干线管网布置、管径。

4.2.2 城市供热工程分区规划

1. 城市供热工程分区规划的主要内容

编制城市供热工程分区规划除需收集上述资料外，还应收集：城市分区总体规划、能源规划、其他与能源发展相关的规划、分区供热现状设施等。

城市供热工程分区规划的主要内容包括：

1）估算城市分区的热负荷。

2）布局分区供热设施和供热干管。

3）计算城市供热干管的管径。

详细规划阶段的城市供热规划内容应包括：

1）分析详细规划区及周边供热设施现状、特点以及存在的问题。

2）依据详细规划方案提出的技术经济指标，计算热负荷和年供热量。

3）依据城市总体规划中的供热规划，确定规划区的供热方式。

4）依据详细规划的用地布局，落实供热热源规模、位置及用地。

5）依据供热负荷分布，确定规划区内热网布局、管径，热力站位置及用地。

2. 城市供热工程分区规划图样

城市供热工程分区规划图样包括：

1）分区供热系统现状图。

2）分区供热系统规划图。

3）必要的附图，如分区供热负荷分布图等。

4.3 城市集中供热系统的组成与分类

4.3.1 组成

城市集中供热系统由热源、热力网和热用户三部分组成。凡是能使燃料产生热能，将热媒加热成为高温水或蒸汽的设施，总称为热源。根据热源的不同，可分为热电厂集中供热系统（即热电合产的供热系统）和锅炉房集中供热系统；另外，还有由各种热源（包括热电厂、锅炉房、工业余热和地热等）共同组成的混合系统。由供热蒸汽管网或热水管网组成的热媒输配系统，总称为热力网或热网。热用户则是包括供暖、生活及生产用热系统与设备组成的热用户系统。

4.3.2 分类

供热系统形式较多，主要有以下几种分类方式。

（1）根据热源形式分类　可将供热系统分为热电厂供热系统、区域锅炉房供热系统、热泵供热系统、地热能供热系统、太阳能供暖系统、工业余热供热系统、垃圾焚化厂供热系统和核供热系统等。其中热电厂供热系统和区域锅炉房供热系统为主要形式。

热电厂供热系统以热电厂为主要热源，联合生产电能和热能的方式取决于采用供热汽轮机的形式，供热汽轮机主要有背压式汽轮机和抽汽式汽轮机两大类。

区域锅炉房供热系统以区域锅炉房为主要热源，区域锅炉房供热系统根据其制备热媒的种类不同，分为热水锅炉房供热系统和蒸汽锅炉房供热系统。

热泵供热系统是通过输入少量的高品位能源（电能），即可实现能量从低温热源向高温热源转移的供热系统。地热能供热系统利用地热能为主要热源，太阳能供热系统利用太阳能为主要热源，工业余热供热系统利用工业余热为主要热源的，垃圾焚化厂供热系统以垃圾焚化厂为主要热源。核供热系统是以核裂变产生的能量为热源的城市集中供热方式。

（2）根据热媒种类分类　由于目前常用的供热介质主要为热水和蒸汽，因此可以将热网划分为热水供热系统和蒸汽供热系统。

热水供热系统为目前常见系统形式。根据热水温度不同可分为高温水系统（供水温度超过100℃）和低温水系统（供水温度低于或等于100℃）；根据对热水的利用情况不同可分为闭式系统和开式系统；根据管道设置情况不同可分为单管系统、双管系统和多管系统。

蒸汽供热系统广泛应用于工业厂房或工业区域，主要承担向生产工艺热用户供热，同时也向热水供应、通风空调和供暖热用户供热。根据供汽表压力大小可分为高压蒸汽供热系统（供汽表压力高于70kPa）、低压蒸汽供热系统（供汽表压力等于或低于70kPa）和真空供热系统（供气表压力低于大气压）；根据供汽温度高低可分为饱和蒸汽供热系统和过热蒸汽供热系统；根据管道设置情况可分为单管系统和多管系统。

（3）根据热源配置情况分类　可将供热系统分为单热源供热系统和多热源供热系统。单热源供热系统仅有一个热源，多热源供热系统具有多个热源。由于热源数目增多，个别热源出现故障，不致影响整个系统的供热能力，合理地安排热效率高的热源先投入运行，可以提高整个供热系统的热能利用率，多热源供热系统有三种运行方式，即多热源分别运行、多热源解列运行、多热源联网运行。

（4）根据热网敷设位置分类　可将供热管网分为一级管网和二级管网。一级管网是由热源至热力站的供热管道系统。二级管网是由热力站至热用户的供热管道系统。一级管网与二级管网通过换热站的换热器连接。

（5）根据热网形式分类　可将供热管网分为枝状管网、环状管网和辐射管网。

枝状管网呈树枝状布置，是热水管网最普遍采用的方式。枝状管网布置简单，基建投资小；但当供热管网某处发生故障时，在故障点以后的热用户都将停止供热。

环状管网是干线构成环形的管网。当输配干线某处出现事故时，可以切除过环状管网由另一方向用户供热。

辐射管网是从热源内的集配器上分别引出多根管道将热媒送往各用户的管网。该管网可实现分片供热，比较适用于面积较小、工房密集的小型工厂。

4.4 供热负荷的预测和计算

4.4.1 热负荷类型及规划热指标

按热负荷性质宜分为下列三类：建筑供暖（制冷）热负荷、生活热水热负荷、工艺用蒸汽热负荷。建筑供暖热负荷按照建筑分类，应符合表4-1所示的规定。

表4-1　城市建筑热负荷分类

大　类	小　类
1. 居住建筑	普通住宅
	别墅

（续）

大　类	小　类
2. 公共建筑	行政办公楼（包括科研设计）
	商场
	宾馆、饭店
	中、小学、托幼园所
	大专院校
	医院
	图书馆、影剧院
	体育场馆
3. 工业建筑	一、二、三类工业标准厂房
4. 仓储建筑	仓库
5. 基础设施	市政、交通场站设施等
6. 其他建筑	上述建筑以外的其他建筑

规划热指标主要包括建筑采暖综合热指标、建筑供暖热指标、生活热水指标、工业热负荷指标、制冷用热负荷指标。

4.4.2　热负荷预测

1. 热负荷预测内容

总体规划阶段的城市供热规划，热负荷预测内容应包括：

1）全市及重点规划区内的规划热负荷。

2）全市及重点规划区内的规划年供热量。

3）重点规划区内各分区民用建筑供暖、工业建筑供暖、生活热水、工艺用蒸汽等分项的规划热负荷及年供热量。

4）不同性质热负荷的分布

详细规划阶段的城市供热规划，规划热负荷预测内容应包括：

① 详细规划区内各类建筑的采暖（制冷）热负荷、不同压力等级的工艺用蒸汽负荷。

② 不同性质热负荷的分布。

2. 供暖热负荷预测与计算

供暖热负荷预测通常采用指标法。用单位面积供暖热指标法估算供暖热负荷

$$Q = q_f F \tag{4-1}$$

式中　Q——供暖热负荷，单位为W；

F——总建筑面积，单位为m^2；

q_f——单位面积供暖热指标，单位为 W/m^2。

总体规划阶段的城市供热规划，采用供暖综合热指标预测供暖热负荷。对于居住区（含公共建筑），供暖综合热指标建议取值 60 ~ 75W/m^2。

详细规划阶段的城市供热规划，采用分类建筑供暖热指标预测建筑供暖热负荷。民用建筑的单位面积供暖热指标见表 4-2，全国部分城市居住建筑供暖热指标见表 4-3。

表 4-2 供暖热指标推荐值

建筑物类型	住宅	居住区综合	学校办公楼	医院托幼	旅馆	商店	食堂餐厅	影剧院展览馆	大礼堂体育馆
未采取节能措施热指标/(W/m^2)	63 ~ 75	58 ~ 64	60 ~ 80	65 ~ 80	60 ~ 70	65 ~ 80	60 ~ 80	95 ~ 115	115 ~ 165
采取节能措施热指标/(W/m^2)	40 ~ 55	35 ~ 45	40 ~ 70	55 ~ 70	50 ~ 60	55 ~ 70	50 ~ 70	80 ~ 105	100 ~ 150

注：1. 表中数值适用于我国东北、华北、西北地区。
2. 热指标中已包括约 5% 的管网热损失。

表 4-3 全国部分城市居住建筑供暖热指标

地名	供暖室外计算温度 t_w/℃	供暖期日平均温度 t_p/℃	供暖期日/天	耗热量指标 q_h/(W/m^2)	50% 节能建筑供暖热指标 q/(W/m^2)	未节能建筑供暖热指标 q/(W/m^2)	65% 节能建筑供暖热指标 q/(W/m^2)
北京	-9	-1.6	125	20.6	40.3	61.8	28.7
天津	-9	-1.2	119	20.5	41.3	63.4	29.4
石家庄	-8	-0.6	112	20.3	41.2	63.3	29.3
承德	-14	-4.5	144	21	40.2	61.7	28.6
唐山	-11	-2.9	127	20.8	39.9	61.3	28.4
保定	-9	-1.2	119	20.5	41.3	63.4	29.4
大连	-12	-1.6	131	20.6	44.8	68.7	31.8
丹东	-15	-3.5	144	20.9	43.9	67.4	31.2
锦州	-15	-4.1	144	21	42.5	65.2	30.2
沈阳	-20	-5.7	152	21.2	45.0	69.0	32.0
本溪	-20	-5.7	151	21.2	45.0	69.0	32.0
赤峰	-18	-6	160	21.3	42.1	64.6	30.0
长春	-23	-8.3	170	21.7	43.4	66.6	30.9
通化	-24	-7.7	168	21.6	45.6	69.9	32.4
四平	-23	-7.4	163	21.5	45.0	69.0	32.0
延吉	-20	-7.1	170	21.5	42.3	64.9	30.1

（续）

地名	供暖室外计算温度 t_w/℃	供暖期日平均温度 t_p/℃	供暖期日/天	耗热量指标 q_h/(W/m²)	50%节能建筑供暖热指标 q/(W/m²)	未节能建筑供暖热指标 q/(W/m²)	65%节能建筑供暖热指标 q/(W/m²)
牡丹江	-24	-9.4	178	21.8	42.4	65.0	30.1
齐齐哈尔	-25	-10.2	182	21.9	42.0	64.5	29.9
哈尔滨	-26	-10	176	21.9	43.4	66.6	30.9
嫩江	-33	-13.5	197	22.5	44.6	68.5	31.8
海拉尔	-35	-14.3	209	22.6	45.2	69.3	32.1
呼和浩特	-20	-6.2	166	21.3	44.0	67.5	31.3
银川	-15	-3.8	145	21	43.3	66.4	30.8
西宁	-13	-3.3	162	20.9	41.8	64.1	29.7
酒泉	-17	-4.4	155	21	44.3	67.9	31.5
兰州	-11	-2.8	132	20.8	40.2	61.7	28.6
乌鲁木齐	-23	-8.5	162	21.8	43.2	66.2	30.7
太原	-12	-2.7	135	20.8	41.9	64.2	29.8
榆林	-16	-4.4	148	21	43.0	66.0	30.6
延安	-12	-2.6	130	20.7	42.0	64.4	29.8
西安	-5	0.9	100	20.2	41.1	63.1	29.2
济南	-7	0.6	101	20.2	43.5	66.8	31.0
青岛	-7	0.9	110	20.2	44.7	68.6	31.8
徐州	-6	1.4	94	20	44.4	68.2	31.6
郑州	-5	1.4	98	20	42.6	65.3	30.3
甘孜	-9	-0.9	165	20.5	42.3	64.8	30.0
拉萨	-6	0.5	142	20.2	41.4	63.6	29.5
日喀则	-8	-0.5	158	20.4	41.8	64.1	29.7

3. 生活热水热负荷预测与计算

在日常生活中，洗脸、洗澡、洗衣服和洗器皿等所消耗的热水的热量，称为生活热水热负荷。

计算生活热水热负荷一般采用以下公式

$$Q_W = 1.163\frac{Kmq(t_r - t_l)}{T} \tag{4-2}$$

式中 Q_W——生活热水热负荷，单位为W；

m——人数或床位数；

q——生活热水用水标准，单位为L/(人·d)，见表4-4；

t_r——生活热水计算温度，单位为℃，一般为65℃；

t_1——冷水计算温度，单位为℃，见表4-5；

T——热水用水时间，单位为h；

K——小时变化系数，一般取1.6~3.0。

表4-4 生活热水用水标准

建筑类型	卫生设施状况	用水量
住宅	卫浴具全	75~100L/(人·d)
宿舍	有淋浴盥洗设施	35~50L/(人·d)
	有盥洗设施	25~30L/(人·d)
旅馆	有公共盥洗室和浴室	50~60L/(床·d)
	客房有卫生间	120~150L/(床·d)
医院	高标准	200L/(人·d)
	一般标准	120L/(人·d)

表4-5 各分区冷水计算温度

分　　区	第一分区	第二分区	第三分区	第四分区	第五分区
地面水水温/℃	4	4	5	10~15	7
地下水水温/℃	6~10	10~15	15~20	20	15~20

注：第一分区包括东北三省及内蒙古、河北、山西和陕西北部；第二分区包括北京、天津、河北、山东、山西、陕西大部、甘肃宁夏南部、河南北部、江苏北部；第三分区包括上海、浙江、江西、安徽、江苏大部、福建北部、湖南东部、湖北东部和河南南部；第四分区包括两广、台湾、福建和云南南部；第五分区包括云贵川大部，湖南、湖北西部，陕西、甘肃秦岭以南部分。

在规划阶段，生活热水热负荷可用指标估算。对于居住区来说，可采用下列公式

$$Q=KqF/1000 \tag{4-3}$$

式中 Q——生活热水热负荷，单位为kW；

K——小时变化系数；

q——平均热水热负荷指标，单位为W/m²；

F——居住区总用地面积，单位为m²。

在住宅无热水供应，仅向公建供应热水时，q 取2.5~3W/m²；当住宅供应洗浴用热水时，q 取15~20W/m²。

4. 工业热负荷预测与计算

工业热负荷采用相关分析法和指标法。总体规划阶段的城市供热规划，采用相关分析法。详细规划阶段城市供热规划，采用指标法。

对规划的工厂，可以采用设计热负荷资料或根据相同企业的实际负荷资料进行估算。当条件不具备时，只能采取同时工作系数进行修正。

生产热负荷的大小，主要取决于工业产品的种类、生产工艺过程的性质、用热设备的形式以及工厂企业的工作制度。由于工厂企业产品及生产设备多种多样，工艺过程对用热要求的热介质种类和参数各异，因此，生产热负荷应由工艺设计人员提供。计算集中供热系统最大生产工艺设计热负荷时，应以核实的各工厂（或车间）的最大生产工艺热负荷之和乘以同时使用系数，即

$$Q_{\mathrm{W,max}} = K_{\mathrm{sh}} Q_{\mathrm{sh,max}} \tag{4-4}$$

式中 $Q_{\mathrm{W,max}}$——工厂（或车间）的生产工艺最大设计热负荷，单位为GJ/h；

K_{sh}——同时工作系数，一般取0.7～0.9；

$Q_{\mathrm{sh,max}}$——经核实的各工厂（或车间）的最大生产工艺热负荷，单位为GJ/h。

一些产品单位耗热概算指标见表4-6。

表4-6 一些产品单位耗热概算指标

产品类型	单位	耗热指标	产品类型	单位	耗热指标
合成纤维	GJ/t	115	硫酸	GJ/t	0.5
化学纤维	GJ/t	75	钢管和黑色金属	GJ/t	0.35
酚	GJ/t	30	铸铁	GJ/t	0.23
塑料合成树脂	GJ/t	25	马丁钢	GJ/t	0.13
化学纸浆	GJ/t	15	胶合板	GJ/m	6
苛性钠	GJ/t	13	刨花板	GJ/m	5
纸和纸板	GJ/t	10	毛织品	GJ/m	0.02
合成氨	GJ/t	5	丝织品	GJ/m	0.04
焦炭	GJ/t	1	麻织品	GJ/m	0.015
石油制品	Gj/t	0.9	棉织品	GJ/m	0.01
粗制烧碱	GJ/t	7			

4.4.3 热负荷预测与计算示例

【例4-1】 某北方城市规划总人口为30万人，规划用地面积为30km²，到规划期末，规划集中供热普及率为70%，现状生产热负荷为20MW，预计生产热负荷的年增长率为10%（规划期为15年）。试估算规划期末城市热负荷的规模。

【解】 1）采暖热负荷。采暖热负荷采用采暖综合热指标法计算，假定公建与居住用地占总用地的比例约为50%，则公建与居住用地的面积为15km²，若按

建筑容积率平均为0.8计，则居住与公建建筑面积为$12km^2$。

集中供热普及率为70%，则民用建筑供热面积为840万m^2。综合热指标取$75W/m^2$，则可得出民用热负荷为630MW。

2）生产热负荷。已知现状生产热负荷为20MW，在未来15年内生产热负荷以每年10%的速度递增，因此，规划期末的生产热负荷为$20MW\times1.1^{15}=83.55MW$。

3）城市总热负荷。将民用热负荷和生产热负荷相加，可知规划期末该城市的总用热规模为713.55MW。

【例4-2】 某大学学校规划建成教学建筑面积为17万m^2，生活建筑面积为18万m^2，预计学生有8000人，教工人数为1000人（带眷）。学生宿舍，有公共浴室，供应热水时间为8h，教工住房全天供应热水。试计算该校热负荷。

【解】 1）供暖热负荷。供暖热负荷采用综合指标$70W/m^2$计算，则35万m^2总建筑面积的供暖通风热负荷为24.5MW。

2）生活热水热负荷。计算生活热水热负荷时，教工与学生应分开计算。

教工生活热水热负荷计算：K取2.3，m取1000人，q取90L/(人·d)，t_r取65℃，t_1取5℃，T取24h，则可计算出教工生活热水热负荷为

$$Q_W=1.163\frac{Kmq(t_r-t_1)}{T}=1.163\frac{2.3\times1000\times90\times(65-5)}{24}W=601852.5W$$

学生生活热水热负荷计算：K取3.0，m取8000人，q取35L/(人·d)，t_r取65℃，t_1取5℃，T取8h，则可计算出学生生活热水热负荷为7326900W。

教工和学生的生活热水热负荷为7.9MW。

3）总热负荷。将生活热水热负荷与供暖热负荷相加，即$(24.5+7.9)MW=32.4MW$，则得出该学校总热负荷为32.4MW。

4.5 供热方式

4.5.1 供热方式分类及确定方法

供热方式从热源规模上可分为集中供热方式和分散供热方式；从能源种类上可分为清洁能源供热方式和非清洁能源供热方式。

总体规划阶段的城市供热规划，应符合当地环境保护目标，以地区能源资源条件、能源结构要求以及投资等为约束条件，以各种供热方式的技术经济性和节能效益为基本依据，并统筹供热系统的安全性和社会效益，按照成本最小化、效益最大化的原则进行优化选择，最终确定供热能源结构和合理的供热方式。

详细规划阶段的城市供热规划，应根据上位规划，确定并落实详细规划区内的供热方式；上位规划中只有总体原则而无明确供热方式的，应经过多方案比较

进行选择。

4.5.2 选择供热方式的一般原则

1）以煤炭为主要供热能源的城市，供热方式应采取集中供热方式。

① 在本地区具备电厂建设条件，且有电力需求或多余电力能对外输出的条件下，宜首选以燃煤热电厂系统为主的集中供热方式，或燃煤热电厂系统与燃煤集中锅炉房结合的集中供热方式。

② 当多余电力无法对外输出时，可选择以燃煤集中锅炉房为主的集中供热方式。

③ 有条件的地区，燃煤集中锅炉房供热方式应逐步向燃煤热电厂系统供热方式或清洁能源供热方式过渡。

2）在大气环境质量要求严格，并且天然气供应有保证的地区和城市，供热方式宜采取分散的天然气锅炉房、中型热电冷联产系统、分布式能源系统或直燃机系统。

3）对大型天然气热电厂供热系统进行总量控制。不鼓励发展独立的天然气集中锅炉房供热系统。

4）在水电和风电资源丰富的地区和城市，可鼓励发展以电为能源的供热方式。

5）有条件的地区，宜发展固有安全的低温核供热系统。

6）应鼓励发展能源利用新技术以及新能源和可再生能源的新型供热方式。

7）太阳能条件较好地区，应首选太阳能热水器解决生活热水问题，并适度加大发展太阳能采暖的数量和规模。

8）在历史文化保护区或一些特殊地区，宜采用电供热为主、油品、液化石油气和太阳能供热为辅的供热体系。

4.5.3 供热分区的划分

1）总体规划阶段的城市供热规划，依据确定的供热方式和热负荷分布划分供热分区。

2）详细规划阶段的城市供热规划，依据热源规模、不同的供热方案，对集中供热分区或分散供热分区进行细化，确定每种热源的供热范围。

4.6 供热热源

4.6.1 热源种类及热源规模确定原则

供热热源从规模上分为集中热源和分散热源。集中热源主要有燃煤热电厂、燃气热电厂、燃煤集中锅炉房、燃气集中锅炉房、工业余热、低温核供热、垃圾焚烧；分散热源主要有分散燃煤锅炉房、分散燃气锅炉房、户内式燃气采暖系统、热泵系统、直燃机系统、分布式能源系统、地热和太阳能等可再生能源供热系统等。

总体规划阶段的城市供热规划，应结合供热方式、供热分区及其热负荷，综合能源输送和存储条件以及供热系统安全性等因素，合理安排城市大型集中供热热源的规模、数量、位置以及供热范围，并提出设施用地的控制要求。

详细规划阶段的城市供热规划，应根据上位规划落实热源，或经过技术经济论证分析，选择供热方式，确定供热热源的规模、数量、位置以及供热范围，并提出设施用地的控制要求。

4.6.2 热源规划设计要求

热源布局应结合城市规划用地布局和城市供热技术要求统筹确定。

1）燃煤热电厂及大型燃气热电厂规划设计的要求：

① 热电厂的建设应遵循“以热定电”的原则，合理选取热化系数，热化系数应小于1。

② 燃煤热电厂厂址应有良好的交通运输条件，便于燃料和灰渣的运输。大型燃气热电厂厂址应具有接入高压天然气管道的条件。

③ 厂址应满足工程建设的工程地质条件和水文地质条件。避开机场、断裂带、环境敏感区，不受洪水、潮水或内涝的威胁，厂址标高应满足防洪要求。受条件限制、必须建在受到威胁区域时，应有可靠的防洪、排涝措施。

④ 应节约用地，充分利用非可耕地和劣地，不占或少占基本农田。

⑤ 热电厂宜位于居住区和主要环境保护区的全年最小频率风向的上风侧。

⑥ 应有可靠的供水水源及污水排放条件。

⑦ 便于热网出线和电力上网。

⑧ 宜具有发展或扩建的可能性。

2）燃煤集中锅炉房规划设计的要求：

① 燃煤集中锅炉房周边应有良好的交通道路条件，便于燃料和灰渣的运输。

② 便于热网出线。

③ 应减少烟尘及有害气体对居民区和环境敏感区的影响。锅炉房宜位于居住区和环境敏感区的采暖季最大频率风向的下风侧。

④ 地质条件良好。厂址标高应满足防洪要求，并应有可靠的防洪排涝措施。

3）燃气集中锅炉房规划设计的要求：

① 便于热网出线。

② 便于天然气管道接入。

③ 位于负荷端或负荷中心。

④ 地质条件良好。厂址标高应满足防洪要求，并且应有可靠的防洪排涝措施。

4）低温核供热厂厂址的选择应符合国家相关规定，厂址周围不应有大型易燃易爆的生产与存储设施、集中的居民点、学校、医院、疗养院和机场等。

5）清洁能源分散供热设施应结合用地规划、建筑平面布局、近期建设进度等因素确定位置，不宜与居住建筑合建。

4.7　城市供热管网规划

城市供热管网又称热力网，系指由热源向热用户输送和分配供热介质的管线系统。供热管网主要由热源至压力站及热力站至用户之间的管道、管道附件和管道支座组成。

4.7.1　城市供热管网的分类

根据热源与管网之间的关系，热力网可分为区域式和统一式。区域式管网仅与一个热源相连，只服务此热源所及的区域。统一式管网则与所有热源相连，用户可以从任一热源获得热能供给，管网也允许所有热源共同工作。显然，统一式管网供热的可靠性高，但系统较为复杂。

根据热媒介质的不同，热力网可分为蒸汽管网、热水管网和混合式管网三种。一般情况下，从热源到热力站的管网多采取蒸汽管网，而在热力站向民用建筑供暖的管网中，更多地采取热水管网。

此外，供热管网还可根据一条管路上敷设的管道数目，分为单管制、双管制和多管制。单管制的热力网在一条管路上只有一根输送热介质的管道，没有供介质回流的管道。此类型主要用于用户对介质用量稳定的开式热力网中。双管制的热力网在一条管路上有一根输送热介质管道的同时，还有一根介质回流管。此类型较多用于闭式热力网中。对于用户种类多，对介质需用工况要求复杂的热力网，一般采用多管制。多管制管网网路复杂，投资较大，管理也较困难。

4.7.2　城市供热管网的布置形式

供热管网的布置方式按平面布置类型，可分为枝状管网和环状管网两种。枝状管网又有单级枝状管网和两级枝状管网两种形式。

1. 枝状管网

枝状管网是呈树枝状布置的形式，如图4-1所示。枝状管网布置简单，供热管道的直径离热源越远而逐渐减小。管道的金属耗量小，建设投资小，运行管理方便，但枝状管网不具有后备供热能力。当供热管网某处发生故障时，在故障点后的热用户都将停止供热。因此，枝状管网一般适用于规模较小且允许短时间停止供热的热用户。蒸汽管网应采用枝状管网布置方式。

2. 环状管网

环状管网是由两个以上的热源所组成的大型集中供热系统。图 4-2 所示为一多热源供热系统的环状管网示意图。环状管网供热能力高，同时还可以根据热用户热负荷的变化情况，经济合理地调配供热热源的数量和供热量。

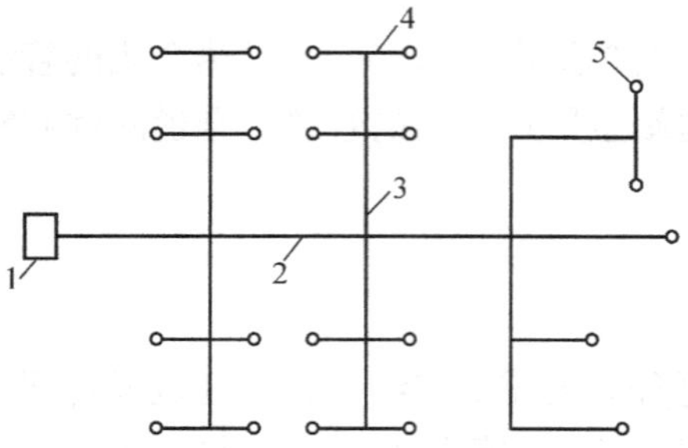

图 4-1 单级枝状管网

1—热源 2—主干线 3—支干线

4—用户支线 5—热用户

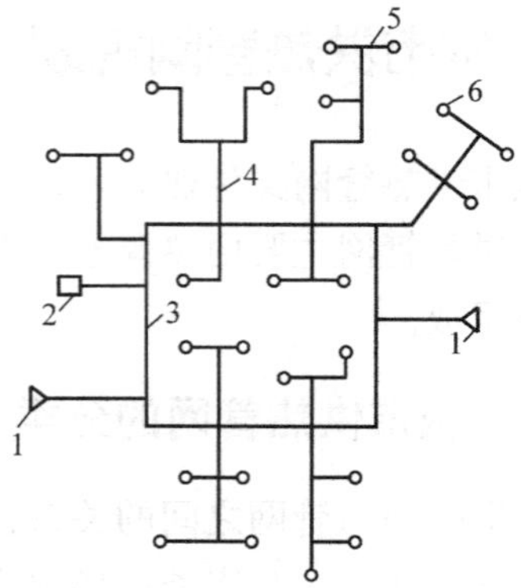

图 4-2 环状管网示意图

1—热电厂 2—区域锅炉房 3—环状管网

4—支干线 5—分支干线 6—热力站

与枝状管网相比，环状管网的投资增大，运行管理亦较为复杂，一般应有较高的自控和监控系统。目前，国内采用环状管网的实例尚不多见。供热面积大于 1000 万 m^2 的热水供热系统采用多热源供热时，各热源热网干线应连通，在技术经济合理时，热网干线宜连接成环状管网。

4.8 城市供热管网的布置与敷设

4.8.1 供热管网的平面布置

城市供热管道的布置应在城市规划的指导下，考虑热负荷分布，热源位置，与各种地上、地下管道及构筑物、园林绿地的关系和水文、地质条件等多种因素，经技术经济比较确定。

具体进行平面布置时，必须协调好地下管网关系，并遵循以下原则：

1）主要干管应该靠近大型用户和热负荷集中的地区，避免长距离穿越没有热负荷的地段。

2）供热管道要尽量避开主要交通干道和繁华的街道，以免给施工和运行管理带来困难。

3）供热管道选线时宜避开土质松软地区、地震断裂带、滑坡危险地带以及高地下水位区等不利地段。

4）供热管道通常敷设在道路的一边，或者是敷设在人行道下面，在敷设引入管时，则不可避免地要横穿干道，但要尽量少敷设这种横穿街道的引入管，应尽可能使相邻建筑物的供热管道相互连接。对于有很厚的混凝土层的现代新式路面，应采用在街坊内敷设管线的方法。

5）供热管道穿越河流或大型渠道时，可随桥架设或单独设置管桥，也可采用虹吸管由河底通过。

6）供热管道同河流、铁路、公路等交叉时应垂直相交。特殊情况下，管道与铁路或地下铁路交叉角度不得小于60°；管道与河流或公路交叉角度不得小于45°。

7）和其他管线保持一定的间距。

4.8.2　供热管网的竖向布置

1）地沟管线敷设深度应尽量浅一些，以减少土方工程量。为了避免地沟盖受汽车等动荷载的直接压力，地沟的埋深自地面至沟盖顶面应不少于0.5～1.0m。当地下水位高或其他地下管线相交情况极其复杂时，允许采用较小的埋设深度，但不少于0.3m。

2）热力管道埋设在绿化带时，埋深应大于0.3m。热力管道土建结构路面至铁路路轨基底间最小净距应大于1.0m，与电车路基底为0.75m，与公路路面基础为0.7m。跨越有永久路面的公路时，热力管道应敷设在通行地沟或半通行地沟中。

3）热力管道与其他地下设备相交叉时，应在不同的水平面上互相通过。

4）当地上热力管道与街道或铁路交叉时，管道与地面之间应留有足够的距离，此距离根据不同运输类型所需高度尺寸来确定。汽车运输为35m，电车为45m，火车为60m。

5）地下敷设时必须注意地下水位，沟底的标高应高于近30年来最高地下水位0.2m以上，在没有准确地下水位资料时，应高于已知最高地下水位0.5m以上，否则地沟要进行防水处理。

6）热力管道和电缆之间的最小净距为0.5m，如电缆地带土壤受热的附加温度在任何季节都小于10℃，且热力管道有专门的保温层时，则可减小此净距。

7）横过河流时应采用悬吊式人行桥梁和河底管沟方式。

4.8.3　城市供热管网的敷设方式

供热管道敷设是将供热管道及其附件，按设计条件组成整体并使之固定就位的工作。供热管道敷设方式分为地上（架空）敷设和地下敷设。

1. 地上敷设

地上（架空）敷设为管道敷设在地面上或附墙支架上的敷设方式。适用于工厂或城市郊区；地形复杂或铁路密集处；地质为湿陷性黄土层，或腐蚀性大的土壤，或永久性冻土，或多岩石地区；地下水位较高或降雨量较大的地区；地下管线多而复杂，或有特殊障碍的地区；在工业企业中有其他管道，可共架敷设的场合。

地上敷设按照管道支架的高度不同，可分为低支架、中支架和高支架三中敷设形式。

（1）低支架敷设　地上敷设管道保温结构底净高大于0.3m、小于2m的管道支架。在不妨碍交通，不影响厂区扩建的场合均可采用。通常是沿着工厂的围墙或平行于公路或铁路敷设。

（2）中支架敷设　地上敷设管道保温结构底净高大于等于2m、小于4m的管道支架。在人行频繁和非机动车辆通行地段可采用。

（3）高支架敷设　地上敷设管道保温结构底净高在4m及4m以上的管道支架。在交通要道，或管道跨越铁路、公路时采用。

2. 地下敷设

地下敷设为管道敷设在地面以下的敷设方式。地下敷设不影响市容和交通，因而是城镇集中供热管道广泛采用的敷设方式。地下敷设可分为管沟敷设、直埋敷设、套管敷设和隧道敷设。

（1）管沟敷设　管道敷设在管沟内的敷设方式。管沟是地下敷设时沿管线的围护构筑物，管沟的作用是承受土壤压力和地面荷载；防止水侵入，保护管道和保温结构；保证管道自由热胀冷缩。

按沟内人行通道的设置，可分为通行管沟、半通行管沟、不通行管沟。按建造形式，管沟可分为砌筑式、装配式、整体式。砌筑式管沟采用砖、石或大型砌体砌筑墙体，配合钢筋混凝土预制盖板。装配式管沟一般用钢筋混凝土预制构件现场装配。整体式管沟用钢筋混凝土现场灌筑而成，防水性能较好。

1）通行管沟，如图4-3所示。工作人员可以直立通行及在内部完成检修用的管沟。通行管沟用在供热管道比较大，管道数目比较多，或与其他管道共沟敷设以及用在不允许开挖检修的地段。通行管沟的主要优点是工作人员可在管沟内进行管道的日常维修以至大修更换管道。

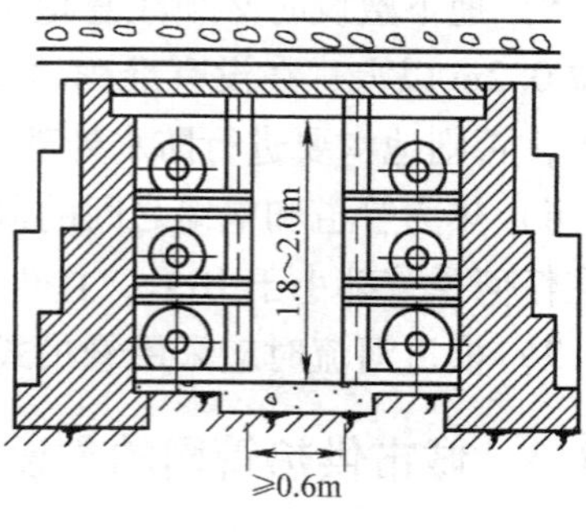

图4-3　通行管沟

管沟底板应有不小于0.002的纵向坡度；进入建筑物的管道宜坡向干管；管沟盖板应有0.03~0.05的横向坡度；在地下水位较高的地区，沟壁、盖板、底板应有可靠的防水层。

管道敷设有关尺寸见表4-7，通行管沟内可单侧或双侧布管。热力管道可与自来水管、电压在10V以下的电缆、通信线路、压缩空气管道、压力排水管、重油管一起敷设在管沟内。热力管道应高于自来水管和重油管，并且自来水管道应做绝热层和防水层。

表4-7　管道敷设有关尺寸

管沟类型	有关尺寸名称					
	管沟净高/m	人行通道宽/m	管道保温表面与沟墙净距/m	管道保温表面与沟顶净距/m	管道保温表面与沟底净距/m	管道保温表面间的净距/m
通行管沟	≥1.8	≥0.6	≥0.2	≥0.2	≥0.2	≥0.2
半通行管沟	≥1.2	≥0.5	≥0.2	≥0.2	≥0.2	≥0.2
不通行管沟			≥0.1	≥0.05	≥0.15	≥0.2

注：当必须在沟内更换钢管时，人行通道宽度不应小于管子外径加0.1m。

工作人员经常进入的通行管沟应有良好的通风，可设置自然通风和机械通风。人员在沟内工作时，空气温度不得超过40℃；没有人员工作时，允许停止通风，允许温度超过40℃以减少热损。

工作人员经常进入的通行管沟应有照明设备。

2）半通行地沟，如图4-4所示。工作人员可以弯腰通行及在内部完成一般检修用的管沟。半通行管沟内只能检查管道和进行小型维修，更换管道等大修工作仍需要挖开地面进行。半通行管沟适用于采用不通行管沟单排水平布管且沟宽受限，而又无条件采用通行管沟时。管道敷设有关尺寸见表4-7。操作人员可以在半通行地沟内检查管道和进行小型维修工作。半通行地沟适用于供热管道穿越交通干道而地下空间有限的场合。

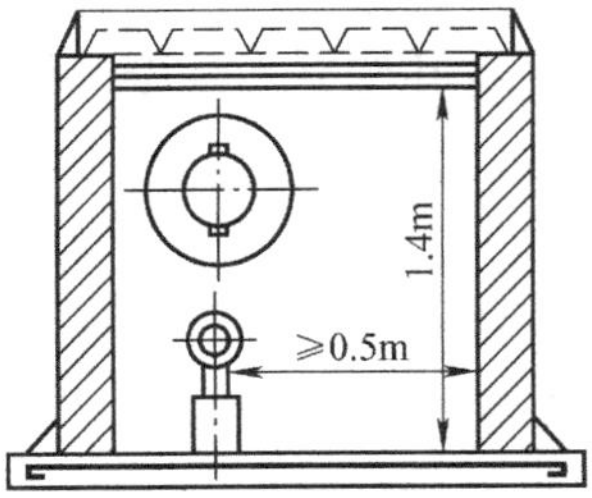

图4-4　半通行地沟

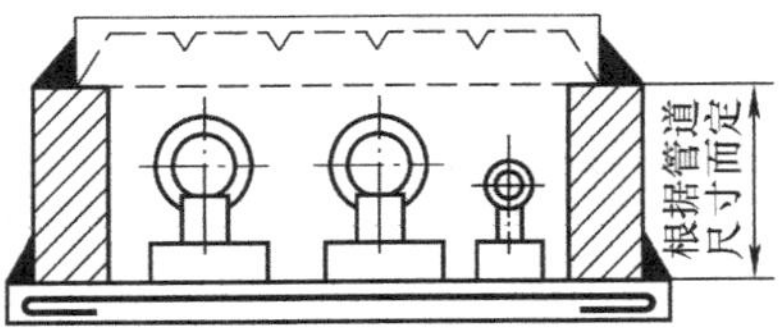

图4-5　不通行地沟

3）不通行地沟，如图4-5所示。净空尺寸仅能满足敷设管道的起码要求，人不能进入的管沟。不通行管沟的横截面较小，只需保证管道施工安装的必要尺寸，但管道检修时必须挖开地面。不通行管沟适用于管道不多，维修量不大，或直埋管道转弯，或设置伸缩器的地方。管道敷设有关尺寸见表4-7。

（2）直埋敷设　管道直接埋设于土壤中的敷设方式。在热水和供热管网中，直接埋设在国内外已得到广泛的应用，如图4-6所示。

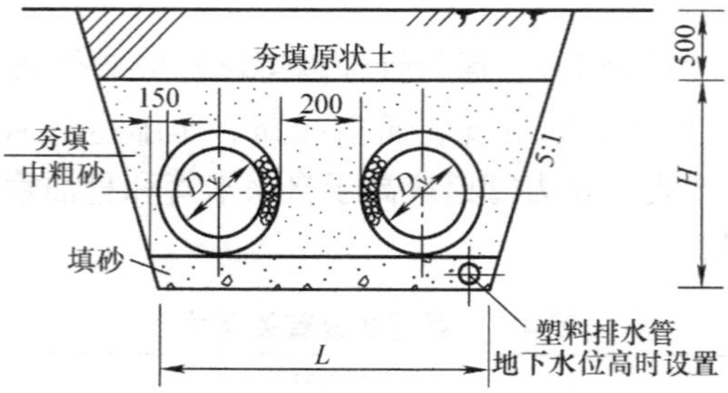

图4-6　直埋敷设示意图

直埋敷设分为无补偿敷设方式、有补偿敷设方式。

1）无补偿直埋敷设。供热管道不专设补偿器的直埋敷设。根据安定性分析理论，对于公称直径≤500mm，温度≤150℃直埋管道的直管段，可以不设补偿器。根据弹性分析理论，管道在工作前需要预热，预热方式为敞开式、覆盖式两种。敞开式预热方式沟槽在管道预热时是敞开的，不需补偿热伸长，管道上不设固定点，预热过程中回填夯实，将整个管道嵌固，这种预热方式工程造价低，但管沟敞开时间较长。

覆盖式预热方式设一次性补偿器，回填土之后预热，预热后立即将补偿器焊死，使其与管道成为一个整体。

2）有补偿直埋敷设。供热管道专设补偿器的直埋敷设。当管道工作温度过高，或难以找到热源预热时采用。有补偿直埋敷设方式分为有固定点有补偿方式和无固定点有补偿方式。有固定点有补偿方式在补偿器两侧设置固定点，补偿器至固定点的距离不得超过最大安装长度。无固定点有补偿方式在有补偿敷设时优先选用。

（3）套管敷设　套管敷设为管道设置于套管内的地下敷设。

（4）隧道敷设　隧道敷设是当管道遇障碍物时，将其敷设在穿越地层内部的地下或水底通道内的地下敷设方式。

4.9　供热管道的水力计算

在城市供热工程规划中，需要对管道的管径进行计算或估算，即进行水力计算。供热管网水力计算的主要内容包括：确定供热系统的管径及热源循环水泵、中继泵的流量和扬程；分析供热系统正常运行的压力工况，确保热用户有足够的资用压头且系统不超压、不汽化、不倒空；进行事故工况分析；必要时进行动态水力分析。

供热管道的水力计算一般可按下列步骤进行：

1）绘制管道平面布置图或计算系统图，并在图上标明。

① 确定热源和用户的流量与参数。

② 计算各管段的几何展开长度（即计算长度）。

③ 确定管道附件等。

④ 对于热水管道应注明各管段的始点和终点（沿流动方向）的标高。

2）选择计算主干线，确定经济比摩阻 R 值。在实际工作中，热水管网主干线通常选取从热源到最远用户的一条干线。由于各供暖用户所预留的压差一般都相等，主干线最长，因此平均比摩阻最小。选择合适的比摩阻值，对于确定管径起决定作用。比摩阻值大则管径小，工程投资小，热量损失少，但管网压力损失增大，循环水泵耗电量增加。所以必须确定一个经济比摩阻。一般情况下，主干线比摩阻可采用30～70Pa/m。

热水热力网支干线、支线应按允许压力降确定管径，但供热介质流速不应大于3.5m/s。支干线比摩阻不应大于300Pa/m，连接一个热力站的支线比摩阻可大于300Pa/m。

3）确定设计流量。供暖、通风、空调热负荷热水热力网设计流量应按下列公式计算

$$G=3.6\frac{Q}{c(t_1-t_2)} \tag{4-5}$$

式中 G——热力网设计流量，单位为g/h；

Q——设计热负荷，单位为kW；

c——水的比热容，单位为kJ/(kg·℃)；

t_1——热力网供水温度，单位为℃；

t_2——各种热负荷相应的热力网回水温度，单位为℃。

4）确定管网管径。根据确定的流量 G 和比摩阻 R，利用热水供暖管网管径计算表可以直接查出管径、热媒流速及动压水头。主干管的管径确定后，再用同样方法确定支管的管径。为了满足热力网中各用户的作用压力，必须提高热源处用户支线的比摩阻，但管内的流速不宜超过限定流速。热水管网的限定流速见表4-8。

表4-8 热水管网限定流速

公称直径DN/mm	15	20	25	32	40	50	100	≥200
限定流速/(m/s)	0.6	0.8	1.0	1.30	1.50	2.00	2.30	2.50～3.00

蒸汽管网管径应根据控制最大允许流速计算确定。蒸汽热力网最大允许设计

流速应采用下列数值。

① 过热蒸汽管道：公称直径大于200mm的管道，最大允许设计流速为80m/s；公称直径小于或等于200mm的管道，最大允许设计流速为50m/s。

② 饱和蒸汽管道：公称直径太于200mm的管道，最大允许设计流速为60m/s；公称直径小于或等于200mm的管道，最大允许设计流速为35m/s。

在规划阶段，可以根据表4-9对热水供暖管网管径进行估算。

表4-9 热水管网管径估算表

热负荷		供回水温差/℃									
		20		30		40(110～70)		60(130～70)		80(150～70)	
万 m^2	MW	流量/(t/h)	管径/mm	流量/(t/h)	管径/mm	流量/(t/h)	管径/mm	流量/(t/h)	管径/mm	流量/(t/h)	管径/mm
10	6.98	300	300	200	250	150	250	100	200	75	200
20	13.96	600	400	400	350	300	300	200	250	150	250
30	20.93	900	450	600	400	450	350	300	300	225	300
40	27.91	1200	600	800	450	600	400	400	350	300	300
50	34.89	1500	600	1000	500	750	500	500	400	375	350
60	41.87	1800	600	1200	600	900	600	600	400	450	350
70	48.85	2100	700	1400	600	1050	500	700	450	525	400
80	55.82	2400	700	1600	600	1200	600	800	450	600	400
90	62.80	2700	700	800	700	1350	600	900	450	675	450
100	69.78	3000	800	2000	800	1500	600	1000	500	750	450
150	104.67	4500	900	3000	900	2250	700	1500	600	1125	500
200	139.56	6000	1000	4000	1000	3000	800	2000	700	1500	600
250	174.45	7500	2×800	5000	1000	3750	800	2500	700	1875	600
300	209.34	9000	2×900	6000	2×900	4500	900	3000	800	2250	700
350	244.23	10560	2×900	7000	2×900	5250	900	3500	800	2625	700
400	279.12			8000	2×900	6000	1000	4000	900	3000	800
450	314.01			9000		6750	1000	4500	900	3375	800
500	348.90			10000		7500	2×800	5000	900	3750	800
600	418.68					9000	2×900	6000	1000	4500	900
700	488.46					10500	2×900	7000	1000	5250	900
800	558.24							8000	2×900	6000	1000
900	628.02							9000	2×900	6750	1000
1000	697.80							10000	2×900	7500	2×800

注：当热指标为70W/m^2时，单位压降不超过49Pa/m。

5）根据选用的标准管径，核算各管段的压力损失和流速，并对管网最远用户和热媒参数有要求的用户核算是否满足设计要求。当管道阻力超过允许值、用户压力不够时，应考虑适当增加管径，重新按上述步骤计算，直至达到要求。

热水管网中管段总压降的估算。在集中供热方案设计、可行性研究或城市供暖规划设计时，常利用每米管道长度沿程损失法和局部阻力当量长度百分数估算法，公式如下

$$\Delta p = RL + \Delta p_j = RL + RL_d \tag{4-6}$$

式中　Δp——管段总压力损失，单位为 Pa；

RL——管段沿程压力损失，单位为 Pa；

Δp_j——管段局部压力损失，单位为 Pa；

L——管段长度，单位为 m；

R——每米管长的沿程压力损失，也称比摩阻，单位为 Pa/m；

L_d——管段局部阻力当量长度，单位为 m。

局部阻力当量长度 L_d 可按管道长度 L 的百分数来计算。局部阻力当量长度百分数详见表 4-10。

表 4-10　热水管道局部阻力当量长度百分数

管道等别	伸缩器形式	公称直径 DN/mm	折算百分数（%）
主干线	套管伸缩器	≤1000	20
	煨弯管伸缩器	≤300	30
	焊接弯管伸缩器	200～350 400～500 600～1000	50 70 100
支线	套管伸缩器	≤400 450～1000	30 40
	煨弯管伸缩器	≤150 175～200 250～300	30 40 60
	焊接弯管伸缩器	175～200 250～300 400～500 600～1000	60 80 90 100

4.10　城市供热调配设施布置

4.10.1　热力站

热网与用户采取间接连接方式时，宜设置热力站。热力站的作用是：

1）大型的集中供热系统，第一级管网接至热力站。

2）在热力站内采用不同的连接方式将热媒加以调节或转换，然后向热用户系统分配热量以满足各热用户的需求。

3）根据需要，热力站内可进行计量、检测供热热媒的参数和数量。

热力站可以按以下两种情况进行分类。

1）根据用户热力站的位置和规模热力站分为：

① 用户热力站。

② 小区热力站。

③ 区域性热力站。

2）根据热力站的用户性质分为：

① 民用热力站，它主要是供暖、通风、热水供应热用户，一般为热水管网的集中供热系统。

② 工业热力站，它主要是生产工艺热负荷，一般为蒸汽管网的集中供热系统。

热水热力网民用热力站最佳供热规模，应通过技术经济比较确定。当不具备技术经济比较条件时，热力站的规模宜按下列原则确定：

1）对于新建的居住区，热力站最大规模以供热范围不超过本街区为限。

2）对已有供暖系统的小区，在减少原有供暖系统改造工程量的前提下，宜减少热力站的个数。

热力站有多种形式。图 4-7 所示为用户引入口的示意图。图 4-8 所示为民用小区热力站示意图。图 4-9 所示为工业蒸汽热力站示意图。

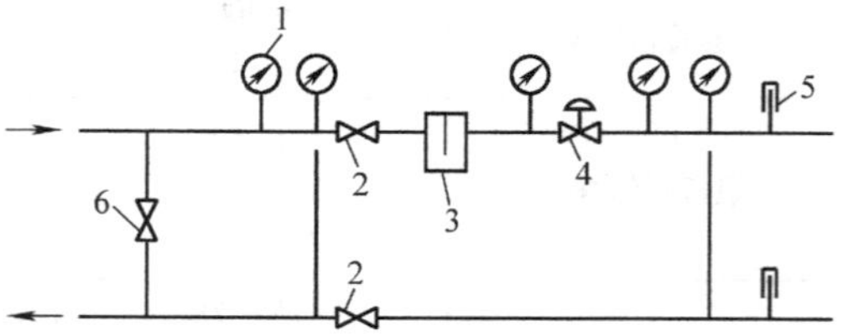

图 4-7 用户引入口示意图
1—压力表 2—阀门 3—除污器
4—调节阀 5—温度计 6—旁通管阀门

居住区热力站应在供热范围中心区域独立设置，公共建筑热力站可与建筑结合设置。其所需要的建筑面积与热力站所服务的供热面积有关，见表 4-11。图 4-10所示为汽-水热力站平面布置示意图，图 4-11 所示为水-水热力站平面布置示意图。

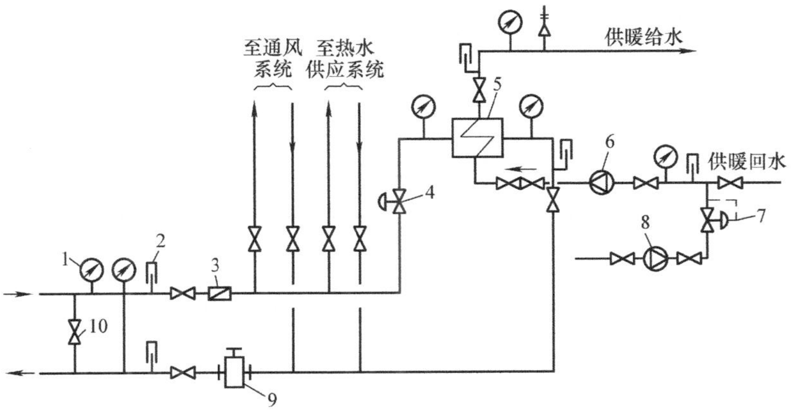

图4-8 民用小区热力站示意图

1—压力表 2—温度计 3—流量计 4—调节阀 5—加热器 6—循环水泵 7—补水调节阀 8—补给水泵 9—除污器 10—旁通阀

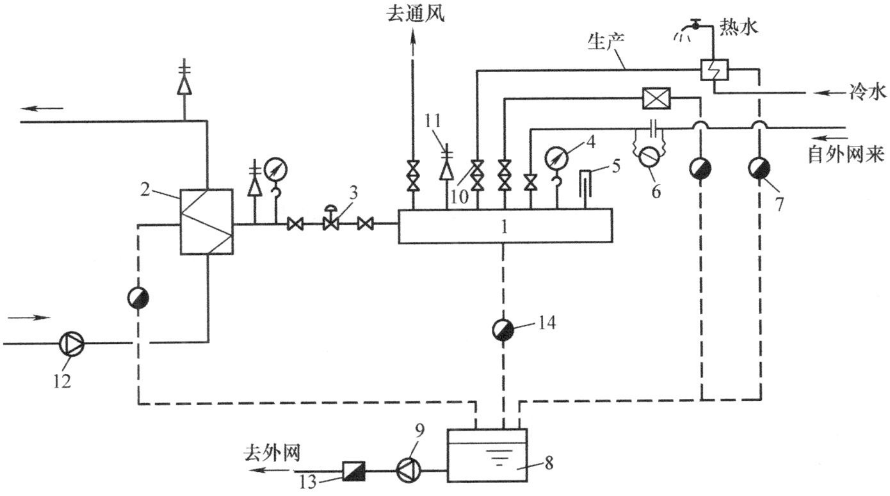

图4-9 工业蒸汽热力站示意图

1—分气缸 2—汽水换热器 3—减压阀 4—压力表 5—温度计 6—蒸汽流量计 7、14—疏水器 8—凝结水箱 9—凝结水泵 10—调节阀 11—安全阀 12—循环水泵 13—凝结水流量计

表4-11 热力站建筑面积参考表

规模类型	Ⅰ	Ⅱ	Ⅲ	Ⅳ	Ⅴ	Ⅵ
供热建筑面积/万 m^2	<2	3	5	8	12	16
热力站建筑面积/m^2	<200	<280	<330	<380	<400	≤400

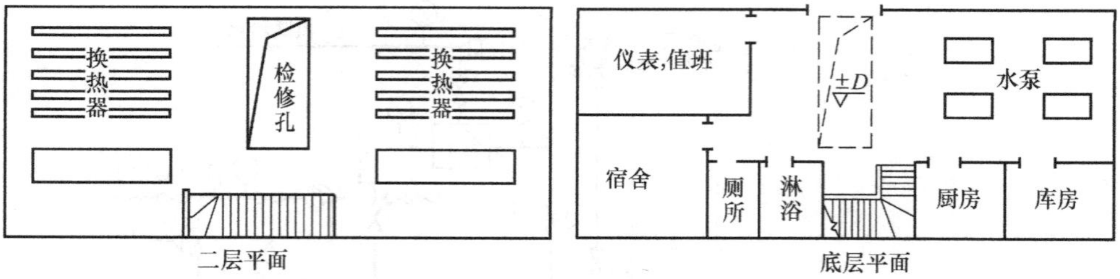

图 4-10 汽-水热力站平面布置示意图

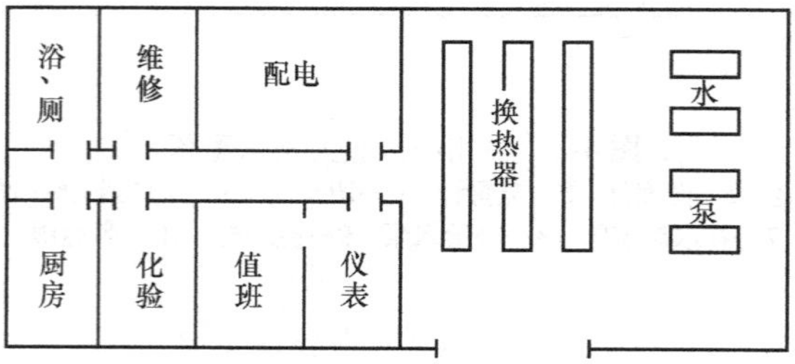

图 4-11 水-水热力站平面布置示意图

4.10.2 中继加压泵站

中继加压泵站一般设在热力水网的供水管网或回水干管上，其作用是满足热水网络和大多数热用户压力工况的要求。中继加压泵站适用以下场所：

1）大型热水供热管网。

2）供热区域地形复杂，高差悬殊的热水供热管网。

3）热水管网扩建。

中继加压泵站的位置、泵站数量及中继水泵的扬程，应在管网水力计算和对管网水压图详细分析的基础上，通过技术经济比较确定。

中继加压泵站不应建在环状管网的环线上，应优先考虑采用回水加压方式。具体位置由热水管网内所要求的压力工况确定。

中继加压泵站一般应设在单独的建筑物内，泵站与周围建筑物的距离，应考虑防止噪声对周围环境的影响。

4.11 村镇供热工程规划

村镇供热工程规划主要应包括确定热源、供热方式、供热量，布置管网和供热设施。

供热工程规划应根据供暖地区的经济和能源状况，充分考虑热能的综合利用，确定供热方式。能源消耗较多时可采用集中供热；一般地区可采用分散供热，并应预留集中供热的管线位置。集中供热具有热效率高、对环境影响小、供热稳定、品质高的优点，但其初投资和运行管理费用较高；分散供热的热效率低、对环境影响较大，可按需分别设置，管理运行较简单，因此采暖地区应根据不同经济发展情况确定供热方式。

集中供热的负荷应包括生活用热和生产用热，确定时应遵循以下原则：

1）建筑供暖负荷应符合国家现行标准 GB 50736—2012《民用建筑供暖通风与空气调节设计规范》、GB 50189—2005《公共建筑节能设计标准》、JGJ 26—1995《民用建筑节能设计标准（采暖居住建筑部分)》的有关规定，并应符合所在省、自治区、直辖市人民政府有关建筑供暖的规定。

2）生活热水负荷应根据当地经济条件、生活水平和生活习俗计算确定。

3）生产用热的供热负荷应依据生产性质计算确定。

集中供热规划应根据各地的情况选择锅炉房、热电厂、工业余热、地热、热泵、垃圾焚化厂等不同方式供热。

供热工程规划，应充分考虑以下可再生能源的利用：

1）日照充足的地区可采用太阳能供热。

2）冬季需供暖、夏季需降温的地区根据水文地质条件可设置地源热泵系统。

供热管网的规划可按现行行业标准 GJJ 34—2010《城镇热力网设计规范》的有关规定执行。

第 5 章

城市燃气工程规划

5.1 概述

编制城市燃气工程规划应遵循的原则：

1）城镇燃气规划的编制应以国民经济和社会发展规划、土地利用总体规划、城市规划和能源规划为依据。

2）城镇燃气规划应以安全稳定供气为首要原则，并充分考虑社会、经济、技术、环境的发展情况，统观全局，因地制宜，以近期为主，近、远期结合，体现规划的科学性。

3）在规划燃气基础设施用地时，应体现节约用地、保护耕地、保护环境、保护文物、协调景观的原则，综合布局。

4）城镇燃气规划应积极开拓气源，做到供需平衡，以上游天然气气源规划为基础，结合当地资源状况及市场需求，统筹考虑其他气源的开发利用。

5）城镇燃气规划编制应与城镇道路、轨道交通、电信、有线电视、供水、排水等市政公用工程规划相协调，并与供热、供电等能源规划统筹安排，合理规划。

6）城镇燃气规划应遵循国家和行业的有关节能政策，合理利用能源。

城市燃气工程规划通常按下列步骤进行：

1）明确规划任务的内容、范围。同时，还需收集有关部门对燃气工程规划的指示、文件，与其他部门分工协议等。

2）搜集调查基础资料和现场踏勘。需要收集的资料包括自然环境资料、城市现状与规划资料和城市燃气工程资料。自然环境资料、城市现状与规划资料的具体内容在第 1 章绪论中已有详尽叙述。城市燃气工程资料具体包括以下几个方面：

① 燃气气源资料。

a. 当地原料（煤、天然气、沼气）资源的储量、品值、煤质分析、原料生产设施现有生产能力、发展规划、服务年限等。

b. 目前由外地供应的原料数量、品值、价格。

c. 城市现有燃气气源设施的供气规模（日平均供气量、日最大供气能力），气源性质、质量，以及调峰情况。

d. 计划部门或委托单位对本城市燃气原料的安排意见。

e. 燃气气源设施建设地区的基础设施及自然环境条件资料。

② 输配工程设施资料。

a. 城市燃气供应工程设施现状图、分区燃气工程设施现状图、详细规划范围燃气设施与管线现状图。

b. 燃气供气对象的分布、数量与规模。

c. 城市总能源构成与供应、消耗水平，居民、工业、公共建筑用户的燃料构成与供应、消耗，以及用煤、用电价格等资料。

d. 现有燃气的用气统计、不均匀系数、技术经济指标等资料；输配工程设施的能力，以及输配工程设施的供电、供水、排水、道路等条件。

3）撰写城市燃气工程规划说明书，绘制城市燃气工程规划图样。图中应包括燃气输配设施的位置、规模和用地，燃气管网的平面位置、管径、敷设方式等。说明书内容应包括规划项目的性质、建设规模、方案构思的优缺点、设计依据、工程造价、所需主要设备材料及能源消耗等。

城市燃气工程规划的编制阶段与城市总体规划和详细规划相衔接，其规划期限的划分也要与城市规划相一致。

5.2 城市燃气工程规划的主要内容与深度

5.2.1 城市燃气工程总体规划

1. 城市燃气工程总体规划的主要内容

总体规划阶段的城市燃气规划内容应包括：

1）规划分期、规划原则、规划目标，规划目标应包括：燃气总量、用气结构、气化率、燃气采暖率、天然气门站数量及规模、调压站数量及规模、燃气主干管网里程等。

2）城镇燃气规划年总用气量、高峰日用气量、高峰小时用气量及规划期末燃气在一次能源中的比例。

3）城镇燃气气源种类、供应量、位置与规模。

4）燃气供需平衡分析及调峰需求。

5）输配管网系统压力级制、主干管网布局及管径。

6）储气调峰方案。

7）燃气场站布局、设计规模及用地规模。

8）划定城镇气源和燃气储配站等城市供燃气设施的黄线范围。

2. 城市燃气工程总体规划图样

城市燃气工程总体规划图样包括：

1）城市燃气供应系统现状图。主要反映城市燃气输配设施的布局和干线管网布局的情况。

2）城市燃气供应系统规划图。主要反映规划期末城市燃气输配设施的位置、规模和用地情况，及输气干线管网布置、管径。

5.2.2 城市燃气工程分区规划

1. 城市燃气工程分区规划的主要内容

城市燃气基础设施工程分区规划的主要内容包括：

1）确定燃气输配设施的分布、容量和用地。

2）确定燃气输配管网的级配等级，布局输配干线管网。

3）估算分区燃气的用气量。

4）确定燃气输配设施的保护要求。

2. 城市燃气工程分区规划图样

城市燃气基础设施工程分区规划图样包括：

1）分区燃气系统现状图。

2）分区燃气系统规划图。

3）必要的附图，如分区燃气负荷分布图等。

5.2.3 城市燃气工程详细规划

1. 城市燃气工程详细规划的主要内容

详细规划阶段除燃气总体规划阶段要求的内容外，还应包括：

1）燃气用户用气规律或负荷曲线。

2）管网水力计算结果。

3）主要场站选址及管位。

4）对原有供气设施的利用、改造方案。

5）项目建设进度计划及项目近期建设内容。

6）监控及数据管理系统方案。

7）燃气工程配套设施配置方案。

8）规划工程量及投资估算。

2. 城市燃气工程详细规划图样

城市燃气工程详细规划图样包括：

1）燃气供应系统规划图。图中标明燃气输配设施的位置、规模和用地，燃气管网的平面位置、管径、敷设方式。

2）必要的附图。

5.3　燃气的分类与城市燃气供应系统的组成

5.3.1　燃气的分类

燃气是以可燃气体为主要组分的混合气体燃料，城镇燃气是指从气源点通过输配系统供给居民生活、商业、工业企业生产等各类用户公用性质的，符合国家规范质量要求的可燃气体，主要有天然气、人工煤气（简称煤气）和液化石油气。

1. 天然燃气

天然燃气是在地下多孔地质结构中自然形成的烃类气体和蒸汽的混合气体，并通过钻井由地层中开采出来。

天然气一般有四种：从气田开采的气田气，随石油一起喷出的油田伴生气，含有石油轻质馏分的凝析气田气，以及从井下煤层抽出的矿井气。目前我国许多城市将天然气作为城市燃气使用。

2. 人工燃气

人工燃气是以固体、液体或气体（包括煤、重油、轻油、液化石油气和天然气等）为原料经转化制得的，符合国家标准质量要求的可燃气体，按制取方法不同可分为：

（1）干馏燃气　在炼焦炉或炭化炉中，将固体燃料在隔绝空气（氧）的条件下加热使其进行分解，所得到的燃气，称为干馏燃气。

（2）裂化燃气　将渣油（炼油时剩余下的石油残渣）或重油、轻油、液化石油气等和水蒸气同时喷入裂解炉（约800℃）内，在催化剂的作用下，产生催化裂解，促使碳氢化合物和水蒸气之间的水煤气发生反应，制取的燃气称为裂化燃气。裂化燃气中含氢量最多，也含有甲烷和一氧化碳，成分和干馏燃气（煤气）近似。

（3）气化燃气　在高温下，使固体燃料在燃气发生炉内与气化剂（空气、水蒸气等）进行气化反应所得的燃气。采用不同的气化工艺和设备所得到的气化燃气的组成不同，一般常压固定床气化燃气不可燃成分（氮、二氧化碳）较多，热值较低，高压气化燃气不可燃成分要少些，热值较高。

3. 液化石油气

液化石油气是由伴生气液化而成。其主要成分是低级烃类化合物。它在20℃和一个大气压下是气态，当压力稍有升高或温度降低时即变为液态。现在有些城镇居民使用的罐装液化气就是这种液化石油气。

5.3.2 城市燃气供应系统的组成

城镇燃气供应系统由气源、输配系统和用户三部分组成，如图5-1所示。

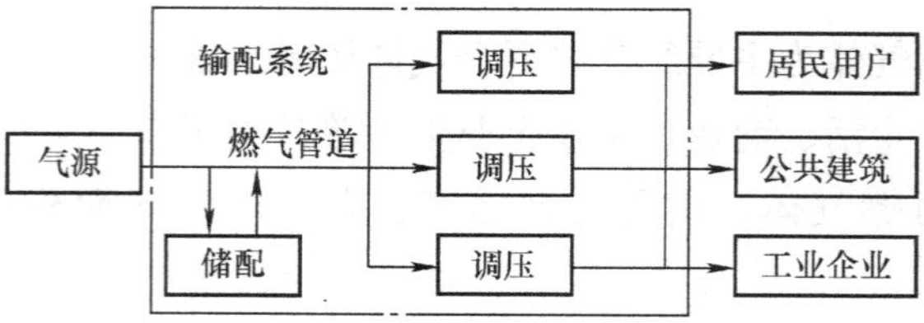

图5-1　燃气供应系统示意图

输配系统应能保证不间断地、可靠地向用户供应燃气，在运行管理方面应是安全的，在维修检测方面应是简便的。现代城市燃气输配系统是复杂的综合设施，通常有以下部分构成：

1）低压、中压以及高压等不同压力等级的燃气管道。

2）城市燃气分配站或压气站、各种类型调压站或调压装置。

3）储配站。

4）监控与调度中心。

5）维护管理中心。

1. 燃气管道系统

根据输气压力燃气管道分为高压燃气管道、次高压燃气管道、中压燃气管道和低压燃气管道。我国城镇燃气管道根据输气压力分类的标准见表5-1。

表5-1　城镇燃气输送压力（表压）分级

名　称		压力/MPa
高压燃气管道	A	$2.5 < p \leq 4.0$
	B	$1.6 < p \leq 2.5$

（续）

名称		压力/MPa
次高压燃气管道	A	$0.8 < p \leqslant 1.6$
	B	$0.4 < p \leqslant 0.8$
中压燃气管道	A	$0.2 < p \leqslant 0.4$
	B	$0.01 \leqslant p \leqslant 0.2$
低压燃气管道		$p < 0.01$

根据敷设方式燃气管道分为：

（1）地下燃气管道　一般在城镇中室外燃气管道常采用地下敷设。

（2）架空燃气管道　在管道通过障碍时，或在工厂区为了管理维修方便，采用架空敷设。建筑室内燃气管道一般采用沿墙敷设。

城镇燃气管道系统由输气干管、中压输配干管、低压输配干管、配气支管和用气管道组成。

（1）输气干管　将燃气从气源厂或门站送至城市各高中压调压站的管道，燃气压力一般为高压A及高压B。

（2）中压输配干管　将燃气从气源厂或储配站送至城市各用气区域的管道，包括出厂管、出站管和城市道路干管。

（3）低压输配干管　将燃气从调压站送至燃气供应地区，并沿途分配给各类用户的管道。

（4）配气支管　分为中压支管和低压支管。中压支管是将燃气从中压输配干管引至调压站的管道，低压支管是将燃气从低压输配干管引至各类用户室内燃气计量表前的管道。

（5）用气管道　将燃气计量表引向室内各个燃具的管道。

城市燃气管道系统由各种压力的燃气管道组成，其组合形式有一级系统、二级系统、三级系统和多级系统。

（1）一级系统　采用只有一个压力等级，即仅用低压或中压管网分配和供应燃气的系统。一级系统可分为低压一级系统和中压一级系统。

低压一级系统从气源送出的燃气先进入储气罐，然后经稳压器，最后进入低压管网，如图5-2所示。

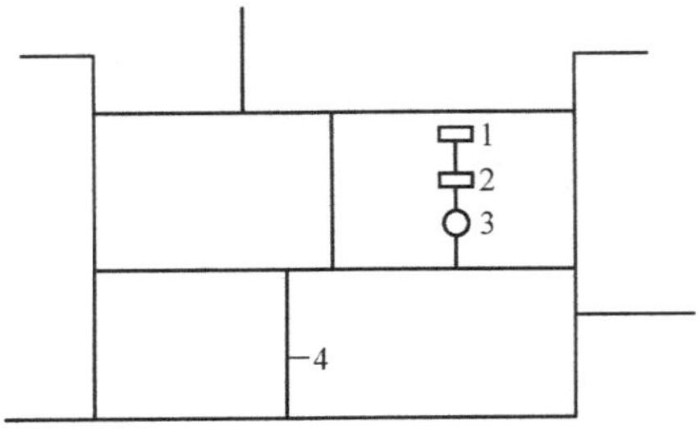

图5-2　低压一级系统示意图
1—气源厂　2—储配站
3—稳压器　4—低压管网

该系统具有以下优点：

1）输送时不需要增压，能有效节省

加压用电能耗。

2）系统简单，供气比较安全可靠，维护管理费用低。

然而，这种系统存在明显不足，主要体现在以下两方面：

1）由于供气压力低，致使管道直径大，一次投资费用较高。

2）管网起、终点压差较大，造成多数用户灶前压力偏高，燃烧效率降低，并增加烟气中 CO 含量，厨房卫生条件较差。

因此，此系统适用于用气量较小、供气范围为 2～3km 的城镇和地区。

中压一级系统燃气自气源厂（或天然气长输管线）送入城市燃气储配站（或天然气门站、配气站），经加压（或调压）送入中压输气干管，再由输气干管送入配气管网，最后经箱式调压器调至低压后送入户内管道（图 5-3）。

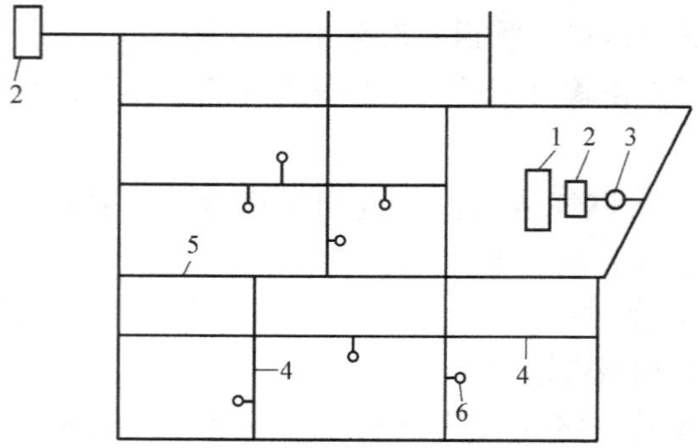

图 5-3　中压一级系统示意图

1—气源厂　2—储配站　3—调压器

4—中压配气管网　5—中压输气管网　6—箱式调压器

该系统有以下优点：

1）减少管道长度。此系统避免在一条道路上敷设两条不同压力等级的管道。

2）节省投资。中压 A 一级管网系统较三级系统节省管网投资 40% 左右，较中压 A、低压二级系统节省管网投资 30% 左右；中压 B 一级管网系统较中压 B、低压二级系统节省管网投资 20% 左右。

3）能够保证大多数用户气压相同，有较好的适应性。

4）灶具燃烧效率较高。

但该系统也存在以下缺点：

1）安装技术要求较高，尤其是庭院管道在中压下运行，需保证安装质量，否则漏气量将比低压管道大得多，易发生事故。

2）供气安全较低压供气差，一旦发生庭院管道断裂漏气，其危及范围较大。

由于中压一级系统的供气安全性较二级或三级系统差，对于街道狭窄、房屋密度大的老城区和安全距离不足的地区不宜采用，对于新城区和安全距离可以保证的地区可优先考虑采用。

（2）二级系统　采用两个压力等级输气配气的燃气管网系统称为二级系统。二级系统一般均有一级低压管网，另一级管网则可以是中压A、中压B或者高压。二级系统中，中压或高压管网输气，低压管网配气。

图5-4所示为人工煤气中压B、低压二级系统示意图。由气源厂送出的燃气先进入储配站的低压储气罐，然后由压缩机加压后送入中压管网，再经调压站将压力降至低压，送入低压管网，由低压管分配入户。

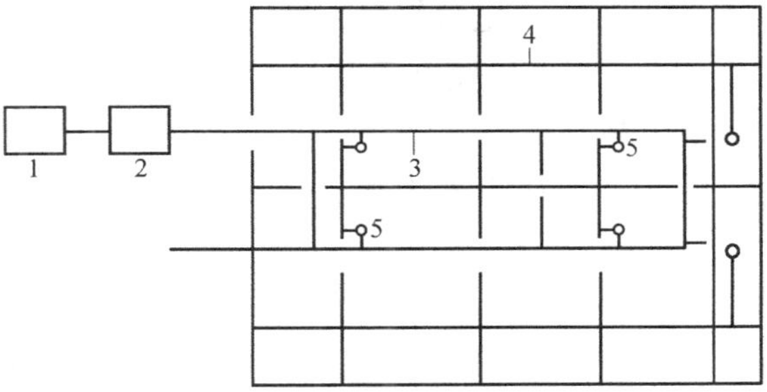

图5-4　人工煤气中压B、低压二级系统示意图

1—气源厂　2—储配站　3—中压管网　4—低压管网　5—中低压调压站

该系统优点如下：

1）供气安全。该系统采用低压配气，庭院管道在低压下运行比较安全，出现漏气故障危及范围小，抢修比较容易。

2）安全距离容易保证。低压管道距房屋基础边缘为0.7m，一般情况下均可以满足。中压B或中压A管道的安全距离为1m和1.5m，要求较高。

3）可以全部采用铸铁管材。

该系统系统主要不足为：

1）投资较大。此系统的平均管径要比中压一级系统大。

2）管道长度增加。二级系统有部分街道同时要敷设中、低压管道各一条，因此增加了城市地下设施，加大了管道综合的难度，同时也是使投资增加的一个重要因素。

3）占用城市用地较多。

图5-5所示为天然气中压B、低压二级系统示意图。自长输管线来的天然气先进入门站或配气站，经调压、计量后送入城市中压管网，然后经中、低压调压站调压后送入低压管网。该系统的优缺点与人工煤气中压B、低压二级系统基本

相同。

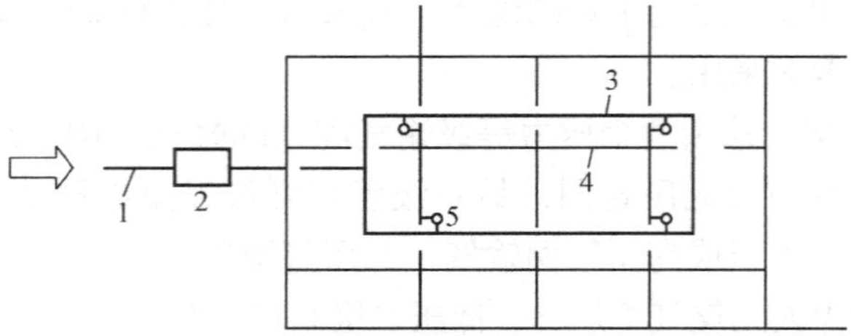

图 5-5 中压 B、低压二级系统示意图

1—长输管线 2—门站或配气站 3—中压管网 4—低压管网 5—中低压调压站

当气源为天然煤气或加压气化煤气时，通常可以采用中压 A、低压二级系统。人工制气厂的煤气，由于加压耗电费用大，使输配气的成本增加，故不宜采用中压 A，而应采用中压 B。

（3）三级系统 采用三个压力等级进行输气配气的燃气管网系统称为三级系统。

三级系统中通常含有中压 B、低压两级，另外一级管网是中压 A 或高压 B 管网，也可以是高压 B、中压 A、低压构成三级系统，它们统称为高、中、低压三级系统。

三级系统输配气的过程为：自长输管线来的天然气（或加热气化煤气）先进入门站或配气站，经调压、计量后进入城市高压管网，然后经中、低压调压站调压后送入低压管网。

该系统具有如下优点：

1）供气比较安全可靠。该系统的高压或中压 A 管道一般布置在人口稀少的地区，若出现漏气故障，危及不到人口密集地区和住宅。

2）高压或中压 A 外环管网可以储存一定数量的天然气。‘

但三级系统投资大，系统复杂，维护管理不便，输配管管径也相对较大。因此，通常只有在特大城市，并要求供气有充分保证时才考虑选用。

2. 燃气储配站

燃气储配站的主要功能是储存燃气、加压和向城市燃气管网分配燃气。燃气储配站主要由压送设备、储存装置、燃气管道和控制仪表以及消防设施等辅助设施组成。

压送设备是燃气输配系统的心脏，用来提高燃气压力或输送燃气，目前在中、低压两级系统中使用的压送设备有罗茨式鼓风机和往复式压送机。

贮存装置的作用是保证不间断地供应燃气，平衡、调度燃气供气量。其设备主要有低压湿式储气柜、低压干式储气柜、高压储气罐（圆筒形、球形）。

燃气压送储存系统的工艺有低压储存、中压输送，低压储存、中低压分路输送和高压储配工艺等。

3. 燃气调压站（室）

燃气调压站（室）的主要功能是按要求将上一级输气压力降至下一级输气压力；当系统负荷发生变化时，保持调压气后的输气压力稳定在要求的范围内。

调压站（室）通常由调压器、过滤器、安全装置、阀门、旁通管和测量仪表等组成。有单通道工艺、并联通道工艺和监控调压系统等。

调压器按压力应用范围分为高-中压调节器、高-低压调节器和中-低压调节器等，按燃气供应对象分为区域调压器、专用调压器和用户调压器。

4. 燃气系统主要附属设备

在燃气管道工程中，需要有专用管道设备来保证管道安全运行。这些管道设备通常指阀门、凝水缸、补偿器、放散管、过滤器和阀门井等。

（1）阀门　阀门是燃气管道中重要的控制设备，用以切断和接通管线，调节燃气的压力和流量。燃气管道的阀门常用于管道的维修，减少放空时间，限制管道的事故危害的后果等。燃气管网系统要求阀门应启闭迅速、动作灵活，维修保养方便、经济合理等。由于阀门经常处于备而不用的状态，又不便于检修，因此对它的质量和可靠性有严格的要求。常用的有闸阀、旋塞阀、球阀、蝶阀和截止阀等。

（2）凝水缸　为排除燃气管道中的冷凝水和石油伴生气管道中的轻质油，管道敷设时应有一定的坡度，以便在低处设置凝水缸，将汇集的水或油排出。

凝水缸按构造分为封闭式和开启式两种。封闭式凝水缸无盖，安装方便，密封良好，但不易清除内部的垃圾、杂质；开启式凝水缸有可以拆卸的盖，内部垃圾、杂质清除比较方便。常用的凝水缸有铸铁凝水缸、钢板凝水缸等。

（3）补偿器　补偿器作为消除因管段膨胀对管道产生应力的设备，常用于架空管道和需要进行蒸汽吹扫的管道上。此外，补偿器安装在阀门的下侧（沿气流方向），可利用其伸缩性能方便阀门的拆卸和检修。常用的补偿器有波形补偿器和填料式补偿器。埋地燃气管道上，多用钢制波形补偿器，其补偿量约为10mm。为防止其中存水腐蚀管道，其套管的注入孔应灌入石油沥青，安装时注入孔应在下方。

（4）放散管　放散管是一种专门用来排放管道内的空气或燃气的装置。在管道投入运行时利用放散管排出管内的空气，在管道或设备检修时利用放散管排出管内的燃气，防止在管道内形成爆炸性混合气体。放散管设在阀门井中时，在环状管网中阀门的前后都应安装，而在单向供气的管道上则安装在阀门之前。

（5）过滤器　过滤器一般用于燃气杂质较多的场合，或对燃气清洁度有较高要求的部门。通常设置在压送机、调压器、阀门等设备进口处，用以清除燃气中的灰尘、焦油等杂质。过滤器的过滤层用不锈钢丝绒或尼龙网组成。

（6）阀门井　为保证管网的安全运行与操作方便，地下燃气管道上的阀门一般都设置在阀门井内。阀门井应坚固耐久，有良好的防水性能，并保证检修时有必要的空间。考虑人员安全，井筒不宜过深。对于直埋设置的专用阀门，不设阀门井。

5. 燃气长距离输送系统

燃气长距离输送系统通常由井场集输管网、气体净化设备、起点站、输气干线、输气支线、中间调压计量站、压气站、管理维护站、阴极保护站、通信与遥控装置、燃气分配站等组成。输气管道长 10km 以上的称之为长距离输送。

5.4 城市燃气供气范围和供气原则

城市燃气的供气范围一般为城市建成区。供气范围的确定主要取决于气源的供气能力和管网供气能力。对于管道燃气而言，应根据气源的产气量来选择城区的某个区域或城区及相邻城镇作为供气范围。同时，应考虑气源生产工艺和输配系统工艺的要求。

5.4.1 城市燃气供气对象

城市燃气供气对象按用户类型，通常分为居民生活用户、公共建筑用户和工业企业用户。

居民生活用户是城市燃气供气的基本对象，是优先安排和保证连续稳定供气的用户。

公共建筑用户是与城市居民生活密切相关的一类用户，它也是城市燃气供应的重要对象。

工业企业用气主要用于生产工艺。主要指城市中不宜建气源厂、站，生产工艺必须使用燃气，节能显著和经济效益较好的工业企业。

此外，城市燃气也可用作部分供暖、空调及汽车的能源。

5.4.2 供气原则

居民和公共建筑用户的用气原则：

1）优先满足城镇居民炊事和日常生活热水用气。

2）应尽量满足供气范围内的各类公共建筑的用气需要。

3）人工煤气一般不供锅炉用气，尤其不供季节性的供暖锅炉用气。

4）天然气若气量充足，并经技术经济比较认为合理时，可发展燃气供暖，但要有调节季节不均衡用气的手段。

工业企业用户的供气原则：

1）人工煤气。工业企业用户使用人工煤气的原则：

① 先满足工艺上必须使用煤气，但用气量不大，自建煤气发生站又不经济的工业企业用气。

② 对工艺上必须使用煤气，但用气量较大的工业企业，是供应城市燃气，还是自建煤气发生站，需进行技术经济比较，并考虑“三废”处理和运输等具体条件。

③ 对临近管网用气量不大的其他工业企业，如使用煤气可提高产品质量，改善劳动条件和生产条件的，可考虑供应煤气。

④ 根据我国的能源政策，以城市燃气代替烧油和用电，经过技术经济比较，节能效果确实比较显著，气源和输配系统又具备条件的，可以考虑供应这类工业用户。

⑤ 宜供应远离城市燃气管网的工业用户与将煤气大量用于加热的工业用户。

⑥ 油煤气不宜供应可以直接烧重油的工业企业。

2）天然气。工业企业用户使用天然气的原则：

当天然气的气量充足时，供应范围可以比人工煤气适当放宽。同时，还可考虑供应下列用户：

① 用气量较大又位于重要地段，改用气体燃料后能显著减轻大气污染的工业企业。

② 能代替电力、冶金焦和其他优质燃料的工业企业。

③ 作为缓冲用户的工业企业，如电厂等。

5.5 城市燃气负荷的预测和计算

5.5.1 燃气负荷类型

城市燃气用气负荷，按用户类型，可分为以下七类：

1）居民生活用气。

2）商业用气。

3）工业生产用气。

4）采暖通风及空调用气。

5）燃气汽车用气。

6）发电用气。

7）其他用气。

城镇燃气用气负荷，按负荷分布特点，可分为分布负荷和集中负荷两类。

城镇燃气用气负荷，按调峰需求，可分为可中断用户和不可中断用户。

5.5.2 燃气负荷预测基本要求

燃气负荷预测应符合下列要求：

1）预测应建立在调查现状和历史负荷资料的基础上，了解所在城市的人口及国民经济、社会发展规划，分析研究影响城市用气负荷增长的因素。

2）应根据不同规划阶段预测内容的具体要求，对基础资料进行整理、分析、校核后，选择具有代表性且真实可靠的数据资料作为预测的基础。

3）应选择和确定主要的预测方法进行预测，并用其他预测方法进行补充、校核。

4）应对燃气负荷进行分期预测，负荷预测期限及各期限年份的划分，应与城市规划相一致。

燃气规划负荷预测内容，应包括：

1）各类用户的气化率。

2）城镇燃气年用气量及用气结构，并明确可中断用户和非高峰期用户的用气量。

3）高峰月平均日用气量。

4）高峰日用气量。

5）高峰小时用气量。

6）各类燃气用户的用气规律。

7）负荷增长率。

8）负荷密度的分布。

9）小时负荷系数和日负荷系数。

10）最大利用时数和最大利用日数。

5.5.3 燃气负荷预测

燃气负荷预测方法包括人均用气指标法、分类指标预测法、横向比较法、弹性系数法、回归分析法、增长率等。目前在总体规划阶段多采用人均用气指标法，在详细规划阶段多采用分类指标预测法。

1. 人均用气指标法

在总体规划阶段，可以当采用人均用气指标法预测城市燃气总用气量。当采用人均用气指标法预测城市总用气量（不含市辖市、县）时，其规划人均综合用气量指标的选取，应根据所在城市的性质、人口规模、地理位置、社会经济发展、国内生产总值、产业结构，地区动力资源和能源消费结构、气源供应条件、居民生活水平及节能措施等因素，以该城市的人均综合用气量现状水平为基础，对照表5-2中相应指标分级内的规划人均综合用气量幅值范围，进行综合研究分析、比较后选定。

表5-2 规划人均综合用气量指标（不含市辖市、县）

指标分级	城市用气水平分类	人均综合用气量/[m^3/(人·a)]	
		现状	规划
一	用气水平较高城市	≥301	1000~1500
二	用气水平中上城市	201~300	601~1000
三	用气水平中等城市	101~200	301~600
四	用气水平较低城市	≤100	150~300

注：当城市人均综合用气量现状水平高于或低于表中规定的现状指标最高或最低限值的城市，其规划人均用户用气量指标的选取，应结合城市具体情况确定。

2. 分类指标预测法

在城市详细规划阶段，燃气规划应优先选择分类指标预测方法。城市燃气用户类型主要包括居民生活用气、商业用气、工业生产用气、采暖通风及空调用气、燃气汽车用气、发电用气、其他用气。预测时应分别预测各类用气量，并考虑适当的不可预见量。

城镇燃气规划用气指标应按照节能要求，在调查各类用户用能水平、分析用气发展趋势的基础上综合确定，应充分反映各类用户燃气利用要求，同时考虑和其他可替代能源的竞争力。

（1）居民生活用气计算　计算居民生活用气量时，应根据该区域或城市的气化率、居民用气定额及规划期末的人口数进行。

影响居民生活用户用气定额的因素主要有：住宅内用气设备情况、公共生活服务网的发展程度、居民的生活水平和生活习惯、居民每户平均人口数、地区的气象条件、燃气价格等。因此，城镇居民生活燃气用气指标，应根据当地气候条件、居民生活水平、居民生活习惯、燃气用途等综合分析比较后确定。部分城市现状居民生活用气指标及商业用气指标见表5-3。

表5-3 部分城市现状居民生活用气指标及商业用气指标

序号	城市名称	居民生活用气指标/[万kcal/(人·a)]	商业用气占居民生活用气比例（%）
1	北京	70	50
2	上海	70	30
3	乌鲁木齐	50	20
4	哈尔滨	55	20
5	沈阳	55	15
6	济南	55	20

（续）

序号	城市名称	居民生活用气指标/[万 kcal/(人·a)]	商业用气占居民生活用气比例（%）
7	重庆	70	25
8	成都	60	25
9	武汉	50	25
10	苏州	60	30
11	杭州	65	30
12	广州	65	40
13	深圳	75	40

注：同一地区的中、小城市降低5%～10%。

（2）商业用气量计算　城市商业用气指标，应根据不同类型用户的实际燃料消耗量折算。也可根据当地经济发展情况、居民消费水平和生活习惯，按占城镇居民生活用气的适当比例确定。

商业用气指标按居民生活用气量的比例计算时，根据相似城市的用气指标、用地规划指标与居住用地、商业用地的比例关系等相关数据，在40%～70%范围内选取适当的比例。例如，经济发达、公共服务设施完善、以旅游为主的地区，其商业用气比例可取高限，燃气新发展区域可取低限。

（3）工业生产用气量计算　城镇工业用户用气负荷预测可分为落实的工业负荷预测和远期规划工业负荷预测。落实的工业负荷预测应按企业可被燃气取代的现用燃料量进行替代转换计算，或按生产规模及用气指标进行预测；远期规划工业负荷预测，可按单位建筑面积耗气量估算。在确定单位建筑面积耗气量时，除应考虑规划的工业企业类型、能耗水平，还应考虑其他竞争能源的价格和供应量。

（4）采暖通风及空调用气量计算　采暖通风与空调用气量，应根据不同类型建筑的建筑面积、建筑能耗指标分别测算。采暖通风及空调用气指标，应按GB 50736—2012《民用建筑供暖通风与空气调节设计规范》和GJJ 34—2010《城镇供热管网设计规范》确定。当无法获得分类建筑数据时，可按当地建筑物耗热（冷）综合指标确定。房屋供暖耗热指标可参考表5-4。

表5-4　房屋供暖耗热指标

序　号	房屋类型	耗热指标/[kJ/(m^2·h)]
1	工业厂房	418.68～628.02
2	住宅	167.47～251.21
3	办公楼、学校	209.34～293.08

（续）

序　号	房屋类型	耗热指标/[kJ/(m² · h)]
4	医院、幼儿园	230. 27 ~ 293. 08
5	宾馆	209. 34 ~ 252. 21
6	图书馆	167. 47 ~ 272. 14
7	商店	210. 27 ~ 314. 01
8	单层住宅	293. 08 ~ 376. 81
9	食堂、餐厅	418. 68 ~ 502. 42
10	影剧院	334. 94 ~ 418. 68
11	大礼堂、体育馆	418. 68 ~ 586. 15

在居民住宅中利用燃气供暖，经实践和测试，三居室房（70 ~ 80m^2），用燃气供暖热负荷为25. 12MJ/h，两居室房或一居室房减半（50m^2 左右），用燃气供暖热负荷为16. 75MJ/h。

居民用燃气供暖季节性强，在以人工燃气为主的情况下，若大面积利用燃气供暖将难以平衡季节性用气峰值。此外，人工燃气成本高，大多数居民难以承受燃气供暖费用。在编制城市燃气规划设计时，对居民供暖用气量的确定，必须根据气源性质和规模综合考虑。

（5）燃气汽车用气量计算　燃气汽车用气量应根据各类汽车的用气指标、车辆数量和行驶里程确定。燃气汽车用户的用气指标，应根据各地区不同用途车辆的燃油能耗水平、行驶规律综合分析确定。

（6）燃气电厂用气量计算　燃气电厂用气量应根据燃气电厂的装机容量、运行规律、余热利用状况及政策因素等综合确定。

（7）不可预见用气量计算　不可预见用气量可按总用气量的3% ~5%计算。

5.6 城市燃气的需用工况及计算流量

5.6.1 燃气的需用工况

燃气的需用工况系指用气的变化规律。可分为三种：月不均匀性、日不均匀性和小时不均匀性。用气不均匀性受很多因素影响，如气候条件、居民生活水平与生活习惯、机关和企业单位的工作时间安排和用气设备状况。

1. 月不均匀系数

一年中各月的用气不均匀情况用月不均匀系数表示。根据字面意义，它应该是各月的用气量与全年平均月用气量的比值，但不确切，因为每个月的天数是在28 ~ 31 天之间变化的。因此月不均匀系数 K_1 应由下式确定

$$K_1=\frac{\text{该月平均日用气量}}{\text{全年平均日用气量}} \tag{5-1}$$

一年12月中平均日用气量最大的月份，即月不均匀系数最大值的月份称为计算月，计算月的不均匀系数 K_m 称为月高峰系数。

影响城市用气月不均匀性的主要因素是气候条件。各类用户中，居民和公建用户的用气量随季节变化较明显，一般夏季用气量少，冬季用气量大；而工业企业的用气量随季节变化较小，可视为均匀用气。另外，由于我国居民炊事用气春节期间大大增加，2月份的居民用气量明显高于其他月份。

2. 日不均匀系数

日不均匀系数表示一月（或一周）中的日用气量的不均匀性。日不均匀系数 K_2 可按下式计算

$$K_2=\frac{\text{该月中某日用气量}}{\text{该月中平均日用气量}} \tag{5-2}$$

该月中日最大不均匀系数 K_d 称为该月的日高峰系数。根据一些实测资料，我国居民生活用气周末与节假日有所增加，而工业企业用气节假日与轮休日则有所减少，一般可按均衡用气考虑。居民用气日高峰系数 K_d 的取值一般为1.05～1.2。

3. 小时不均匀系数

小时不均匀系数表示一日中各小时用气量的不均匀性，小时不均匀系数 K_3 可按下式计算

$$K_3=\frac{\text{该日中某小时用气量}}{\text{该日中平均小时用气量}} \tag{5-3}$$

该日最大小时不均匀系数 K_h 称为该日小时高峰系数。

居民生活用气和公建用气一般早、午、晚有三个用气高峰，而午、晚高峰又较为显著；而工业企业用气的小时用气量波动较小，可按均匀用气考虑。居民用气的小时高峰系数 K_h 可在2.2～2.3中取值，当用户较多时，宜取低值；当用户少时，宜取高值。

5.6.2 燃气计算流量的确定

燃气的年用气量不能直接用来确定城市燃气管网、设备通过能力和储备设施规模。确定城市燃气管网、设备通过能力和储配设施规模时，要根据燃气的需用工况确定计算用气量。一般以小时计算流量为燃气设施的计算用气量。小时计算流量取值的大小，将直接影响投资和供气安全性。小时计算流量定得过高，输配系统的金属耗量和基建投资都将增加；定得过低，又会影响用户的正常用气。

燃气小时计算流量的计算方法有不均匀系数法和同时工作系数法两种。对于

既有居民和公共建筑用户，又有工业用户的城市，小时计算流量一般采用不均匀系数法，也可采用最大负荷利用小时法确定。对于只有居民用户的居住区，尤其是庭院管网的计算，小时计算流量一般采用同时工作系数法。

1. 不均匀系数法

采用不均匀系数法计算燃气小时计算流量的公式为

$$Q_j = \frac{Q_y}{365 \times 24} K_m K_d K_h \tag{5-4}$$

式中 Q_j——燃气的计算流量，单位为 m^3/h；

Q_y——燃气的年用量，单位为 m^3/h；

K_m——月高峰系数；

K_d——日高峰系数；

K_h——小时高峰系数。

一般情况下 $K_m = 1.1 \sim 1.3$，$K_d = 1.05 \sim 1.2$，$K_h = 2.20 \sim 3.20$。供应用气数越多，越应取低限值，则有

$$K_m K_d K_h = 2.54 \sim 4.84$$

几个城市居民和公共建筑用气高峰系数见表5-5。

工业企业的用气量较为均匀，其计算流量可按各用户燃气用量的变化叠加后计算。

表5-5 几个城市居民和公共建筑用气高峰系数

序号	城市名称	高峰系数			
		K_m	K_d	K_h	$K_m K_d K_h$
1	北京	1.15~1.25	1.05~1.11	2.64~3.14	3.20~4.35
2	上海	1.24~1.30	1.10~1.17	2.72	3.7~4.14
3	大连	1.21	1.19	2.25~2.78	3.24~4.00
4	鞍山	1.06~1.15	1.03~1.07	2.40~3.24	2.61~4.00
5	沈阳	1.18~1.23		2.16~3.00	
6	哈尔滨	1.15	1.10	2.90~3.18	3.66~4.02
7	一般	1.1~1.3	1.05~1.20	2.20~3.20	2.54~4.99

2. 最大负荷利用小时法

最大负荷利用小时是指在一段时间内，居民和公共建筑（不包括浴池、洗衣房等大型用户）用户在不变的最大需用条件下，连续用完全年用气量的时间，即

$$Q_j = \frac{Q_y}{n} \tag{5-5}$$

式中 Q_j——燃气的计算流量，单位为 m^3/h；

Q_y——燃气的年用量，单位为 m^3/h；

n——全年最大负荷利用小时，单位为 h/a。

目前，我国尚无 n 值的统计数字，计算时可利用式（5-6）进行推算，也可参考表5-6即

$$n = \frac{365 \times 24}{K_m K_d K_h} \tag{5-6}$$

表5-6 供气量利用小时

气化人口数（万人）	0.1	0.2	0.3	0.5	1	2	3
n/(h/a)	1800	2000	2050	2100	2200	2300	2400
气化人口数（万人）	4	5	10	30	50	75	>1100
n/(h/a)	2500	2600	2800	3000	3300	3500	3700

3. 同时工作系数法

计算庭院管网时，应按燃具的额定热负荷，采用同时工作系数法来确定小时计算流量，可按下式计算

$$Q_j = K \sum Nq \tag{5-7}$$

式中 Q_j——燃气的计算流量，单位为 m^3/h；

K——燃气灶具的同时工作系数，见表5-7；

$\sum Nq$——全部灶具的额定耗气量，单位为 m^3/h；

N——同一类型的灶具数，见表5-7；

q——某一种灶具的额定耗气量，单位为 m^3/h，见表5-8。

表5-7 居民生活燃具的同时工作系数 K

同类型燃具数目 N	燃气双眼灶	燃气双眼灶和快速热水器	同类型燃具数目 N	燃气双眼灶	燃气双眼灶和快速热水器
1	1.00	1.00	10	0.54	0.25
2	1.00	0.56	15	0.48	0.22
3	0.85	0.44	20	0.45	0.21
4	0.75	0.38	25	0.43	0.20
5	0.68	0.35	30	0.40	0.19
6	0.64	0.31	40	0.39	0.18
7	0.60	0.29	50	0.38	0.178
8	0.58	0.27	60	0.37	0.176
9	0.56	0.26	70	0.36	0.174

（续）

同类型燃具数目 N	燃气双眼灶	燃气双眼灶和快速热水器	同类型燃具数目 N	燃气双眼灶	燃气双眼灶和快速热水器
80	0.35	0.172	400	0.29	0.14
90	0.345	0.171	500	0.28	0.138
100	0.34	0.17	700	0.26	0.134
200	0.31	0.16	1000	0.25	0.13
300	0.30	0.15	2000	0.24	0.12

表5-8 居民住宅煤气用具耗气量

煤气用具名称	用气量/(MJ/h)	煤气用具名称	用气量/(MJ/h)
双眼灶使用		烤箱使用	
液化石油气	(9.2～10.5)×2	液化石油气	8.4～14.6
天然气	(10.5～11.5)×2	天然气	9.2～14.6
人工煤气	(10.5～11.5)×2	人工煤气	9.2～14.6
矿井气	10.8×2	热水器	35.0～52.0
水煤气、半水煤气	10.5×2	煤气火锅	8.8
单眼灶使用		煤气采暖器（热水式、热风式、红外线式）	14.0～18.0
人工煤气	11.8	煤气烤箱	≤14.6

同时工作系数 K 反映出燃气灶具集中使用的频率，它与用户的生活规律，燃气灶具的种类、数量等因素密切相关。各种不同工况的燃气灶具的同时工作系数是不同的，燃气灶具越多，同时工作系数越小。

5.7 城市燃气气源规划

燃气气源系指向城市燃气输配系统提供燃气的设施。在城市中，主要指煤气制气厂、天然气门站、液化石油气供应基地及煤气发生站、液化石油气气化站等设施。气源规划就是选择城市气源，确定其规模，并在城市中进行合理布局。

城镇燃气气源主要包括天然气、煤制天然气、液化石油气和人工煤气。多气源系统在气源选择时应考虑气源间的互换性。

气源规划应符合以下原则：

1）城镇燃气气源的规划应遵循国家能源政策，降低能耗，有效利用能源。气源方案应与本地区的能源、资源条件相适应。

2）城镇气源选择应以因地制宜、合理利用资源、保障安全供气、保护环境为原则，优先发展天然气，大力发展液化石油气和其他清洁燃料，人工煤气气源应根据资源和环境评估的结论，慎重选用。

3）城镇燃气气源的供气压力、高峰日供气量应能满足城镇燃气配气管网的负荷配送需求，保证城镇燃气近、远期的持续、稳定用气需求。

4）城镇燃气气源点的位置、规模、数量等方案，应经详细的技术经济比较后，选择资源落实、技术可靠、经济合理的方案。

5）对于常住人口大于100万人的城市，考虑供气安全因素，应有2个或2个以上的气源点。

6）上游供气方应有调节城镇逐月、逐日不均匀性的燃气设施和能力。

7）城镇气源应具有应对紧急情况的措施，应规划适当的应急储备气量及设施，应急储备规模宜以能够保障全部城镇居民生活用气量和全部不可中断用户用气量稳定供应为原则。

8）采用天然气作为城镇气源时，应与上游供气方协调气源来气方向、接收点数量、交接压力、高峰日供气量、季节调峰措施等，在确定城镇接收门站布局时，应尽量根据用气负荷分布，均衡布置。

9）对于常住人口小于100万人的城市，可只设置C类门站；对于常住人口大于等于100万人的城市，宜考虑设置B类门站；对于常住人口大于1000万人的城市，宜考虑设置A类门站。

10）对于常住人口小于100万人的城市，可只设置三级门站；对于常住人口大于等于100万人的城市，宜考虑设置二级门站；对于常住人口大于1000万人的城市，宜考虑设置一级门站。

11）人工煤气制气厂选址应综合考虑原料运输、负荷分布情况、场外市政条件等因素，并重点考虑气源厂对周边环境的影响。人工煤气厂应布置在盛行风向的下风侧，如果气源厂处于常年存在两个风频大体相等、风向基本相反的盛行风向地区，应按影响较严重季节的盛行风向或最小频率风向来决定布置方位。

12）采用液化石油气、液化天然气、压缩天然气作为气源时，应根据用气规模、供气周转周期，确定合理的储存设施建设规模。

5.8 燃气厂（场）站规划

5.8.1 规划原则

1）燃气厂（场）站的布局和选址，应遵循以下原则：

① 站址应符合城镇总体规划和土地利用用地规划要求。

② 站址应具有适宜的交通、供电、给水排水、通信及工程地质条件，并应考虑拆迁条件、耕地保护、环境保护、防洪和抗震等方面的要求。

③ 根据负荷分布、站内工艺、管网规划布置、与上游气源的衔接，合理配置厂（场）站数量和占地规模。

④ 站址选择应避开城市居住区、村镇、学校、影剧院、体育馆等人员聚集场所，应避开油库、铁路枢纽站、飞机场等重要目标，应避开地震带、地基沉陷和废弃矿井等地段。

⑤ 结合城市燃气远景发展规划，站址应留有发展余地。

⑥ 燃气厂（场）站与站外建、构筑物的防火间距应符合 GB 50016—2006《建筑设计防火规范》及 GB 50028—2006《城镇燃气设计规范》中的相关规定。

2）燃气厂（场）站的占地规模和站址选择，应满足城市总体规划中黄线控制要求。

5.8.2 天然气场站规划

1. 门站和储配站

根据接收长输管线气源的压力级制，门站可分为一级门站、二级门站和三级门站三类，分类表见表 5-9；根据接收长输管线气源流量，门站可分为 A 类门站、B 类门站和 C 类门站三类，分类表见表 5-10。

表 5-9 天然气门站按接收气源压力级制分类表

门站分类	一级门站	二级门站	三级门站
气源压力	$p \geqslant 4.0$MPa	$1.6 < p < 4.0$MPa	$p \leqslant 1.6$MPa

表 5-10 天然气门站按接收气源流量分类表

门站分类	A 类门站	B 类门站	C 类门站
气源压力	$p \geqslant 100$ 万 m^3/h	$20 < p < 100$ 万 m^3/h	$p \leqslant 20$ 万 m^3h

门站的规模和数量应与规划期内的供气规模相匹配，应根据门站负荷率和高峰小时用气量，确定门站总接收能力。

门站和储配站布置应符合下列要求：

1）门站站址应根据负荷分布情况和城镇重点发展方向，结合上游输气干线走向综合布置，并宜设在规划城区的外围。

2）门站数量宜在 2 个以上，且应尽量均衡布置。

3）储配站站址应根据调峰负荷需求，结合管网规划布置综合考虑，宜设在城镇主干网附近。

4）城镇总体规划中，应安排门站和储配站用地，并符合国家现行标准 GB 50137—2011《城市用地分类与规划建设用地标准》中的规定。

5）根据输配系统的具体情况，门站与储配站可合建。

6）门站、储配站与站外建、构筑物的防火间距应满足国家现行相关规范的规定。

当城镇只有一个气源点时，门站和储配站宜对称布置。

2. 调压站（箱）

按照供应方式与供应用户类型，调压站可分为区域调压站与专供调压站两类。

调压站（箱）的规模和设置应根据负荷分布、与其连接的天然气管网压力级制、环境影响、水文地质等因素进行经济技术比较后合理确定。调压站的负荷率宜控制在50%～75%。

调压站（箱）的布局，应根据管网布置及调压站设计流量、负荷率等参数，并经技术经济比较后综合确定。

调压站（箱）的设置要充分考虑对周边环境的影响及节约用地，高、中压调压站一般不宜设置在居住区和人口密集的商业区内，居住区及商业区内的中、低压调压设施，宜采用调压箱，条件允许时可采用地下调压箱。

对于用气压力较高且用气量大的用户宜设专供调压站（箱）。

调压站（箱）与其周围建、构筑物的水平间距应满足国家现行标准GB 50028—2006《城镇燃气设计规范》的规定。

3. 液化天然气或压缩天然气供气站

液化天然气供气站或者压缩天然气供气站的供应规模和储存规模应根据用户类别、用气负荷、气源情况、运输方式及运距经技术经济比较后确定。

当液化天然气或压缩天然气作为地区临时气源（过渡气源）时，其设计规模应远近结合，管网压力级制也应与远景规划相匹配。

压缩天然气加气站和压缩天然气储配站可合建。

5.8.3 人工煤气厂站规划

气源厂的规模和工艺应根据制气原料的种类、用气负荷及各种产品的市场需求，经技术经济比较后确定。

气源厂厂址的选择应符合下列要求：

1）应满足气源厂对自然条件、水文地质条件、工程地质条件、防洪地震条件、外部条件（供排水、供电、消防）等要求。

2）应有方便的交通运输条件，并根据其规模及运输方式接近铁路、公路或港口等交通干线。

3）宜布置在所在地区全年最小频率风向的上风侧。

气源厂排放的粉尘、废水、废气、灰渣、噪声等污染物对周围环境的影响，应符合现行国家标准的有关规定。

气源厂的占地面积应根据其工艺方案及生产规模综合确定。

5.8.4 液化石油气场站规划

液化石油气场站的供应规模和储存规模应根据气源情况、运输距离、运输方式、用气负荷和用户类别经经济技术分析后确定。

液化石油气供应基地的站址选择应满足下列要求：

1）宜选择在所在地区全年最小频率风向的上风侧。

2）应选择在地势平坦、开阔、不易积存液化石油气的地段。

基地内铁路引入线和铁路槽车装卸线的布置应符合现行国家标准的有关规定。

液化石油气其他场站的选址，宜结合其供应方式和供应半径，尽量靠近负荷中心，并应符合城镇总体规划市政设施用地的要求。

5.8.5 燃气汽车加气站规划

城镇燃气汽车加气站气源的选择及加气站数量应根据其总体规划、当地资源、汽车总量、运营里程、经济发展及环保要求等因素经技术经济比较确定。

天然气汽车加气站分为母-子站、标准站两种形式。规划时应注意：

1）母站应选择在距离城市高压燃气管道较近、气量充足的地方或者结合城市高压燃气场站建设，子站建设适用于附近没有城市燃气管网或燃气管网压力较低的地区。一般1座母站可以供应3～5座子站。

2）标准站应选择在距离城市燃气管道较近、进站压力较高、气量充足的地区建设。

汽车加气站规模应符合现行国家标准 GB 50156—2002《汽车加油加气站设计与施工规范》和 GB 50028—2006《城镇燃气设计规范》的有关规定。

汽车加气站站址宜选择在靠近气源及输气管线的地方，同时应处理好方便加气和不影响交通的关系。

汽车加气站可考虑和汽车加油站合建，可建在公交场站、停车场内，其平面布置以及与站外建、构筑物等的防火间距应满足国家现行标准规范的相关要求。

5.9 城市燃气管网系统规划

5.9.1 压力级制选择及管材选择

1. 压力级制选择

城镇燃气管网系统的压力级制，指从门站后管网系统到用户燃气用器具前的管网压力分级。在选择压力级制时，应根据负荷分布的特点和近、远期供气规模，通过技术经济比较后，选择合理的管网压力级制。考虑系统的调度运行方便和管网的适用性，管网压力级制不宜过多，并且尽可能选择高压力级制。

确定城镇燃气管网中各压力级制的设计压力时，应考虑充分利用上游供气的压能，并结合城镇用户用气压力的需求、负荷量大小和小时调峰需求量等综合确定。

2. 管材选择

管材的选择，应根据供气规模、压力分级、当地水文地质条件、穿跨越情况等，经技术经济比较后确定。

5.9.2 城镇燃气管网的布置与敷设

1. 基本要求

城镇燃气管网的布置，应符合下列要求：

1）城镇燃气输配管网布局应依据城镇总体规划，并结合相关专业规划进行，贯彻远近结合、近期为主的方针。

2）管网布局应考虑供气管网的可靠性、技术经济合理性和运行管理方便的要求。

3）城镇燃气主干网应沿城镇规划道路敷设，并应减少穿跨越河流、水域、铁路及其他市政设施等。

4）城镇燃气各级管网的布置应减少管道建成后对城镇用地的分割和限制，同时应满足对管道巡视、抢修和管理的需要。

5）对于用气压力较高、用气量大的大型燃气用户，应充分利用压能，并降低对其他用户的影响，规划专用管线。

6）长输管道应尽量布置在城镇的外围区域。必须布置在城镇中时，除执行GB 50251—2003《输气管道工程设计规范》的规定外，当条件许可时，在地区等级划分、安全间距等方面应参考执行GB 50028—2006《城镇燃气设计规范》的相关规定。

7）长输管道的末站、分输站和城镇接收站（门站）应布置在规划城区的外围。

2. 各种压力级制城镇燃气管网的布置

各种压力级制的城镇燃气管网，应遵循的一般原则为：

1）应结合城镇总体规划和有关专业规划，贯彻远近结合，以近期为主的方针布置燃气管网。

2）应考虑施工难度和建成后运行管理、维修的方便性。

3）应尽量靠近用户，提高工程经济性和供气稳定性。

4）应减少穿越、跨越河流、水域、铁路等工程，以减少工程投资。

5）为确保供气可靠性，一般各级管网应成环路布置。

6）钢制燃气管道应尽量避免与高压电缆平行敷设，以避免由于感应地电场对管道的腐蚀。

对于不可中断用户，应考虑双气源供气。

3. 高压管网的布置

高压管网应按照如下原则布线：

1）高压管网宜布置在城市的边缘，且不应通过军事设施、易燃易爆仓库、国家重点文物保护区、飞机场、火车站、海（河）港口码头等地点。当受条件限制，管道必须通过上述地区，需经当地规划及消防部门共同协商确定合理的规划方案。

2）高压管道宜布置在规划道路上，并应避开居民点和商业密集区。

3）高压管道受条件限制需进入四级地区时，应遵守 GB 50028—2006《城镇燃气设计规范》的规定。

4）对于直接供气的集中负荷，应尽量缩短用户支管的长度。

5）对于多级高压管网系统，各级管网间应有两条或以上连通干管，并宜相对均匀布置。

4. 中压管网的布置

中压管网应按照如下原则布线：

1）为避免施工安装和检修过程影响交通，一般宜将中压管道敷设在道路绿化隔离带或非机动车道上。

2）应尽量靠近调压站，以减少调压站支管的长度，提高供气可靠性。

3）连接主供气源与城镇环网的枝状干管宜采用双线布置。

5. 管线走廊的设置

应在总体规划阶段预留长输管线和城市高压干线的管线走廊，高压管线走廊宽度应符合表 5-11 所示的规定。同时，在布局走廊时，宜与城市道路、铁路、河流的绿化隔离带等相结合，以减少城市建设用地的影响。

表 5-11 长输管线和城市高压供气干线的管线走廊宽度

序 号	压力级制/MPa	高压管线走廊宽度/m
一	长输管线	
1	10.0	100
2	4.0	60
二	城市高压干线	
1	4.0	60
2	2.5	32

6. 燃气管网的敷设

燃气管网的敷设有架空敷设和地埋敷设两种形式。

架空敷设主要适用于长输干线的特殊地形地区、城市管网的跨越工程、厂区内部和工业区，以及管道液化气的小区庭院中压进户工程。室外架空的燃气管道，可沿建筑物外墙和支柱敷设。如采用支柱敷设时，应符合下列要求：

1）管底至人行道路面的垂直距离不应小于2.2m，至道路路面的垂直净距不应小于5m，至铁路轨顶的垂直净距不应小于6m。厂区内部的燃气管道，在保证安全的情况下，管底至道路路面和铁路轨顶的垂直净距可取4.5m和5.5m。电车、铁路机车除外。

2）输送湿燃气的管道应采取排水措施，在寒冷地区还应采取保温措施。燃气管道通过河流时，应采用河底穿越、随桥架设或采用管桥跨越等三种形式。

地埋敷设是城市燃气管网普遍采用的一种方式。为防止车辆碾压造成管道因超出抗压强度而损坏，或因耕种损坏管道，管道的最小覆土厚度应符合下列要求：

1）埋设在车行道下时，不得小于0.8m。

2）埋设在非车行道下时，不得小于0.6m。

3）埋设在庭院内时，不得小于0.3m。

4）埋设在水田地下时，不得小于0.8m。

5.10 城市燃气管网水力计算

城市燃气管网水力计算的目的是根据流量分配和确定的压降来计算管径，并对管道进行流量和压力损失验算。

5.10.1 水力计算图表

燃气水力计算有公式法和图表法两种。公式法就是根据已有的流量、管径、压力损失之间的数学关系式，进行燃气管道的水力计算。通过计算可得到管径和压力损失。公式法比较麻烦，实际工程中很少采用。

在实际工程中，燃气管道水力计算并不是利用公式，而是将水力计算公式制成水力计算图表，具体见附录。利用计算图表能够确定管径和燃气管道压降$\frac{\Delta p}{L}$（低压管道）或$\frac{p_1^2 - p_2^2}{L}$（中、高压管道），然后依据允许压降，校核水力计算结果。

但由于水力计算图表是在如下条件制成的：燃气的密度$\rho = 1\text{kg/m}^3$，设计中

所采用的燃气温度 $T=273.16\text{K}$，压缩系数 $Z=1$，人工燃气的运动粘度 $\nu=25\times10^{-6}\text{m}^2/\text{s}$，或天然气的运动粘度 $\nu=15\times10^{-6}\text{m}^2/\text{s}$，或气态液化石油气的运动粘度 $\nu=4\times10^{-6}\text{m}^2/\text{s}$。因此，在应用图表确定的燃气管道压力降 $\frac{\Delta p}{L}$（低压管道）或 $\frac{p_1^2-p_1^2}{L}$（中、高压管道）应进行修正。T、Z、ν 三项对城市管网计算影响不大，故一般不修正计算。对于 ρ 的修正，是将图上查得的结果乘以工程中采用的燃气密度，修正后燃气管道摩阻力损失为：

对于低压管道

$$\frac{\Delta p}{L}=\left(\frac{\Delta p}{L}\right)_{\rho=1}\rho \tag{5-8}$$

式中 Δp——燃气管道压力损失，单位为 Pa；

L——燃气管道的计算长度，单位为 m；

ρ——燃气的密度，单位为 kg/m^3。

对于中、高压管道

$$\frac{p_1^2-p_2^2}{L}=\left(\frac{p_1^2-p_2^2}{L}\right)_{\rho=1}\rho \tag{5-9}$$

式中 p_1——燃气管道起点的压力（绝对压力），单位为 kPa；

p_2——燃气管道终点的压力（绝对压力），单位为 kPa。

【例 5-1】 已知人工燃气密度 $\rho=0.7\text{kg/m}^3$，运动粘度 $\nu=25\times10^{-6}\text{m}^2/\text{s}$，有 $\phi219\times7\text{mm}$ 中压燃气钢管，长 $L=200\text{m}$，起点压力为 $p_1=150\text{kPa}$，输送燃气流量 $Q=2000\text{m}^3/\text{h}$，求 0℃时该管段末端压力 p_2。

【解】 采用图表法。按 $Q=2000\text{m}^3/\text{h}$ 及 $\phi219\times7\text{mm}$，查附录燃气水力计算图，得密度 $\rho=2\text{kg/m}^3$ 时管段的压力平方差为

$$\left(\frac{p_1^2-p_2^2}{L}\right)_{\rho=1}=3.1\text{kPa}^2/\text{m}$$

实际密度 $\rho=0.7\text{kg/m}^3$，因此，修正后的压力平方差为

$$\left(\frac{p_1^2-p_2^2}{L}\right)_{\rho=0.7}=\left(\frac{p_1^2-p_2^2}{L}\right)_{\rho=1}\rho=3.1\times0.7\text{kPa}^2/\text{m}=2.17\text{kPa}^2/\text{m}$$

将 p_1 和 L 代入式（5-9）得：

$$\left(\frac{150^2-p_2^2}{200}\right)_{\rho=0.7}=2.17\text{kPa}^2/\text{m}$$

解之，得 $p_2=148.7\text{kPa}$。

【例 5-2】 已知人工燃气密度 $\rho_0=0.5\text{kg/m}^3$，运动粘度 $\nu=25\times10^{-6}\text{m}^2/\text{s}$，

温度为 15℃，燃气流经 $L=100\text{m}$ 长的低压燃气钢管，当燃气流量 $Q=10\text{m}^3/\text{h}$ 时，管段压降为 4Pa 输送，求该管段管径。

【解】 采用图表法。已知 $\rho_0=0.5\text{kg/m}^3$，单位长度压力损失为

$$\left(\frac{\Delta p}{L}\right)_{\rho 0}=\frac{4}{100}\text{Pa/m}=0.04\text{Pa/m}$$

代入式（5-8）得

$$\left(\frac{\Delta p}{L}\right)_{\rho=1}=\left(\frac{\Delta p}{L}\right)_{\rho 0}/\rho=\frac{0.04}{0.5}\text{Pa/m}=0.08\text{Pa/m}$$

根据$\left(\frac{\Delta p}{L}\right)_{\rho=1}=0.08\text{Pa/m}$ 和燃气流量 $Q=10\text{m}^3/\text{h}$，查附录燃气水力计算图，得管径为 80mm。

5.10.2 燃气管道的压降与分配

燃气管道的压降包括沿程压力损失和局部压力损失。单位长度沿程压力损失由水力计算图表可以直接查得，乘以管长就可以得到沿程压力损失。城市燃气规划中管网局部阻力一般不具体计算。高、中压燃气管道的局部沿程阻力损失可按沿程压力损失的 5% 计算，低压燃气管网的局部摩擦阻力损失可按沿程压力损失的 10% 计算。

高、中压燃气管道的计算压降（允许压降），应根据气源厂（或天然气远程干线门站）、燃气储配站（高压或低压）、高压燃气调压室出口压力和高、中压（或高、低压，中、低压）调压室的进口压力要求确定。

由燃气管道水力计算可以看出，如果管径相同，则压降越大，燃气管道的通过能力也越大。因此，利用较大的压降输送和分配燃气，可以节省燃气管道的投资和金属消耗。但是，对低压燃气管道来说，压降地增加是有限度的。低压燃气管道直接与用户灶具相连接，其压力必须保证燃气管网内燃气灶具能正常燃烧。因此，低压燃气管道压降的大小及其分配要根据城市的建筑密度、街坊情况、建筑层数和燃气灶具的燃烧性能等因素确定。

室外低压燃气管道允许压降可按下式计算

$$\Delta p_{\text{r}}=0.75p_{\text{e}} \tag{5-10}$$

式中 Δp_{r}——室外低压燃气管道允许压降，单位为 Pa；

p_{e}——低压燃气燃具的定额压力，单位为 Pa，对于人工燃气 $p_{\text{e}}=0.8\sim1\text{kPa}$；天然气 $p_{\text{e}}=2\sim5\text{kPa}$；气态液化石油气 $p_{\text{e}}=2.8\sim3\text{kPa}$。

低压管网压降分配应根据技术经济条件，选择最佳的分配比例，一般低压输配干管为总压降的 55%～75%。

低压燃气管网压降在街区、庭院和室内管中分配推荐值见表5-12。

几个城市低压燃气管道计算压降及其分配见表5-13。

表5-12　低压燃气管网压降分配推荐表　（单位：Pa）

燃气种类	燃具额定压力/Pa	总压降 Δp	街区	单层建筑		多层建筑	
				庭院	室内	庭院	室内
人工煤气	800	750	400	200	150	100	250
	1000	900	550	200	150	100	250
天然气	2000	1650	1050	350	250	250	350

表5-13　我国几个城市低压燃气管道计算压降及其分配

项　　目	城市名称			
	北京	上海	沈阳	天津
	压力和压降分配/Pa			
燃具额定压力	800	800	800	2000
调压气出口压力	1100～1200	1500	1800～2000	3200～3300
燃具前最低压力	600	600	600	1600
低压管网总压降	550	900	1300	1650
其中：干管	150	500	1000	1100
支管	200	200	100	300
户内管	100	80	80	100
煤气表	100	120	120	150

注：北京、上海、沈阳均为人工煤气，低热值为14.654～20.934MJ/m³；天津为石油伴生气，低热值为40.193 MJ/m³。

5.10.3　环状管网的计算

环状管网的计算比树枝状管网要复杂得多，不仅要确定管径的大小，还要使燃气管网在均衡的水力工况下运行。环状管网的计算，主要工作是消除管网中不同气流方向的压降闭合差，故称为平差计算或调环。

目前采用的环状管网计算方法有两种，一是途泄法，二是节点法。低压环状管网可用途泄法或节点法；高、中压管网宜用节点法。

计算步骤：

1）参照管网平面布置图绘制水力计算草图，并标明环号、节点号、管段长度、燃气负荷及集中用户负荷、气源及调压室位置等。

2）列表计算各环单位长度途泄流量、各管段的途泄流量、转输流量和计算流量。根据计算的各节点流量和拟定的气流方向，由离气源点（或调压室）最远的汇合点（即不同流向的燃气流汇合的地点，也称零点）开始，向气源点

（或调压室）方向逐段推算，即可得到各管段的计算流量。

途泄流量只包括居民用户、小型公共建筑和小型工业用户的燃气用量。如果管段上连接了用气量较大的用户，则该用户应看作集中负荷计算。在实际计算中，一般均假设居民、小型公共建筑和小型工业用户是沿管道长度方向均匀分布的。因此，将环状管网内的燃气消耗量与环状管网管道的计算长度相除，即得到管道单位长度的途泄流量。每段管道的途泄流量就等于该管段的计算长度和单位长度途泄流量的乘积。

3）计算节点流量。在环状燃气管网计算中，特别是利用计算机进行燃气环状管网水力计算时，常采用节点流量来表示途泄流量。这时可以认为途泄流量相当于两个从节点流出的集中流量值。在燃气分配管网中，由于从分配管接出的支管较多，途泄流量在管段总流量中所占比例较大，因此管段始端节点的流量为 $0.45Q$，而终端节点的流量为 $0.55Q$。就某一节点来说，节点流量为流入该节点所有管段途泄流量的 0.55 倍，加上流出该节点所有管段途泄流量的 0.45 倍，再加上该节点的集中流量。当转输流量在管段总流量中所占比例较大时，管段始端和终端节点的流量均可按 $0.5Q$ 计算。这时，某一节点的流量就等于与该节点相连的各管段途泄流量一半的总和，再加上由该节点流出的集中流量。

4）拟定环状管网各管段的气流方向。在拟定气流方向时，应使大部分气量通过主要干管输送；在各气源（或调压室）压力相同时，不同气流方向的输送距离应大致相同。在同一环内必须有两个相反的流向，一般以顺时针方向为“+”，逆时针方向为“-”。将气流方向标注在计算草图上。

5）求各管段的计算流量。根据计算的节点流量和假定的气流方向，由离气源点（或调压室）最远的汇合点（不同流向的燃气流汇合的地方，即零点）开始，向气源点（或调压室）方向逐段推算，即可得到各管段的计算流量。

推算管段流量，必须使流入节点的气量等于流出节点的气量，即 $\Sigma Q=0$。

当不计算节点流量时，管段计算流量 Q 可按下式计算

$$Q=0.5Q_1+Q_2 \tag{5-11}$$

式中 Q_1——途泄流量，单位为 m^3/h；

Q_2——转输流量，单位为 m^3/h。

6）计算单位长度平均压降。根据管网允许压降和供气点至零点的管道长度（局部压力损失通常取沿程压力损失的 10%），求得单位长度平均压降，据此即可按管段流量选择管径。

相邻管段管径的拟定不宜相差太大，一般相差 1 号为宜。将初步拟定的各管段管径标注在图上。

7）进行各环路压降闭合差计算。在进行环网计算时，每一节点均须满足 $\Sigma Q=0$，任一环正反气流方向的各管段压降的闭合差应该等于零，即 $\Sigma\Delta p=0$。

但要完全做到这一点是困难的。若计算得到的环路压降闭合差小于10%时，则认为符合要求，可不再计算。当环路压降闭合差大于10%时，应进行校正计算。

8）计算零点位移。当零点位移值较大，足以影响环路闭合差时，则应按新零点位置重新进行平差计算。

9）当闭合差小于10%时，则认为符合要求。

10）校正供气点至零点的总压降是否小于且接近计算压降，如果小于且接近计算压降可认为所选管径是合适的，否则应调整部分管径再进行计算。

各环路的闭合差可由下式求得

$$\frac{\sum \Delta p}{0.5\sum |\Delta p|} \times 100\% \tag{5-12}$$

式中 Δp——各管段的压降；

$|\Delta p|$——各管段的压降的绝对值。

为了不破坏节点流量的平衡，通常采用校正流量来消除环状管网的闭合差。低压和中、高压管网闭合差的修正流量计算公式为：

低压管网 $$\Delta Q = -\frac{\sum \delta p}{1.75\sum \frac{\delta p}{Q}} + \frac{\sum \Delta Q'_{nn}\left(\frac{\Delta p}{Q}\right)_{nn}}{\sum \frac{\Delta p}{Q}} \tag{5-13}$$

高、中压管网 $$\Delta Q = -\frac{\sum \delta p}{2\sum \frac{\delta p}{Q}} + \frac{\sum \Delta Q_{nn}\left(\frac{\Delta p}{Q}\right)_{nn}}{\sum \frac{\Delta p}{Q}} \tag{5-14}$$

$$\delta p = p_1^2 - p_2^2 \tag{5-15}$$

式中 $\Delta Q'_{nn}$——邻环校正流量的第一近似值，单位为m^3/h；

$\left(\frac{\Delta p}{Q}\right)_{nn}$——该环路中所有邻环各管段的压降与其计算流量的比值。

5.11 小城镇燃气工程规划

小城镇燃气工程规划主要应包括确定燃气种类、供气方式、供气规模、供气范围、管网布置和供气设施。

燃气工程规划应根据不同地区的燃料资源和能源结构的情况确定燃气种类。靠近石油或天然气产地、原油炼制地、输气管沿线以及焦炭、煤炭产地的镇，宜选用天然气、液化石油气、人工煤气等矿物质气；远离石油或天然气产地、原油炼制地、输气管线、煤炭产地的镇区和村庄，宜选用沼气、农作物秸秆制气等生物质气。

矿物质气中的集中式燃气用气量应包括居住建筑（炊事、洗浴、供暖等）用气量、公共设施用气量和生产用气量。其中居住建筑和公共设施的用气量应根据统计数据分析确定，生产用气量可根据实际燃料消耗量折算，也可按同行业的用气量指标确定。

液化石油气供应基地的规模应根据供应用户类别、户数等用气量指标确定；每个瓶装供应站一般供应 5000～7000 户，不宜超过 10000 户。

供应基地的站址应选择在地势平坦开阔和全年最小频率风向的上风侧，并应避开地震带和雷区等地段。

供应基地和瓶装供应站的位置与镇区各项用地和设施的安全防护距离应符合现行国家标准 GB 50028—2006《城镇燃气设计规范》的有关规定。

选用沼气或农作物秸秆制气应根据原料品种与产气量确定供应范围，并应做好沼水、沼渣的综合利用。

第 6 章

城市消防工程规划

6.1 概述

6.1.1 火灾的分类

在时间和空间上失去控制的燃烧所造成的灾害叫火灾。火灾可以按燃烧对象、火灾损失严重程度或起火直接原因等进行分类。

1. 按燃烧对象分类

火灾按燃烧对象可分为 A 类火灾、B 类火灾、C 类火灾和 D 类火灾。

（1）A 类火灾　是指普通固体可燃物燃烧而引起的火灾。这类火灾燃烧对象的种类极其繁杂，包括木材及木制品、纤维板、胶合板、纸张、棉织品、化学原料及化工产品、建筑材料等。

（2）B 类火灾　是指油脂及一切可燃液体燃烧而引起的火灾。油脂包括原油、汽油、煤油、柴油、重油、动植物油等；可燃液体主要有酒精、乙醚等各种有机溶剂。这类火灾的燃烧实质上是液体的蒸汽与空气进行燃烧。根据闪点的大小，可燃液体被分为 3 类：闪点小于 28℃的可燃液体为甲类火险物质，如汽油；闪点大于及等于 28℃，小于 60℃的可燃液体为乙类火险物质，如煤油；闪点大于及等于 60℃可燃液体为丙类火险物质，如柴油、植物油。

（3）C 类火灾　是指可燃气体燃烧而引起的火灾。按可燃气体与空气混合的时间，可燃气体燃烧分为预混燃烧和扩散燃烧。可燃气体与空气预先混合好后的燃烧称预混燃烧；可燃气体与空气边混合边燃烧称扩散燃烧。根据爆炸下限（可燃气体与空气组成的混合气体遇火源发生爆炸的可燃气体的最低浓度）的大小，可燃气体被分为两类：爆炸下限小于 10% 的可燃气体为甲类火险物质，如氢气、乙炔、甲烷等；爆炸下限大于及等于 10% 的可燃气体为乙类火险物质，如一氧化碳、氨气、某些城市煤气。可燃气体绝大多数是甲类火险物质，只有极少数才属于乙类火险物质。

（4）D 类火灾　是指可燃金属燃烧而引起的火灾。可燃的金属有锂、钠、钾、钙、锶、镁、铝、钛、锌、锆、钍、铀、铪、钚。这些金属在处于薄片状、颗粒状或熔融状态时很容易着火，而且燃烧热很大，为普通燃料的5~20倍，火焰温度也很高，有的甚至达到3000℃以上。另外，在高温条件下，这些金属能与水、二氧化碳、氮、卤素及含卤化合物发生化学反应，使常用灭火剂失去作用，必须采用特殊的灭火剂灭火。正是因为这些特点，才把可燃金属燃烧引起的火灾从A类火灾中分离出来，单独作为D类火灾。应该指出，虽然建筑物中钢筋、铝合金在火灾中不会燃烧，但受高温作用后，强度会降低很多。在500℃时，钢材抗拉强度降低50%左右，铝合金则几乎失去抗拉强度。这一现象在火灾扑救时应给予足够的重视。

2. 按火灾损失严重程度分类

按火灾损失严重程度可分为特大火灾、重大火灾和一般火灾。

特大火灾是指死亡10人以上（含10人），重伤20人以上，或死亡、重伤20人以上，或受灾50户以上，或烧毁财务损失100万元以上的火灾。

重大火灾是指死亡3人以上，受伤10人以上，或死亡、重伤10人以上，或受灾30户以上的火灾，或烧毁财务损失30万元以上的火灾。

不具备重大火灾的任一指标的火灾称一般火灾。

3. 按起火直接原因分类

火灾起火的直接原因可分为放火、违反电气安装安全规定、违反电气使用安全规定、违反安全操作规定、吸烟、生活用火不慎、玩火、自燃、自然灾害及其他。

6.1.2 灭火方法

灭火的技术关键就是破坏维持燃烧所需的条件，使燃烧不能继续进行。灭火方法可归纳成冷却、窒息、隔离和化学抑制4种。前3种灭火方法是通过物理过程进行灭火，后一种方法是通过化学过程灭火。不论是采用哪种方法灭火，火灾的扑救都是通过上述4种作用的一种或综合作用而进行的。

1. 冷却法灭火

可燃物燃烧的条件（因素）之一，是在火焰和热的作用下，达到燃点，裂解、蒸馏或蒸发出可燃气体，使燃烧得以持续。冷却法灭火就是采用冷却措施使可燃物达不到燃点，也不能裂解、蒸馏或蒸发出可燃气体，使燃烧终止。如可燃固体冷却到自燃点以下，火焰就将熄灭；可燃液体冷却到闪点以下，并隔绝外来的热源，就不能挥发出足以维持燃烧的气体，火灾就会被扑灭。

水具有较大的热容量和很高的汽化热，是冷却性能最好的灭火剂，如果采用雾状水流灭火，冷却灭火效果更为显著。

建筑水消防设备不仅投资少、操作方便、灭火效果好、管理费用低，且冷却性能好，是冷却法灭火的主要灭火设施。

2. 窒息法灭火

窒息法灭火就是采取措施降低火灾现场空间内氧的浓度，使燃烧因缺少氧气而停止。窒息法灭火常采用的灭火剂一般有二氧化碳、氮气、水蒸气以及烟雾剂等。在条件许可的情况下，也可用水淹窒息法灭火。

重要的计算机房、贵重设备间可设置二氧化碳灭火设备扑救初期火灾，高温设备间可设置蒸汽灭火设备，重油储罐可采用烟雾灭火设备，石油化工等易燃易爆设备可采用氮气保护，以利及时控制或扑灭初期火灾，减少损失。

3. 隔离法灭火

隔离法灭火就是采取措施将可燃物与火焰、氧气隔离开来，使火灾现场没有可燃物，燃烧无法维持，火灾也就被扑灭。

石油化工装置及其输送管道（特别是气体管路）发生火灾，关闭易燃、可燃液体的来源，将易燃、可燃液体或气体与火焰隔开，残余易燃、可燃液体（或气体）烧尽后，火灾就被扑灭。电机房的油槽（或油罐）可设一般泡沫固定灭火设备；汽车库、压缩机房可设泡沫喷洒灭火设备；易燃、可燃液体储罐除可设固定泡沫灭火设备外，还可设置倒罐转输设备；气体储罐可设倒罐转输设备外，还可设放空火炬设备；易燃、可燃液体和可燃气体装置，可设消防控制阀门等。一旦这些设备发生火灾事故，可采用相应的隔离法灭火。

4. 化学抑制法灭火

化学抑制法灭火就是采用化学措施有效地抑制游离基的产生或者降低游离基的浓度，破坏游离基的连锁反应，使燃烧停止。如采用卤代烷（1301、1211）灭火剂灭火，就是降低游离基的灭火方法。

抑制法灭火对于有焰燃烧火灾效果好，但对深部火灾，由于渗透性较差，灭火效果不理想，在条件许可情况下，应与火、泡沫等灭火剂联用，以取得满意的效果。

卤代烷灭火剂可以抑制易燃和可燃液体火灾（汽油、煤油、柴油、醇类、酮类、酯类、苯以及其他有机溶剂等）、电气设备（发电机、变压器、旋转设备以及电子设备）、可燃气体（甲烷、乙烷、丙烷、城市煤气等）、可燃固体物质（纸张、木材、织物等）的表面火灾。

由于卤代烷对大气臭氧层的破坏作用，应尽量限定特殊场所采用，一般不宜采用。

与卤代烷灭火效果相似或可以替代卤代烷的灭火剂，国内外正在研究中，有可能替代卤代烷的灭火剂有 FE-232、FE-25、CGE410、CEA614、HFC-23、HFC-227、NAF-S-Ⅲ、氟碘烃等。

干粉灭火剂的化学抑制作用也很好，且近年来不少类型干粉可与泡沫联用，灭火效果很显著。凡是卤代烷能抑制的火灾，干粉均能达到同样效果，但干粉灭火有污染空气的不足之处。

化学抑制法灭火，灭火速度快，使用得当，可有效地扑灭初期火灾，减少人员和财产的损失。

6.1.3 灭火剂

灭火剂的种类很多，其中常用的有：水、卤代烷灭火剂、泡沫灭火剂、干粉灭火剂、二氧化碳灭火剂等。近几年，洁净环保型灭火剂应用也越来越广泛，如 SDE 灭火剂、七氟丙烷、气溶胶等。

6.1.4 建筑分类

根据建筑的性质，建筑可以分为工业建筑和民用建筑。民用建筑根据其使用性质、火灾危险性、疏散和扑救难度等又可以分为多种类型，具体见表 6-1。

表 6-1 民用建筑分类

名称	高层民用建筑		单层或多层民用建筑
	一类	二类	
住宅建筑	建筑高度大于 54m 的住宅建筑	建筑高度大于 27m，但不大于 54m 的住宅建筑	建筑高度不大于 27m 的住宅建筑
公共建筑	1. 建筑高度大于 50m 的公共建筑 2. 建筑高度 24m 以上任一楼层建筑面积大于 1000m² 的商店、展览、电信、邮政、财贸金融建筑和综合建筑 3. 医疗建筑、重要公共建筑 4. 省级及以上的广播电视和防灾指挥调度建筑、网局级和省级电力调度 5. 藏书超过 100 万册的图书馆、书库	除一类外的非住宅高层民用建筑	1. 建筑高度大于 24m 的单层公共建筑 2. 建筑高度不大于 24m 的其他民用建筑

注：1. 表中未列入的建筑，其类别应根据本表类比确定。宿舍、公寓等非住宅类居住建筑的防火设计，除《建筑设计防火规范》另有规定外，应符合该规范有关公共建筑的要求。

2. 裙房与高层建筑主体之间未采用防火墙分隔时，裙房的防火设计应按高层建筑考虑；与高层建筑主体之间已采用防火墙分隔时，裙房的防火设计可按单、多层民用建筑考虑。

6.1.5 火灾危险性分类

《建筑设计防火规范》根据生产中使用或产生的物质性质及其数量等因素，

把生产的火灾危险性分为甲、乙、丙、丁、戊5类，见表6-2。

表6-2　生产的火灾危险性分类

生产类别	火灾危险性特征
甲	使用或产生下列物质的生产： 1. 闪点小于28℃的液体 2. 爆炸下限小于10%的气体 3. 常温下能自行分解或在空气中氧化即能导致迅速自燃或爆炸的物质 4. 常温下受到水或空气中水蒸气的作用，能产生可燃气体并引起燃烧或爆炸的物质 5. 遇酸、受热、撞击、摩擦、催化以及遇有机物或硫磺等易燃的无机物，极易引起燃烧或爆炸的强氧化剂 6. 受撞击、摩擦或与氧化剂、有机物接触时能引起燃烧或爆炸的物质 7. 在密闭设备内操作温度等于或超过物质本身自燃点的生产
乙	使用或产生下列物质的生产： 1. 闪点大于28℃小于60℃的液体 2. 爆炸下限大于等于10%的气体 3. 不属于甲类的氧化剂 4. 不属于甲类的化学易燃危险固体 5. 助燃气体 6. 能与空气形成爆炸性混合物的浮游状态的粉尘、纤维、闪点大于等于60℃的液体雾滴
丙	使用或产生下列物质的生产： 1. 闪点大于等于60℃的液体 2. 可燃固体
丁	具有下列情况的生产： 1. 对非燃烧物质进行加工，并在高温或熔化状态下经常产生强辐射热、火花或火焰的生产 2. 利用气体、液体、固体作为燃料或将气体、液体进行燃烧作其他用的各种生产 3. 常温下使用或加工难燃烧物质的生产
戊	常温下使用或加工非燃烧物质的生产

同一座厂房或厂房的任一防火分区内有不同火灾危险性生产时，该厂房或防火分区内的生产火灾危险性类别应按火灾危险性较大的部分确定；当生产过程中使用或产生易燃、可燃物的量较少，不足以构成爆炸或火灾危险时，可按实际情况确定其生产的火灾危险性类别。当符合下述条件之一时，可按火灾危险性较小的部分确定：

1）火灾危险性较大的生产部分占本层或本防火分区面积的比例小于5%或丁、戊类厂房内的油漆工段小于10%，且发生火灾事故时不足以蔓延到其他部位或火灾危险性较大的生产部分采取了有效的防火措施。

2）丁、戊类厂房内的油漆工段，采用封闭喷漆工艺，封闭喷漆空间内保持负压、油漆工段设置可燃气体自动报警系统或自动抑爆系统，且油漆工段占其所在防火分区面积的比例不大于20%。

储存物品的火灾危险性应根据储存物品的性质和储存物品中的可燃物数量等

因素划分，可分为甲、乙、丙、丁、戊类，并应符合表6-3所示的规定。

表6-3 储存物品的火灾危险性分类

仓库类别	储存物品的火灾危险性特征
甲	1. 闪点小于28℃的液体 2. 爆炸下限小于10%的气体，以及受到水或空气中水蒸气的作用，能产生爆炸下限小于10%气体的固体物质 3. 常温下能自行分解或在空气中氧化能导致迅速自燃或爆炸的物质 4. 常温下受到水或空气中水蒸气的作用，能产生可燃气体并引起燃烧或爆炸的物质 5. 遇酸、受热、撞击、摩擦以及遇有机物或硫磺等易燃的无机物，极易引起燃烧或爆炸的强氧化剂 6. 受撞击、摩擦或与氧化剂、有机物接触时能引起燃烧或爆炸的物质
乙	1. 闪点不小于28℃，但小于60℃的液体 2. 爆炸下限不小于10%的气体 3. 不属于甲类的氧化剂 4. 不属于甲类的化学易燃危险固体 5. 助燃气体 6. 常温下与空气接触能缓慢氧化，积热不散引起自燃的物品
丙	1. 闪点不小于60℃的液体 2. 可燃固体
丁	难燃烧物品
戊	不燃烧物品

同一座仓库或仓库的任一防火分区内储存不同火灾危险性物品时，该仓库或防火分区的火灾危险性应按其中火灾危险性最大的类别确定。

丁、戊类储存物品的可燃包装重量大于物品本身重量的1/4或可燃包装体积大于物品本身体积的1/2的仓库，其火灾危险性应按丙类确定。

6.1.6 建筑耐火等级

1. 民用建筑

民用建筑的耐火等级应分为一、二、三、四级。除现行的《建筑设计防火规范》中另有规定者外，不同耐火等级建筑相应构件的燃烧性能和耐火极限不应低于表6-4所示的规定。

民用建筑的耐火等级应根据建筑的火灾危险性和重要性等确定。地下、半地下建筑（室），一类高层建筑的耐火等级不应低于一级；单层、多层重要公共建筑，裙房和二类高层建筑的耐火等级不应低于二级。

建筑高度大于100m的民用建筑的楼板，其耐火极限不应低于2.00h。一、二级耐火等级建筑的上人平屋顶，其屋面板的耐火极限分别不应低于1.50h和1.00h。

表6-4　不同耐火等级建筑相应构件的燃烧性能和耐火极限　（单位：h）

构件名称		耐火等级			
		一级	二级	三级	四级
墙	防火墙	不燃烧体 3.00	不燃烧体 3.00	不燃烧体 3.00	不燃烧体 3.00
	承重墙	不燃烧体 3.00	不燃烧体 2.50	不燃烧体 2.50	不燃烧体 0.50
	非承重墙	不燃烧体 1.00	不燃烧体 1.00	不燃烧体 0.50	燃烧体
	楼梯间、前室的墙、电梯井的墙、住宅建筑单元之间的墙和分户墙	不燃烧体 2.00	不燃烧体 2.00	不燃烧体 1.50	难燃烧体 0.5
	疏散走道两侧的隔墙	不燃烧体 1.00	不燃烧体 1.00	不燃烧体 0.50	难燃烧体 0.25
	房间隔墙	非燃烧体 0.75	非燃烧体 0.50	非燃烧体 0.50	难燃烧体 0.25
柱		不燃烧体 3.00	不燃烧体 2.50	不燃烧体 2.00	难燃烧体 0.5
梁		不燃烧体 2.00	不燃烧体 1.50	不燃烧体 1.00	难燃烧体 0.5
楼板		不燃烧体 1.50	不燃烧体 1.00	不燃烧体 0.5	燃烧体
屋顶承重构件		不燃烧体 1.50	不燃烧体 1.00	燃烧体 0.5	燃烧体
疏散楼梯		不燃烧体 1.50	不燃烧体 1.00	不燃烧体 0.5	燃烧体
吊顶（包括吊顶格栅）		不燃烧体 0.25	难燃烧体 0.25	难燃烧体 0.15	燃烧体

一、二级耐火等级建筑的屋面板应采用不燃烧材料，但其屋面防水层可采用可燃材料。

二级耐火等级建筑中采用难燃烧体的房间隔墙，其耐火极限不应低于0.75h；当房间的建筑面积不大于100m^{2}时，该房间的隔墙可采用耐火极限不低于0.50h的难燃烧体或耐火极限不低于0.30h的不燃烧体。

二级耐火等级多层住宅建筑中采用预应力钢筋混凝土的楼板，其耐火极限不应低于0.75h。

二级耐火等级建筑中采用不燃烧体的吊顶，其耐火极限不限。三级耐火等级的医疗建筑、中小学校建筑、老年人建筑及托儿所、幼儿园的儿童用房和儿童游乐厅等儿童活动场所的吊顶，应采用不燃烧体或耐火极限不低于0.25h的难燃烧体。二、三级耐火等级建筑中门厅、走道的吊顶应采用不燃烧体。

一、二级耐火等级建筑中预制钢筋混凝土构件的节点外露部位，应采取防火保护措施，且该节点的耐火极限不应低于相应构件的规定。

2. 厂房、仓库等建筑

厂房和仓库的耐火等级可分为一、二、三、四级，其构件的燃烧性能和耐火极限除规范另有规定者外，不应低于表 6-5 的规定。

表 6-5 不同耐火等级厂房和仓库建筑构件的燃烧性能和耐火极限

（单位：h）

构件名称		耐火等级			
		一级	二级	三级	四级
墙	防火墙	不燃烧体 3.00	不燃烧体 3.00	不燃烧体 3.00	不燃烧体 3.00
	承重墙	不燃烧体 3.00	不燃烧体 2.50	不燃烧体 2.50	难燃烧体 0.50
	楼梯间和电梯井的墙	不燃烧体 2.00	不燃烧体 2.00	不燃烧体 1.50	难燃烧体 0.5
	疏散走道两侧的隔墙	不燃烧体 1.00	不燃烧体 1.00	不燃烧体 0.50	难燃烧体 0.25
	非承重墙	不燃烧体 0.75	不燃烧体 0.50	不燃烧体 0.50	难燃烧体 0.25
	房间隔墙	非燃烧体 0.75	非燃烧体 0.50	非燃烧体 0.50	难燃烧体 0.25
柱		不燃烧体 3.00	不燃烧体 2.50	不燃烧体 2.00	难燃烧体 0.5
梁		不燃烧体 2.00	不燃烧体 1.50	不燃烧体 1.00	难燃烧体 0.5
楼板		不燃烧体 1.50	不燃烧体 1.00	不燃烧体 0.5	难燃烧体 0.5
屋顶承重构件		不燃烧体 1.50	不燃烧体 1.00	难燃烧体 0.5	燃烧体
疏散楼梯		不燃烧体 1.50	不燃烧体 1.00	不燃烧体 0.5	燃烧体
吊顶（包括吊顶格栅）		不燃烧体 0.25	难燃烧体 0.25	难燃烧体 0.15	燃烧体

注：1. 二级耐火等级建筑的吊顶采用不燃烧体时，其耐火极限不限。
2. 各类建筑构件的耐火极限和燃烧性能可按《建筑设计防火规范》附录 C 确定。

使用或储存特殊贵重的机器、仪表、仪器等设备或物品的建筑，其耐火等级应为一级。

高层厂房，甲、乙类厂房的耐火等级不应低于二级。建筑面积不大于 $300m^2$ 的独立甲、乙类单层厂房可采用三级耐火等级的建筑。单、多层丙类厂房，多层丁、戊类厂房的耐火等级不应低于三级。

使用或产生丙类液体的厂房和有火花、赤热表面、明火的丁类厂房，其耐火等级均不应低于二级。当为建筑面积不大于500m^2 的单层丙类厂房或建筑面积不大于1000m^2 的单层丁类厂房时，可采用三级耐火等级的建筑。

锅炉房的耐火等级不应低于二级，当为燃煤锅炉房且锅炉的总蒸发量不大于4t/h 时，可采用三级耐火等级的建筑。

油浸变压器室、高压配电装置室的耐火等级不应低于二级，其他防火设计应符合现行国家标准 GB 50229—2006《火力发电厂与变电站设计防火规范》等标准的有关规定。

高架仓库、高层仓库和甲类库房的耐火等级不应低于二级。单层乙类库房，单、多层丙类库房和多层丁、戊类库房的耐火等级不应低于三级。

粮食筒仓的耐火等级不应低于二级；二级耐火等级的粮食筒仓可采用钢板仓。粮食平房仓的耐火等级不应低于三级；二级耐火等级的散装粮食平房仓可采用无防火保护的金属承重构件。

甲、乙类厂房和甲、乙、丙类仓库的耐火极限应按表6-5 的规定增加1. 00h。

一、二级耐火等级的单层厂房（仓库）的柱，其耐火极限可按表 6-5 的规定降低0. 50h。

除耐火等级为一级的建筑外，下列建筑的梁、柱、屋顶承重构件可采用无防火保护的金属结构，其中能受到甲、乙、丙类液体或可燃气体火焰影响的部位应采取外包覆不燃材料或其他防火隔热保护措施：

1）设置自动灭火系统的单层丙类厂房的梁、柱、屋顶承重构件。

2）设置自动灭火系统的二级耐火等级多层丙类厂房的屋顶承重构件。

3）单层、多层丁、戊类厂房（仓库）的梁、柱和屋顶承重构件。

6. 1. 7　防火间距与道路消防

1. 民用建筑

为了防止建筑间的火势蔓延，同时又可提供人员疏散和消防灭火的场地，各建筑物之间须留出一定的安全距离，即防火间距。

两建筑物之间的防火间距是指相邻外墙间最近的那段距离（从凸出部分外缘算起)。一、二级耐火等级之间的距离最少采用6m，三级与三级耐火等级之间的距离采用8m，四级与四级耐火等级之间的距离采用12m。按高度而论，要求多层建筑与多层建筑之间的防火间距应不小于6m，高层建筑与多层建筑之间的防火间距不小于9m，而高层建筑与高层建筑之间的防火间距不小于13m。

进行城市道路设计时，必须考虑道路消防要求：

1）当建筑沿街部分长度超过150m或总长度超过220m时，均应设置穿过建筑的消防车道。建筑物内部开设的消防车道，净高和净宽不应小于4m。

2）沿街建筑应设连接街道和内院的通道，其间距不大于80m（可结合楼梯间设置)。

3）消防道路宽度应大于等于3.5m，净空高度不应小于4m。

4）尽端式消防通道的回车场尺寸应大于等于15m×15m。

5）高层建筑宜设环形消防车道，或沿两长边设消防车道。

6）超过3000座的体育馆、超过2000座的会馆、占地面积超过3000m^2的展览馆、博物馆、商场，宜设环形消防车道。

从防火需要出发，民用建筑内部消防车通道宽度应不小于3.5m。液化石油气供应站的火灾危险性大，一般气瓶库与周围建筑物之间的防火间距应不小于10m。居住小区的道路宽度应不小于3.5m，间距不大于160m，U形、L形建筑物，其沿街部分长度不宜超过150m。从室外消火栓到灭火地点不宜超过150m。

2. 工业建筑

厂房或库房的防火间距应根据生产和贮存物品的火灾危险性等级类别以及建筑物与周围建筑物的耐火等级确定。一般地，一、二级耐火等级厂房或库房之间的防火间距不得小于10m，一、二级耐火等级厂房或库房与三级耐火等级厂房或库房之间的防火间距不得小于12m，三级耐火等级厂房或库房与三级耐火等级厂房或库房之间的防火间距不得小于14m。厂房与民用建筑之间的防火距离，最好大于10m。甲类库房起火爆炸的危险性大，其间的防火间距不应小于20m。具有爆炸与火灾危险的甲、乙类厂房与民用建筑之间的防火距离，一般不小于25m，距重要的公共建筑物不小于50m。

6.2 城市消防规划

城市消防规划应全面贯彻科学发展观，坚持“预防为主、防消结合”的消防工作方针和“科学合理、技术先进、经济适用”的规划原则，优化处理城市规划建设发展与消防安全保障体系的相互关系，从火灾预防、灭火救援等方面满足城市发展的安全需要，促进消防力量向多种形式发展，提高消防工作社会化水平。

城市消防规划是城市总体规划的重要组成部分，也是城市综合防灾减灾体系规划的基础之一，应与有关规划相衔接；城市消防安全布局和公共消防基础设施建设，应与城市综合防灾减灾系统和市政公用等工程系统的有关设施实现资源共享、优化配置。

城市消防规划的期限和范围应与城市总体规划相一致。

6.2.1 城市消防规划的内容

城市消防规划的主要内容包括：

1）城市消防安全布局规划。对易燃易爆、火灾危险性大的工厂、仓库、燃气调压站、液化石油储存站、储备站、灌瓶站、加油站点等的布局、消防安全以及其与周围建筑物、构筑物、铁路、公路之间防火安全距离提出控制要求。

2）城市消防站及消防装备规划。消防站的布局以及需要配备的消防装备。

3）消防通信规划。

4）消防供水系统规划。

5）消防车通道规划。

城市消防规划的编制应在全面搜集研究城市相关基础资料，进行城市火灾风险评估的基础上完成。

6.2.2　城市消防安全布局

1）建筑耐火等级低的危旧建筑密集区及消防安全条件差的其他地区（如旧城棚户区、城中村等），应采取开辟防火间距、打通消防通道、改造供水管网、增设消火栓和消防水池、提高建筑耐火等级等措施，改善消防安全条件；应纳入旧城改造规划和实施计划，消除火灾隐患。

2）历史城区、历史地段、历史文化街区、文物保护单位等，应配置相应的消防力量和装备，改造并完善消防通道、水源和通信等消防设施。

3）城市地下空间及人防工程的建设和综合利用，应符合消防安全的规定，建设相应的消防设施及制订安全保障措施；应建立人防与消防的战时通信联系；有条件的消防站，可结合大型地下空间及人防工程，建设地下消防车库。

4）城市防灾避难疏散场地的服务半径宜为0.5～1.0km。城市道路和面积大于10 000m^2 以上的广场、运动场、公园、绿地等各类公共开敞空间，除满足其自身功能需要外，还应按照城市综合防灾减灾及消防安全的要求，兼作防火隔离带、避难疏散场地及通道。

易燃易爆危险化学物品场所和设施布局的一般规定：

1）各类易燃易爆危险化学物品的生产、储存、运输、装卸、供应场所和设施的布局，应符合城市规划、消防安全和安全生产监督等方面的要求。

2）城市规划建成区内应合理控制各类易燃易爆危险化学物品的总量、密度及分布状况，相对集中地设置各类易燃易爆危险化学物品的生产、储存、运输、装卸、供应场所和设施，合理组织危险化学物品的运输线路，从总体上减少城市的火灾风险和其他安全隐患。

3）各类易燃易爆危险化学物品的生产、储存、运输、装卸、供应场所和设施的布局，应与相邻的各类用地、设施和人员密集的公共建筑及其他场所保持规定的防火安全距离。

4）城市规划建成区内的现状易燃易爆危险化学物品场所和设施，应按照有关规定严格控制其周边的防火安全距离。

城市规划建成区内新建的易燃易爆危险化学物品场所和设施，其防火安全距离应控制在自身用地范围以内；相邻布置的易燃易爆危险化学物品场所和设施之间的防火安全距离，按照规定距离的最大者予以控制。

5）大、中型石油化工生产设施、二级及以上石油库等规模较大的易燃易爆化学物品场所和设施，应设置在城市规划建成区边缘且确保城市公共消防安全的地区，不得设置在城市常年主导风向的上风向、城市水系的上游或其他危及城市公共安全的地区。

6）汽车加油加气站的规划建设应符合 GB 50156—2012《汽车加油加气站设计与施工规范》、GB 50220—1995《城市道路交通规划设计规范》的有关规定。城市规划建成区内不得建设一级加油站、一级天然气加气站、一级液化石油气加气站和一级加油加气合建站，不得设置流动的加油站、加气站。

7）城市可燃气体（液体）储配设施及管网系统应科学规划、合理布局，符合相关技术标准要求。

8）城市规划建成区内应合理组织和确定易燃易爆危险化学物品的运输线路及高压输气管道走廊，不得穿越城市中心区、公共建筑密集区或其他的人口密集区。

6.2.3 城市消防站及消防装备

城市消防站分为陆上消防站、水上（海上）消防站和航空消防站；有条件的城市，应形成陆上、水上、空中相结合的消防立体布局和综合扑救体系。陆上消防站分为普通消防站和特勤消防站，普通消防站分为一级普通消防站和二级普通消防站。

1. 陆上消防站

（1）陆上消防站的设置要求

1）城市规划建成区内应设置一级普通消防站。城市规划建成区内设置一级普通消防站确有困难的区域可设二级普通消防站。消防站不应设在综合性建筑物中；特殊情况下，设在综合性建筑物中的消防站应有独立的功能分区。

2）中等及以上规模的城市、地级及以上城市、经济较发达的县级城市和经济发达且有特勤任务需要的城镇应设置特勤消防站。特勤消防站的特勤任务服务人口不宜超过 50 万人/站。

3）中等及以上规模的城市、地级以上城市的规划建成区内应设置消防设施备用地，用地面积不宜小于一级普通消防站；大城市、特大城市的消防设施备用地不应少于 2 处，其他城市的消防设施备用地不应少于 1 处。

（2）陆上消防站的布局要求

1）城市规划区内普通消防站的规划布局，一般情况下应以消防队接到出动指令后正常行车速度下5min内可以到达其辖区边缘为原则确定。

2）普通消防站的辖区面积不应大于$7km^2$；特勤消防站兼有辖区消防任务的，其辖区面积同一级普通消防站。设在近郊区的普通消防站仍以消防队接到出动指令后5min内可以到达其辖区边缘为原则确定辖区面积，其辖区面积不应大于$15km^2$；有条件的城市，也可针对城市的火灾风险，通过评估方法合理确定消防站辖区面积。

3）城市消防站辖区的划分，应结合地域特点、地形条件、河流、城市道路网结构，不宜跨越河流、城市快速路、城市规划区内的铁路干线和高速公路，并兼顾消防队伍建制、防火管理分区。对于受地形条件限制，被河流、城市快速路、高速公路、铁路干线分隔，年平均风力在3级以上或相对湿度在50%以下的地区，应适当缩小辖区面积。

4）结合城市总体规划确定的用地布局结构、城市或区域的火灾风险评估、城市重点消防地区的分布状况，普通消防站和特勤消防站应采取均衡布局与重点保护相结合的布局结构，对于火灾风险高的区域应加强消防装备的配置。

5）特勤消防站应根据特勤任务服务的主要灭火对象设置在交通方便的位置，宜靠近辖区中心。

（3）陆上消防站的选址要求

1）应设在辖区内适中位置和便于车辆迅速出动的主、次干道的临街地段。

2）其主体建筑距医院、学校、幼儿园、影剧院、商场等容纳人员较多的公共建筑的主要疏散出口或人员集散地不宜小于50m。

3）辖区内有生产、贮存易燃易爆危险化学物品单位的，消防站应设置在常年主导风向的上风或侧风处，其边界距上述部位一般不应小于200m。

4）消防站车库门应朝向城市道路，至城市规划道路红线的距离不应小于15m。

（4）陆上消防站建设用地面积的规定

1）一级普通消防站为$3300 \sim 4800m^2$；

2）二级普通消防站为$2300 \sim 3400m^2$；

3）特勤消防站为$4900 \sim 6300m^2$。

上述指标应根据消防站建筑面积大小合理确定，面积大者取高限，面积小者取低限。上述指标未包含道路、绿化用地面积，各地在确定消防站建设用地总面积时，可按0.5~0.6的容积率进行测算；消防站建设用地紧张且难以达到标准的特大城市，可结合本地实际，集中建设训练场地或训练基地，以保障消防员开展正常的业务训练。

陆上消防站应根据其辖区内城市规划建设用地的灭火和抢险救援的具体要

求，配置各类消防装备和器材，具体配置应符合《城市消防站建设标准（修订）》（建标［2006］42 号）的有关规定。

2. 水上（海上）消防站

城市应结合河流、湖泊、海洋沿线有任务需要的水域设置水上（海上）消防站。

（1）水上（海上）消防站的设置和布局要求

1）水上（海上）消防站应设置供消防艇靠泊的岸线，其靠泊岸线应结合城市港口、码头进行布局，岸线长度不应小于消防艇靠泊所需长度且不应小于100m。

2）水上（海上）消防站应以接到出动指令后正常行船速度下 30min 可以到达其服务水域边缘为原则确定；水上（海上）消防站至其服务水域边缘距离不应大于 20 ~ 30km。

3）水上（海上）消防站应设置相应的陆上基地，用地面积及选址条件同陆上一级普通消防站。

（2）水上（海上）消防站的选址要求

1）水上（海上）消防站宜设置在城市港口、码头等设施的上游处。

2）辖区水域内有危险化学品港口、码头，或水域沿岸有生产、储存危险化学品单位的，水上（海上）消防站应设置在其上游处，并且其陆上基地边界距上述危险部位一般不应小于 200m。

3）水上（海上）消防站不应设置在河道转弯、旋涡处及电站、大坝附近。

4）水上（海上）消防站趸船和陆上基地之间的距离不应大于 500m，并且不应跨越铁路、城市主干道和高速公路。

（3）水上（海上）消防站的船只类型及数量配置要求

1）趸船 1 艘。

2）消防艇 1 ~ 2 艘。

3）指挥艇 1 艘。

3. 航空消防站

大城市、特大城市宜设置航空消防站。航空消防站的设置应符合下列要求：

1）航空消防站宜结合民用机场布局和建设，并应有独立的功能分区。

2）航空消防站应设置陆上基地，用地面积同陆上一级普通消防站；陆上基地宜独立建设，如确有困难，可设在机场建筑内，但消防站用房应有独立的功能分区。

3）设有航空消防站的城市宜结合城市资源设置飞行员、消防空勤人员训练基地。

城市的高层建筑密集区和广场、运动场、公园、绿地等防灾避难疏散场地应设置消防直升飞机临时起降点，临时起降点用地及环境应满足以下要求：

1）最小空地面积不应小于400m^2，其短边长度不应小于20m。

2）用地及周边10m范围内不应栽种大型树木，上空不应设置架空线路。

另外，关于消防站的规划还应注意以下几点：

1）城市应设置消防指挥中心，且应具有城市消防报警、接警、处警、通信及信息管理等功能，并可结合城市综合防灾的要求，增加城市灾害紧急处置功能。

2）中等及以上规模城市、地级以上城市应设置消防训练培训基地，并应满足消防技能训练、培训的要求。

3）中等及以上规模城市、地级以上城市应设置消防后勤保障基地，应满足消防汽训、汽修、医疗等后勤保障功能。

4）大中型企事业单位应按相关法律法规建立专职消防队，纳入城市消防统一调度指挥系统。此类专职消防队数量可不计入城市消防站的设置数量。

编制城市消防规划时，应具体落实城市消防站等设施的规划建设用地，编制城市消防站规划选址图册（1/500地形图），并制订相关措施有效控制其用地性质和规模。

6.3 城市消防给水规划

城市消防供水设施包括城市给水系统中的水厂、给水管网、市政消火栓（或消防水鹤）、消防水池，特定区域的消防独立供水设施，自然水体的消防取水点等。

6.3.1 城市消防水源

消防用水除市政给水管网供给外，也可由城市人工水体、天然水源和消防水池等供给，但应确保消防用水的可靠性，且应设置道路、消防取水点（码头）等可靠的取水设施。使用再生水作为消防用水时，其水质应满足国家有关城市污水再生利用水质标准。

根据我国目前经济技术条件和消防装备能力，在规划城市消防供水时，宜根据不同条件和当地具体情况，采用多水源供水方式，设置两个消防水源的条件见表6-6。

每个消防站的责任区至少设置一处城市消防水池或天然水源取水码头以及相应的道路设施，作为城市自然灾害或战时重要的消防备用水源。

无河网的城市，宜结合重要公共建筑修建蓄水池、喷水池、荷花池、观鱼池等，并设置环形车行道，为消防车取水灭火创造有利条件。这类水池，平时可作为消防水源，遇到战争或地震等破坏城市管网而中断供水水源时，也可用来灭火。

表 6-6 设置两个消防水源的条件

名　称	人数（万人）	工业企业基地面积/hm^2	附属于工业企业的居住区人数/万人
城镇	>2.5	—	—
独立居住区	>2.5	—	—
大中型石油化工企业	—	>50	>1.0
其他工业企业	—	>100	>1.5

注：$1hm^2=10^4m^2$。

6.3.2 城市消防用水量

城市消防用水量，应根据城市人口规模按同一时间内的火灾次数和一次灭火用水量的乘积确定。当市政给水管网系统为分片（分区）独立的给水管网系统且未联网时，城市消防用水量应分片（分区）进行核定。同一时间内的火灾次数和一次灭火用水量应符合表 6-7 所示的规定。

表 6-7 城市消防用水量

人数/万人	同一时间内火灾次数/次	一次灭火用水量/(L/s)
≤1.0	1	10
≤2.5	1	15
≤5.0	2	25
≤10.0	2	35
≤20.0	2	45
≤30.0	2	55
≤40.0	2	65
≤50.0	3	75
≤60.0	3	85
≤70.0	3	90
≤80.0	3	95
≤100.0	3	100

注：城市室外消防用水量应包括居住区、工厂、仓库（含堆场、储罐）和民用建筑的室外消火栓用水量。当工厂、仓库和民用建筑的室外消火栓用水量按本表计算，其值不一致时，应取其较大值。

6.3.3 管网及消防设施布置

城市消防供水管道宜与城市生产、生活给水管道合并使用，但在设计时应保证在生产用水和生活用水高峰时段，仍能供应全部消防用水量。

高压（或临时高压）消防供水应设置独立的消防供水管道，应与生产、生活给水管道分开。

城市消防供水系统管网应布置成环状；若确有困难设置成枝状管网和当符合下列情况之一时，应设置城市消防水池：

1）无市政消火栓或消防水鹤的城市区域。

2）无消防车道的城市区域。

3）消防供水不足的城市区域或建筑群（包括大面积棚户区或建筑耐火等级低的建筑密集区、历史文化街区、文物保护单位）。

消防水池的容量应根据保护对象计算确定。蓄水的容量最低不宜小于100m^3。

市政消火栓等消防供水设施的设置数量或密度，应根据被保护对象的价值和重要性、潜在的火灾风险、所需的消防水量、消防车辆的供水能力、城市未来发展趋势等因素综合确定，一般应符合下列要求：

1）市政消防栓应沿街、道路靠近十字路口设置，间距不应超过120m。当道路宽度超过60m时，宜在道路两侧设置消火栓，且距路边不应超过2m，距建（构）筑物外墙不宜小于5m。

2）城市重点消防地区应适当增加消火栓密度及水量水压。

3）市政消火栓规划建设时，应统一规格型号，一般为地上式室外消火栓。

4）严寒地区可设置地下式室外消火栓或消防水鹤。消防水鹤的设置密度宜为1个/km^2，消防水鹤间距不应小于700m。

市政消火栓配水管网宜环状布置，配水管口径应根据可能同时使用的消火栓数量确定。市政消火栓的配水管最小公称直径不应小于150mm，最小供水压力不应低于0.15MPa。单个消火栓的供水流量不应小于15 L/s，商业区宜在20 L/s以上。消防水鹤的配水管最小公称直径不应小于200mm，最小供水压力不应低于0.15MPa。

6.4 消防车通道

消防车通道的规划建设应符合道路、防火设计相关规范、标准的要求，并应遵循以下原则：

1）消防车通道可依托于城市道路网络系统，由城市各级道路、居住区和企事业单位内部道路、建筑物消防车通道以及用于自然或人工水源取水的消防车通道等组成。

2）消防车通道应满足消防车辆安全、快捷通行的要求，遵循统一规划、快速合理、资源共享的原则。

3）城市各级道路应建设成环状，尽可能减少尽端路的设置。城市居住区和企事业单位内部道路应考虑城市综合防灾救灾和避难疏散的需要，满足消防车通行的要求。

4）消防车通道的技术指标应符合下列要求：

① 街区内供消防车通行的道路中心线间距不宜超过160m。当建筑物的沿街部分长度超过150m或总长度超过220m时，宜设置穿过建筑物的消防车通道；

② 消防车通道净宽度和净空高度不应低于4m，与建筑外墙宜大于5m；石油化工区的生产工艺装置、储罐区等处的消防车通道宽度不应小于6m，路面上净空高度不应低于5m，路面内缘转弯半径不宜小于12m；

③ 消防车通道的坡度不应影响消防车的安全行驶、停靠、作业等，举高消防车停留作业场地的坡度不宜大于3%；

④ 消防车通道的回车场地面积不应小于12m×12m，高层民用建筑消防车回车场地面积不宜小于15m×15m，供大型消防车使用的回车场地面积不宜小于18m×18m；

⑤ 消防车通道下的管道和暗沟等应能承受大型消防车辆的荷载，具体荷载指标应满足能承受规划区域内配置的最大型消防车辆的重量。

6.5 消防通信

城市消防通信指挥系统应包括火灾报警、火警受理、火场指挥、消防信息综合管理和训练模拟等子系统。城市消防通信系统规划和建设应符合GB 50313—2013《消防通信指挥系统设计规范》的有关规定。

城市应设置119火灾报警服务台或设置119、110、112“三台合一”报警服务台。

城市119报警服务台与各消防站之间应至少设一条火警调度专线，可用于语音调度或数据指令调度；与公安、交通管理、医疗救护、供水、供电、供气、通信、环保、气象、地震等部门或联动单位之间应至少设1条火警调度专线或数据指令调度通道；与消防重点保护单位之间应设1条火警调度专线。

城市应建立消防调度指挥专用无线通信网，社会公众无线通信网作为消防无线通信网的补充，不作为主要通信方式。

城市应建立消防信息综合管理系统，有条件的城市可建立消防图像监控系统、高空瞭望系统，并与道路交通图像监控、城市通信等系统联网，实现资源共享，预警和实时监控火灾状况。

6.6　村镇消防工程规划

6.6.1　镇消防工程规划

镇消防规划主要应包括消防安全布局和确定消防站、消防给水、消防通信、消防车通道、消防装备。

镇消防安全布局应符合下列规定：

1）生产和储存易燃、易爆物品的工厂、仓库、堆场和储罐等应设置在镇区边缘或相对独立的安全地带。

2）生产和储存易燃、易爆物品的工厂、仓库、堆场、储罐以及燃油、燃气供应站等与居住、医疗、教育、集会、娱乐、市场等建筑之间的防火间距不应小于50m。

3）现状中影响消防安全的工厂、仓库、堆场和储罐等应迁移或改造，耐火等级低的建筑密集区应开辟防火隔离带和消防车通道，增设消防水源。

镇消防给水应符合下列规定：

1）具备给水管网条件时，其管网及消火栓的布置、水量、水压应符合现行国家标准GB 50016—2006《建筑设计防火规范》的有关规定。

2）不具备给水管网条件时应利用河湖、池塘、水渠等水源规划建设消防给水设施。

3）给水管网或天然水源不能满足消防用水时，宜设置消防水池，寒冷地区的消防水池应采取防冻措施。

镇消防站的设置应根据镇的规模、区域位置和发展状况等因素确定，并应符合下列规定：

1）特大、大型镇区消防站的位置应以接到报警5min内消防队到辖区边缘为准，并应设在辖区内的适中位置和便于消防车辆迅速出动的地段；

2）消防站的建设用地面积、建筑及装备标准可按《城市消防站建设标准》的规定执行；消防站的主体建筑距离学校、幼儿园、托儿所、医院、影剧院、集贸市场等公共设施的主要疏散口的距离不应小于50m。

3）中、小型镇区尚不具备建设消防站能力时，可设置消防值班室，配备消防通信设备和灭火设施。

消防车通道之间的距离不宜超过160m，路面宽度不得小于4m，当消防车通道上空有障碍物跨越道路时，路面与障碍物之间的净高不得小于4m。

镇区应设置火警电话。特大、大型镇区火警线路不应少于两对，中、小型镇区不应少于一对。

镇区消防站应与县级消防站、邻近地区消防站，以及镇区供水、供电、供气等部门建立消防通信联网。

6.6.2 村消防工程规划

村的消防站、消防给水、消防车通道和消防通信等公共消防设施，应纳入村镇的总体和建设规划。

村规划应按用地功能合理布局。居住区用地宜选择在生产区常年主导风向的上风或侧风向；生产区用地宜选择在村镇的一侧或边缘。

生产和贮存有爆炸危险物品的甲、乙类厂（库）房，应在村镇边缘以外单独布置。甲、乙、丙类液体贮罐或罐区，应单独布置在村镇常年主导风向的下风或侧风方向及地势较低的地带，当采取防止液体流散等安全措施时，也可布置在地势较高的地带。

打谷场和易燃、可燃材料堆场，宜布置在村镇的边缘并靠近水源的地方。打谷场的面积不宜大于2000m^2；打谷场之间及其与建筑物（看场房除外）的防火间距，不应小于25m。

汽车、大型拖拉机车库宜集中布置，并宜单独建在村的边缘。

林区的村和企、事业单位，距成片林边缘的防火安全距离，不宜小于300m。

村内消防车通道之间的距离，不宜超过160m。消防车通道可利用交通道路，并应与其他公路相连通，其路面宽度不应小于3.5m，转弯半径不应小于8m。当管架、栈桥等障碍物跨越道路时，其净高不应小于4m。

村的农贸市场，不宜布置在影剧院、学校、医院、幼儿园等场所的主要出入口处和影响消防车通行的地段，并与甲、乙类生产建筑的防火间距不宜小于50m。

无给水管网的村，其消防给水应充分利用江河、湖泊、堰塘、水渠等天然水源，并应设置通向水源地的消防车通道和可靠的取水设施。利用天然水源时，应保证枯水期最低水位和冬季消防用水的可靠性。

没有给水管网的村镇及其工厂、仓库、易燃、可燃材料堆场，宜设置室外消防给水。村镇的消防给水管网，其末端最小管径不应小于100mm。无天然水源或给水管网不能满足消防用水时，宜设置消防水池，寒冷地区的消防水池应采取防冻措施。

室外消火栓应沿道路设置，并宜靠近十字路口，其间距不宜大于120m。消火栓与房屋外墙的距离不宜小于5m，当有困难时可适当减少，但不应小于1.5m。

消防水池的容量应满足在火灾延续时间内消防用水量的要求。甲、乙、丙类液体贮罐和易燃、可燃材料堆场的火灾延续时间，不应小于4h，其他建筑不应小于2h。

第7章

城市供电规划

7.1 概述

城市供电规划就是将能源合理、科学利用，以满足人们不断增长的用电需求、城市建设的不断发展和社会经济快速增长的需要。基本任务就是构建安全、经济、方便、优质、技术先进的城市供电网络体系，满足国民经济各部门用电增长的要求，为国民经济和人民生活提供“充足、可靠、合格、廉价”的电力。

城市供电规划的主要任务：结合城市和区域电力资源状况，合理确定规划期内的城市用电量、用电负荷，进行城市电源规划；确定城市输、配电设施的规模、容量以及电压等级；科学布局变电所（站）等变配电设施和输配电网络；指定各类供电设施和电力线路的保护措施。

编制城市供电规划应遵循的原则：应符合城市规划和地区电力系统规划总体要求；城市电力规划编制阶段和期限的划分，应与城市规划相一致；近、远期相结合，正确处理近期建设和远期发展的关系；应充分考虑规划新建的电力设施运行噪声、电磁干扰及废水、废气、废渣三废排放对周围环境的干扰和影响，并应按国家环境保护方面的法律、法规有关规定，提出切实可行的防治措施；规划新建的电力设施应切实贯彻安全第一、预防为主、防消结合的方针，满足防火、防爆、防洪、抗震等安全设防要求；应从城市全局出发，充分考虑社会、经济、环境的综合效益。

城市供电规划主要内容包括：预测用电负荷及负荷密度、确定城市规划建成区的新建变电站站址、新（扩）建变电站站容、用地规模及供电范围，选择电力网络结构及线路走廊。

城市总体规划阶段，应以规划人口、用地布局、社会经济发展为依据，结合所在地区电力部门制订的电力发展行业规划及其重大电力设施工程项目近期建设的进度安排，由城市规划、电力两部门通过协商，密切合作进行城市总体规划中电力规划的编制。

城市电力规划编制过程中，应与道路交通规划、绿化规划以及城市供水、排水、供热、燃气、邮电通信等市政公用工程规划相协调，统筹安排，妥善处理相互间的影响和矛盾。

7.1.1 城市电力规划的主要内容深度

1. 城市电力总体规划

城市电力总体规划阶段需调研、收集资料：地区动力资源分布、储量、开采程度资料；城市综合资料，包括区域经济、城市人口、土地面积、国内生产总值、产业结构及国民经济各产业或各行业产值、产量及大型工业企业产值、产量的近5年或10年的历史及规划综合资料；城市电源、电网资料，包括地区电力系统地理接线图，城市供电电源种类、装机容量及发电厂位置，城网供电电压等级、电网结构，各级电压变电所容量、数量、位置及用地，高压架空线路路径、走廊宽度等现状资料及城市电力部门制订的城市电力网行业规划资料；城市用电负荷资料，包括近5年或10年的全市及市区（市中心区）最大供电负荷、年总用电量、用电构成、电力弹性系数、城市年最大综合利用小时数、按行业用电分类或产业用电分类的各类负荷年用电量、城乡居民生活用电量等历史、现状资料；其他资料，包括城市水文、地质、气象、自然地理资料和城市地形图，总体规划图及城市分区土地利用图等。

在城市电力总体规划纲要的基础上，编制城市电力总体规划。

（1）城市电力总体规划纲要　城市电力总体规划纲要的内容是：

1）预测城市规划目标年的用电负荷水平。

2）确定城市电源、电网布局方案和规划原则。

3）绘制市域和市区（或市中心区）电力总体规划布局示意图，编写城市总体规划纲要中的电力专项规划要点。

（2）城市电力总体规划　城市电力总体规划阶段编制内容应包括：

1）预测市域和市区（或市中心区）规划用电负荷。

2）电力平衡。

3）确定城市供电电源种类和布局。

4）确定城网供电电压等级和层次。

5）确定城网中的主网布局及其变电所容量、数量。

6）确定35kV及以上高压送、配电线路走向及其防护范围。

7）提出城市规划区内的重大电力设施近期建设项目及进度安排。

8）绘制市域和市区（或市中心区）电力总体规划图，编写电力总体规划说明书。

2. 城市电力详细规划

城市电力详细规划阶段需调研、收集以下资料：城市各类建筑单位建筑面积负荷指标（归算至10kV电源侧处）的现状资料或地方现行采用的标准或经验数据；详细规划范围内的人口，土地面积，各类建筑用地面积、容积率（或建筑面积），大型工业企业或公共建筑群的用地面积、容积率（或建筑面积）现状及规划资料；工业企业生产规模、主要产品产量、产值等现状及规划资料；详细规划区道路网、各类设施分布的现状及规划资料；详细规划图等。

在电力总体规划的基础上，编制城市详细规划阶段中的电力规划，包括编制电力控制性详细规划和编制电力修建性详细规划。

（1）电力控制性详细规划　电力控制性详细规划编制内容应包括：

1）确定详细规划区中各类建筑的规划用电指标，并进行负荷预测。

2）确定详细规划区供电电源的容量、数量及其位置、用地。

3）布置详细规划区内中压配电网或中、高压配电网，确定其变电所、开关站的容量、数量、结构形式及位置、用地。

4）绘制电力控制性详细规划图，编写电力控制性详细规划说明书。

（2）电力修建性详细规划　电力修建性详细规划编制内容应包括：

1）估算详细规划区用电负荷。

2）确定详细规划区供电电源点的数量、容量及位置、用地面积（或建筑面积）。

3）布置详细规划区的中、低压配电网及其开关站、10kV公用配电所的容量、数量、结构形式及位置、用地面积（或建筑面积）。

4）确定详细规划区的中、低压配电线路的路径，敷设方式及线路导线截面。

5）投资估算。

6）绘制电力修建性详细规划图，编写电力修建性详细规划说明书。

7.1.2　城市电力系统的组成与电压等级

1. 电力系统的组成

城市电力系统由发电厂、各级变电站（所）、电力网和用电设备等组成。根据功能又可将电力系统分为供配电系统和用电系统两大类。供配电系统是接受电源输入的电能，并进行检测、计量、变压等，然后向用户和用电设备分配电能的系统；用电系统主要包括动力用电系统、照明用电系统以及其他用电系统等。

2. 电压等级

电压等级是根据国家的工业生产水平和电机电器制造能力，进行技术经济综合分析比较而确定的。在城市中，尤其是民用建筑用电电压，我国目前采用的仍然是1956年规定的3类电压标准：额定电压小于100V，主要用于安全照明、蓄电池和其他开关设备的操作电源；额定电压为100～1000V，主要用于低压动力和照明；额定电压大于1000V，主要用于高压用电设备及发电、输电的额定电压值。

城网的标准电压应符合国家电压标准：送电电压为500kV、330kV、220kV和110kV，高压配电电压为110kV和35kV，中压配电电压为10kV，低压配电电压为380/220V。选择电压等级时，应尽量避免重复降压。

7.2 电力负荷的预测和计算

电力负荷预测是城市规划中电力工程规划一项最基本的任务。城市的供电规模、变电站（所）的容量、输电线路的输电能力等均依据电力负荷预测结果来确定。如果变电站（所）和输电线路的容量选择过大，将造成设备的积压和浪费。反之，如果变电站（所）和输电线路的容量选择过小，则不能满足城市生产和生活的需要，从而阻碍城市各项事业的发展，以致在短期内又要新建或扩建供电系统，造成浪费和布局不合理。因此，电力负荷的预测与计算的准确程度尤为重要，应予以足够的重视。

7.2.1 电力负荷等级及供电要求

1. 电力负荷等级

电力负荷根据其重要性和中断供电后造成的损失、影响程度及供电可靠程度的要求分3级：

（1）一级负荷　一级负荷是指中断供电将造成人身伤亡，在政治、经济上造成重大损失或造成公共场所秩序严重混乱的重要供电负荷。城市中的一级负荷一般是重要国家机关、特殊工业企业、重要交通枢纽、重要通信枢纽、大型医疗中心、大型商业中心、大型金融中心、大型体育中心等重要场所。

（2）二级负荷　二级负荷是指中断供电将在政治、经济上造成较大损失的重要供电负荷。城市中的二级负荷一般是国家机关、大型工厂、大型医院、大型商场、娱乐中心、金融机构、高层住宅等重要场所。

(3) 三级负荷 三级负荷是指不属于一级、二级负荷的一般供电负荷。中断供电只会造成一般性损失。城市中的三级负荷一般是一般性的学校、机关、工厂、住宅、公建等场所。

2. 供电要求

各级电力负荷对供电的要求是:

1) 一级负荷应配备两个独立电源与两个独立回路供电。当一路电源或回路发生故障时，另一路电源或回路不应同时受到损坏。对于特别重要的一级负荷，除两路独立电源供电外，尚应增设应急电源，并严禁将其他负荷接入应急供电系统。

2) 二级负荷应由双电源及双回线路供电，应做到不致中断供电，或中断后能迅速恢复供电。在负荷较小或地区供电条件困难时，二级负荷可由6kV及以上专用的架空线路或电缆供电。

3) 三级负荷对供电电源及供电网络无特殊要求，一般采用单电源及单回线供电。

7.2.2 电力负荷的预测

1. 电力负荷计算的参数

电力负荷计算的参数有以下几个:

1) 用电量 A_n，表示规划区内各种用电器消耗电量的数量，单位为kW·h。

2) 设备额定容量 P_{n}，指设备铭牌上所标示的数据，单位为kW或kV·A。多台设备组成的用电设备组，其设备总额定容量就是各设备额定容量的总和，包括停止工作的用电设备在内，但不包括备用设备。

3) 计算负荷 P_{j}，即各类用电实际的最大负荷值，单位为kW。

4) 同时系数 K_{t}，通过计算，可以得出各类用电的最大负荷，但各类用电的最大负荷并不是同一时间出现，即实际最大负荷值比各类最大负荷值之和小。实际最大负荷值与各类最大负荷值之和的比值称为同时系数 K_{t}，即

$$K_{\mathrm{t}} = \frac{P_{j\max}}{\sum_{i=1}^{n} P_{i\max}} \tag{7-1}$$

式中 $P_{j\max}$——实际最大负荷值;

$P_{i\max}$——各类最大负荷值;

n——各类用电总数。

5) 年最大负荷利用小时数 $T_{\max}$ 是一个假想的时间，在此时间内，电力负荷

按最大负荷 P_{max} 持续运行所消耗的电能，恰好等于该电力负荷全年实际消耗的电能，即

$$A_n = T_{max} P_{max} \tag{7-2}$$

6）需用系数 K_x，它反映某一时间电器设备的用电程度。通常把同类用户的用电最大负荷与同类用户的设备额定容量的总和之比叫需用系数 K_x，即

$$K_x = \frac{P_{max}}{\sum_{i=1}^{n} P_i} \tag{7-3}$$

7）平均负荷 P_v 是指电力负荷在一定时间 t 内消耗功率的平均值，也就是电力负荷在此段时间内消耗的电能 W_t 除以这段时间 t，即

$$P_v = \frac{W_t}{t} \tag{7-4}$$

8）年平均负荷 P_{av} 是指电力负荷在一年 8760h 内消耗功率的平均值，也就是电力负荷在全年内消耗的电能 W_s 除以 8760h，即

$$P_{av} = \frac{W_s}{8760} \tag{7-5}$$

9）负荷系数 K_L 又称负荷率，是平均负荷与最大负荷的比值，即

$$K_L = \frac{P_v}{P_{max}} \tag{7-6}$$

负荷系数越高，负荷越均衡，供电设备的利用率越高。

对于用电设备而言，与供电设备相似，负荷系数是指设备的实际输出功率与设备额定容量的比值。

2. 电力负荷预测方法

电力负荷预测，就是规划时段期末的需用负荷预测，其值将是电气设备和导线截面积选择的依据，要求尽可能准确，过大则造成设备资源的浪费，过小则可能出现线路设备过热或烧坏，引起火灾。在城市中，电力用户很多，如工厂、机关、学校、住宅、商业、交通、农业等。各类电力用户设备容量、配套情况、负载变化等不同，使得负荷预测变得十分复杂，必须做大量的调查研究。

电力负荷预测一般先从用电量预测入手，然后将用电量转化为城市内各分区的负荷；也可以从计算城市内各分区现有的负荷密度入手，进行预测。

（1）电力弹性系数法　电力弹性系数是总用电量的平均增长率与工农业生产总值的平均增长率的比值，即

$$E = \frac{\alpha_y}{\alpha_x} \tag{7-7}$$

式中 α_y——总用电量的平均增长率,%;

α_x——工农业生产总值的平均增长率,%。

预测年份的年用电量为

$$A_n = A_0(1 + E\alpha_x)^{n-n_0} \tag{7-8}$$

式中 A_0——基准年份用电量，kW·h;

n——预测年份;

n_0——基准年份。

弹性系数法一般用于校核中期或远期的规划预测值。

(2) 年平均增长率法　该方法是根据历史资料数据的变化规律和未来国民经济发展规划估算出今后的用电平均增长率来计算的，其计算公式：

$$A_n = A_0(1 + \alpha)^n \tag{7-9}$$

式中 A_0——基准年份用电量，单位为kW·h;

α——年平均增长率,%，可参见表7-1;

n——预测年数。

(3) 负荷密度法（综合用电水平法）　根据预测人口及每人平均用电量来推算城市总用电量。对于市政用电，可通过小区调查分析，按市区人口的人均用电量来估算，其计算公式：

$$A_n = Sd \tag{7-10}$$

式中 S——计算范围内的人口数或建筑面积（万 m^2）或土地面积，单位为 km^2;

d——用电指标，可参见表7-1。

表7-1　我国城市人均用电指标及平均增长率

	1980年人均用电水平指标/(kW·h/km²)	α(%)	1985年人均用电水平指标/(kW·h/km²)	α(%)	1990年人均用电水平指标/(kW·h/km²)	α(%)	2000年人均用电水平指标/(kW·h/km²)
市政生活用电	124	4.75	156.4	5.6	205.4	6.2	374.8
人口100万以上大城市	235	10	378.5	10	609.5	7.5	1260
一般工业城市	180	6.2	243	9.3	379	4.7	600

当采用负荷密度法进行电力规划及负荷预测时，对规划范围内的居住、公共设施、工业3大类主要用地用电则可选用规划单相建设用地供电负荷密度指标（见表7-2、表7-3）。

表 7-2　规划单项建设用地供电负荷密度指标

类别名称	单项建设用地负荷密度/(kW/km²)	类别名称	单项建设用地负荷密度/(kW/km²)
居住用地用电	100～400	工业用地用电	200～800
公共设施用地用电	300～1200		

表 7-3　分类综合用电指标

用地分类及其代号			综合用电指标	备　注
居住用地（R）	一类居住用地（R_1）	高级住宅别墅	18～22W/m^2	每户2台及以上空调、2台电热水器、有烘干的洗衣机、有电灶，家庭全电气化
	二类居住用地（R_2）	中级住宅	15～18W/m^2	有空调、电热水器，无电灶，家庭基本电气化
	三类居住用地（R_3）	普通住宅	10～15W/m^2	每户一般76m^2以下，安装有一般家用电器
公共设施用地（C）	行政办公用地（C1）		15～26W/m^2	行政、党派和团体等机构用地
	商业金融业用地（C2）		20～44W/m^2	商业、金融业、服务业、旅馆业和市场等用地
	文化娱乐用地（C3）		20～35W/m^2	新闻出版、文艺团体、广播电视、图书展览、游乐设施用地
	体育用地（C4）		14～30W/m^2	体育场馆和体育训练基地
	医疗卫生用地（C5）		18～25W/m^2	医疗、保健、卫生、防疫、康复和急救设施等用地
	教育科研设计用地（C6）		15～30W/m^2	高校、中专、科研和勘测设计机构用地
	文物古迹用地（C7）		15～18W/m^2	
	其他公共设施用地（C9）		8～10W/m^2	宗教活动场所、社会福利院等
工业用地（M）	一类工业用地（M1）		20～25W/m^2	无干扰、无污染的工业，如高科技电子工业、缝纫工业、工艺品制造工业
	二类工业用地（M2）		30～42W/m^2	指有一定干扰、污染的工业，如食品、医药、纺织等工业
	三类工业用地（M3）		45～56W/m^2	重型机械、电器工业企业
仓储用地（W）	普通仓储用地（W1）		5～10W/m^2	
	危险品仓库用地（W2）			
	堆场用地（W3）		1.5～2W/m^2	

（续）

用地分类及其代号		综合用电指标	备　注
对外交通用地（T）	T1、T2中的铁路公路站	25～30W/m^2	
	港口用地（T4）	①100～500kW ②500～2000kW ③2000～5000kW	①年吞吐量10～50万t港 ②年吞吐量50～100万t港 ③年吞吐量100～500万t港 不同港口用电量差别很大，实用中宜作点负荷调查比较确定
	机场用地（T5）	35～42W/m^2	
道路广场用地（S）	道路用地（S1）	17～20kW/km^2	是全开发区（新区）考虑的该类用电符合密度
	广场用地（S2）		
	社会停车场库用地（S3）		
市政公用设施用地（U）	供应（供水、供电、供燃气、供热）设施用地（U1）	830～850kW/km^2	是全开发区（新区）考虑的该类用电符合密度
	交通设施用地（U2）		
	邮电设施用地（U3）		
	环卫设施用地（U4）		
	施工与维修设施用地（U5）		
	其他（如消防等）		

(4) 单耗法　根据单位产品（或产值）用电平均耗电指标和产品数（或产值）来推算用电量，是预测有单耗指标的工业、部分农产品生产用电量的一种直接有效的方法。预测时，应注意单耗的变化趋势以及产品结构的变化。总用电量可按不同门类、行业分类预测，然后进行汇总。该方法适用于近、中期规划。

1）产量单耗法。根据产品用电单耗和年产量求出年用电量，即

$$A_n = \sum_{i=1}^{n} W_i D_i \tag{7-11}$$

式中　D_i——某种产品的计划年量，实用单位，如t；

W_i——某种产品的用电单耗，单位为kW·h/t。

再利用年最大负荷利用小时求出最大负荷，即

$$P_{\max} = \frac{A_n}{T_{\max}} \tag{7-12}$$

2）产值单耗法。根据企业的年生产价值和单位产值求出年用电量，即

$$A_n = \sum_{i=1}^{n} W_i M_i \tag{7-13}$$

式中　M_i——某种产品的年产值，单位为万元；

W_i——某种产品单位产值的用电耗，单位为kW·h/万元；

再利用年最大负荷利用小时求出最大负荷，同前。

(5) 需用系数法 在已知用电设备总额定功率而不知其最大负荷和年用电量的情况下，用电设备总额定功率乘以需用系数，可以得到最大负荷，即

$$P_{max} = K_x \sum P_n \tag{7-14}$$

再乘以年最大负荷利用小时求出最大负荷，即

$$A_n = P_{max} T_{max} \tag{7-15}$$

3. 城市用电量预测

城市用电量预测一般将用户分为工业用户、市政用户和农业用户 3 类分别进行。

(1) 工业电量预测 工业用电在城市中所占比重较大，据统计一般达 70% 以上，工业比重大的城市更是如此。一般采用单耗法、需用系数法、年平均增长率法等。

按部门分项分析叠加法。工业划分为黑色金属、有色金属、煤炭、石油、化学、机械、建材、纺织、造纸、食品及其他共 11 小项，采用产值单耗法进行预测。

(2) 市政生活用电量预测 综合用电水平法。一般是以人口或建筑面积或功能分区面积进行计算的。当以人口进行计算时，所得的用电水平相当于人均电耗。当以功能分区面积进行计算时，所得的用电水平即相当于负荷密度。

按部门分项分析叠加法。市政生活划分为市政设施、道路照明、非工业动力、生活、公共设施及其他 6 小项用电。

分项分析叠加法是我国目前进行用电量预测的主要方法。此方法对于近期预测比较可靠，但工作量较大。

(3) 农业用电量预测 农业用电可分为灌溉、农副产品加工、乡村工业、生活用电及其他 5 小项。其预测方法基本与工业及市政用电负荷预测方法相同。如采用产量单耗法进行预测，按农村小康水平设想，人均用电可达 200 ~ 300kW · h/(人 · 年)。

7.3 城市供电电源规划

7.3.1 电源的种类

城市供电电源由城市发电厂直接供给，或由城市地域外的发电厂经高压线路长距离输送到变电所，接入城市电网。

城市电源通常分为城市发电厂和变电所两种基本类型。

1. 城市发电厂

发电厂的种类很多，如火力发电厂、水力发电厂、太阳能发电厂、风力发电

厂、地热发电厂、潮汐发电厂、抽水蓄能电厂和原子能发电厂等。目前，我国作为城市电源的发电厂，主要有火力发电厂和水力发电厂。根据我国能源发展战略，以原子能为新能源的核电站，将会受到重视并得到大力开发。

（1）火力发电厂　利用燃料所产生的热能发电的电厂称为火力发电厂，燃料有煤、石油、天然气、沼气、煤气等。火力发电厂通常是按照蒸汽参数（蒸汽的压力和温度）来分类的，见表7-4。电厂容量的单位是kW，一般蒸汽参数低的电厂容量较小，蒸汽参数高的容量较大。

表7-4　火力发电厂按蒸汽参数（蒸汽压力和温度）分类

电厂类型	气压/（大气压）①		气温/℃		电厂和机组容量的大致范围
	锅炉	汽轮机	锅炉	汽轮机	
低温低压电厂	14	13	350	340	1万kW以下的小型电厂（1500～3000kW机组）
中温中压电厂	40	35	450	435	1～20万kW中小型电厂（6000～50 000kW机组）
高温高压电厂	100	90	540	535	10～60万kW大中型电厂（2.5～10万kW机组）
超高压电厂	140	135	540	535	25万kW以上大型电厂（12.5～20万kW机组）
亚临界压力电厂	170	165	570	565	60万kW以上大型电厂（30万kW机组）

① 1个大气压=101 325Pa。

装有供热式机组的火力发电厂，除发电外还向附近工厂、住宅提供生活用气和采暖用热水，故又称为热电厂。

火力发电厂的规模按其装机容量来划分，见表7-5。

表7-5　火力发电厂规模划分

规模	大型	中型	小型
装机容量/万kW	>25	2.5～25	<2.5

（2）水力发电厂　利用水的位能发电的电厂称为水力发电厂，简称水电厂或水电站。水力发电的特点是同时能使发电、防洪、灌溉、航运、给水、渔业等各方面的要求得到合理解决。水力发电成本低，约为火力发电的1/3～1/4，但投资大，建设工期较长，受自然条件影响较大。

水力发电厂按使用水头分为：高水头水电厂（使用水头在80m以上）、中水头水电厂（使用水头在 30 ~ 80m 之间）和低水头水电厂（使用水头在 30m 以下）。

水力发电厂按集中水头的方式分为：堤坝式水电厂（河床式和坝后式）、引水式水电厂和混合式水电厂。

水力发电厂的规模按其装机容量来划分，见表 7-6。

表 7-6 水力发电厂规模划分

规模	大型	中型	小型
装机容量/万 kW	>15	1.2 ~ 15	<1.2

（3）原子能发电厂（也称核电站） 原子能发电厂是利用热核反应所释放出来的热量发电的电厂。原子能发电主要特点是：能量密度大（1kg 铀核燃料的能量相当于 2500t 煤或 2000t 石油的能量），功率高。但也有两大严重的缺点：放射性和对环境的热污染。

目前，原子能电站的建设投资已下降到与火电厂相接近的水平，发电成本也已逐步接近或低于火力发电。因此，各国都正在发展和计划发展原子能电站。

2. 变电所

变电所是变换电压，交换、分配电力，控制电力流向和调整电压的场所。用作城市电源的变电所，其电压等级一般在 220kV 及以上。

7.3.2 电源规划的原则

1）对以水电供电为主的大、中城市，应建设一定比例的火电厂作为保障、补充电源，以保证城市不同季节用电需要。

2）对用变电所作为城市电源的大、中城市，应有接受电力系统电力的两个或多个不同电源点，以保证变电所供电的可靠性。

3）城市电源点应根据城市性质、规模和用电特点，合理布局。一般大、中城市应组成具有两个以上电源点的多电源供电系统。

4）对经济基础较好，但能源比较缺乏，交通运输负荷过重，且具有建核电厂条件的大、中城市，可考虑建设核电厂。

5）根据城市总体规划和地区电力系统中长期规划，在负荷预测的基础上，考虑合理的备用容量进行电力平衡，以确定不同规划期所需的城市发电厂设备总容量及系统受电总容量。

6）大城市应建设一定容量的主力发电厂。

7）对有足够稳定热负荷的城市，电源建设应与热源建设相结合，以热定电，建设适当规模的热电厂。

7.3.3 电源选址

1. 火力发电厂厂址选择

1）符合城市总体规划要求。

2）应尽量利用劣地或非耕地，或安排在国家标准（《城市用地分类与规划建设用地标准》）规范规定的3类工业用地内。不同容量燃煤电厂占地面积参考指标见表7-7。

表7-7 不同容量燃煤电厂占地参考指标

总容量/MW	机组组合（台数×机组容量/MW）	厂区占地/ha①	单位容量占地/(ha/万 kW)
200	4×50	17	0.85
300	2×50+2×100	19	0.63
400	4×100	25	0.63
600	2×100+2×200	30	0.5
800	4×200	34	0.43
1200	4×300	47	0.39
2400	4×600	66	0.28

① 1ha = 10 000m^2。

3）应尽量靠近负荷中心，使热负荷和电负荷的距离经济合理，以便缩短热管道的距离。正常输送蒸汽的距离为0.5～1.5km，一般不超过3.5～4.0km。输送热水距离一般为4～5km，特殊情况可到10～12km。

4）燃煤电厂的燃料量很大，中型电厂的年耗煤量在50万t以上，大型电厂每天约耗煤在万吨以上，因此，厂址应尽可能接近燃料产地、靠近煤源，以便减少燃料运输费，减少国家铁路运输负担。同时，由于减少电厂贮煤量，相应地也减少了厂区用地面积，在劣质煤源丰富的矿区建立坑口电站是最经济的，它可以减少铁路运输（用皮带传送机直接运煤），进而降低发电成本，节约用地。

燃油电厂一般布置在炼油厂附近，不足部分油量采用公路或水路方式运输。储油量一般在20天左右。

5）电厂铁路专用线选线要尽量减少对国家干线通过能力的影响，接轨方向最好是重车方向为顺向，以减少机车摘钩作业，并应避免切割国家正线。专用线设计应尽量减少厂内股道，缩短线路长度，简化厂内作业系统。

6）电厂生产用水量大，包括汽轮机凝汽用水、发电机和油的冷却用水、除灰用水等。大型电厂首先应考虑靠近水源，直流供水。但是，在取水高度超过20m时，采用直流供水是不经济的。

7）燃煤发电厂应有足够的贮灰场，贮灰场的容量要能容纳电厂10年的贮灰量。贮灰场场址应尽量利用荒、滩地筑坝或山谷。分期建设的贮灰场的容量一般要能容纳3年的贮灰量。厂址选择时，同时要考虑灰渣综合利用场地。在计算贮灰场能容纳的灰渣量时，灰渣容量一般采用$1t/m^2$。例如，$1km^2$堆高1m时，可贮灰渣100万t。

8）电厂选址应在城市环境容量允许条件下，满足环保要求。火电厂运行中有飞灰、硫磺气体和其他有害的挥发物或气体排出，厂址应选择在城市主导风向的下风向，并应有一定的防护距离。

9）厂址选择应充分考虑出线条件，留有适当的出线走廊宽度，高压线路下不能建设永久性建筑物。燃煤电厂还应同时规划水灰管线，水灰管线上方不能建设永久性建筑物。

10）电厂厂址应满足地质、防震、防洪等建厂条件要求。厂址标高应高于百年一遇的洪水位。如厂址标高低于洪水位时，其防洪堤堤顶标高，应超过百年一遇的洪水位0.5～1m。防洪堤应在初期工程中一次建成。对位于山区的发电厂，应考虑防、排山洪的措施。

2. 水力发电厂厂址选择

1）一般选址在便于修建拦河坝的河流狭窄处，或水库下游处。

2）建厂地段必须工程地质良好，地耐力高，无地质断裂带。

3）有较好的交通运输条件。

3. 原子能发电厂厂址选择

1）靠近负荷中心。原子能发电厂使用燃料少，运输量最小，无论建设在什么地方，发电几乎都是一样的。因此，选址时首先应该考虑电站靠近负荷中心，以减少输电费，提高电力系统的可靠性和稳定性。

2）厂址要求在人口密度较低的地方。以电厂为中心，半径1km内为隔离区，在隔离区外围，人口密度也要适当。在外围种植作物也要有所选择，更不能在其周围建设化工厂、炼油厂、自来水厂、医院和学校等。

3）用水量大。由于现代原子能发电厂的热效率较低，而且不像矿物燃料电站那样可以从烟囱释放部分热量，所以原子能发电厂比同等容量的矿物燃料电站需要更多的冷却水。

4）用地面积。发电厂用地面积主要决定于电厂的类型、容量及所需的隔离区。一个60万kW机组组成的发电厂占地面积大约为$40hm^2$，由4个60万kW机组组成的发电厂占地面积大约为$100～120hm^2$。一般均选择足够的场地，留有发展余地。

5）地形要求平坦，尽量减少土石方。

6）地质与地震。场地不能选在断层、褶皱、崩塌、滑坡地带，以免发生地震时造成地基不稳定。最好选在岩石床区，以保持最大的稳定性。

7）要求有良好的公路、铁路或水上交通条件，以便运输发电厂设备和建筑材料。

8）还应考虑防洪、抗震、环境保护等条件。

4. 变电站（所）选址

1）变电站（所）尽可能的接近主要用户，靠近负荷中心。

2）便于各级电压线路进出线布置，进出线走廊与站（所）址应同时确定。

3）变电所建设地点工程地质条件良好，地耐力高，地质构造稳定。避开断层、滑坡、塌陷区、溶洞地带等。避开有岩石和易发生滚石的场所，如选址在有矿藏的地区，应征得有关部门同意。

4）站（所）址要求地势高且尽可能平坦，不宜设在低洼地段，以免洪水淹没或涝灾影响，山区变电所的选址标高宜在百年一遇的洪水位以上。

5）交通运输方便，并考虑方便职工生活。

6）避开严重污染源及其他不符合变电所选址设计规程的场所，否则应采取防污措施或设在污染的上风侧。屋外配电装置与各类污源之间的最小距离要求可参考表7-8。

表7-8　屋外配电装置与各类污源之间的最小距离

污源类别	与污源之间的最小距离/km
制铝厂	2
化肥厂	1～2
化工和冶金厂	1.5
化工和炉烟	0.8
冶金和钢厂	0.6～1.0
炉烟	0.6
冶金	0.5
水泥	0.6

7）具有生产和生活用水的可靠水源。

8）尽量不占或少占农田。

9）应考虑对周围环境和邻近设施的影响和协调。

7.4　城市供电网络规划

7.4.1　电力网络等级

1）电力等级对城网的标准电压，应符合国家电压标准。城市电力线路电压等级有500kV、330kV、220kV、110kV、66kV、35kV、10kV、380V/220V共8

个等级。城市一次送电电压为500～220kV，二次送电电压为110kV、35kV，高压配电电压为10kV，低压配电电压为380V/220V。

2）各地城网电压等级及最高一级电压的选择，应根据现有供电情况及远景发展慎重确定。城网应尽量简化变压层次，一般不宜超过4个变压层次。老城市在简化变压层次时可以分区进行。

3）一个地区同一级电压电网的相位和相序应相同。

4）现有非标准电压，应限制发展，合理利用，根据设备寿命与发展分期分批进行改造。

7.4.2 电力网结线方式

各地城网应根据具体情况和供电可靠性的要求，分别采用以下典型结线方式及其派生形式。结线方式应讲求实效，例如采用环式结线时应注意使环的包络面积尽量接近负荷区。城网的典型结线方式有以下几种。

（1）放射式　可靠性低，适用于较小的负荷。有单个终端负荷、两个或多个终端负荷均匀分布，如图7-1所示。

（2）多回线式　可靠性较高，适用于较大的负荷。有双回平行和多回平行，如图7-2所示。多回线式可与放射式组合成多回平行放射供电式，也可与环式合成双环式或多环式。

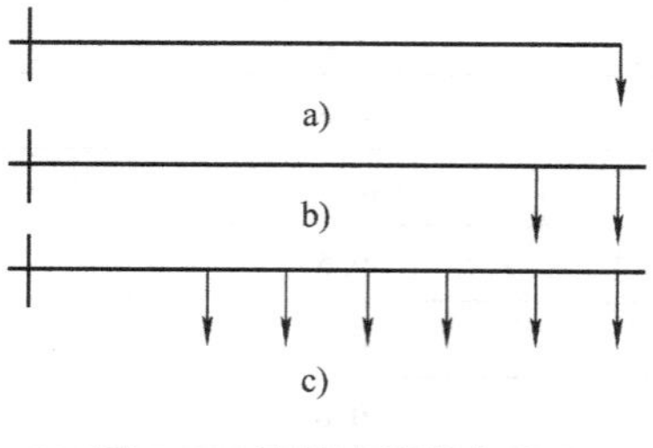

图7-1　放射式结线方式
a）单个终端负荷
b）两个终端负荷　c）多个终端负荷

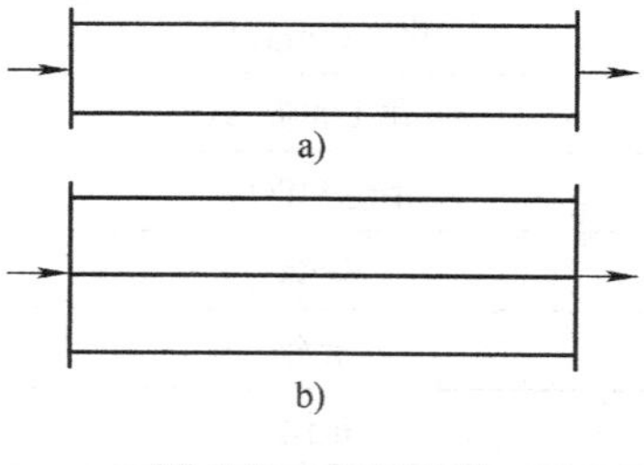

图7-2　多回线式
a）双回平行　b）多回平行

（3）环式　可靠性很高，适用于一个地区的几个负荷中心。环路内一般应有可断开的位置，形成环路开断运行方式。有一个电源、两个电源及三个电源环式网络，如图7-3所示。

（4）格网式　可靠性最高，使用于负荷密度很大且均匀分布的低压配电地区。但这种形式造价高，干线结成网格式，在交叉处固定连接，如图7-4所示。

（5）连络线　不接负荷，只作平衡或备用，如图7-5所示。

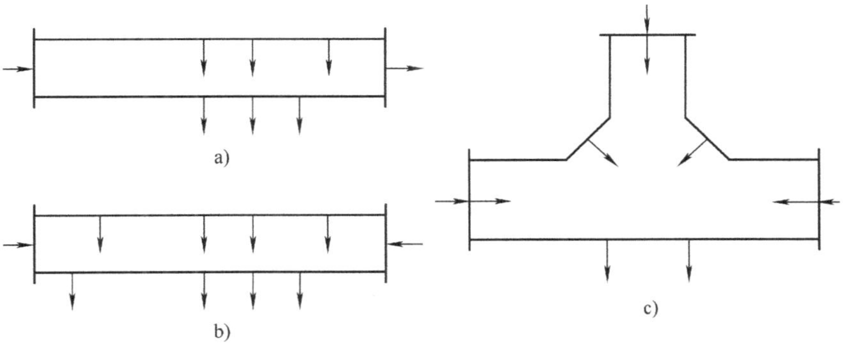

图7-3 环式网络
a）一个电源环式网络 b）两个电源环式网络 c）三个电源环式网络

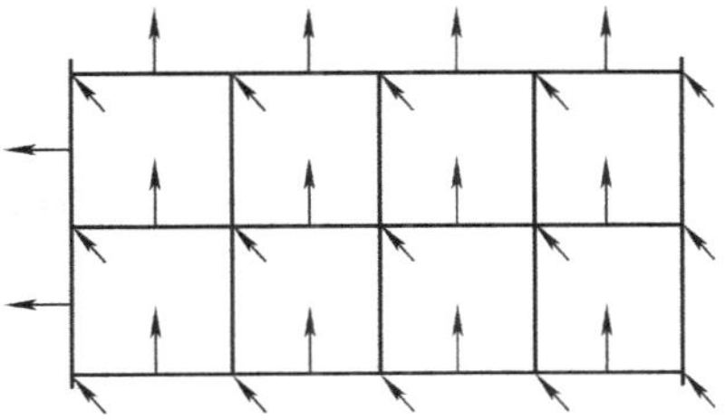

图7-4 格网式网络

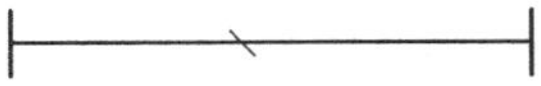

图7-5 连络线

7.4.3 电力网结构规划的原则

城市电网结构规划应符合以下基本原则：

1）按城市电压等级分层，按地区进行分区，并做到主次分明。

2）一次送电网骨架必须加强，高压主干网应尽早形成。

3）全国主力电厂一般应与电网骨架连接。

4）受端电压应力求加强，要有足够的电压支撑。

5）相邻电网之间的连接宜采用一点连接方式，一旦稳定被破坏，可以解列。

6）二次网络宜采用环网布置，开环运行。

7.4.4 送电网规划

1. 一次送电电网规划

1）一次送电电网是系统电力网的组成部分，又是城网的电源，应有充足的吞吐量。城网电源点应接近负荷中心，一般设在市区边缘。在大城网或特大城网中，如符合以下条件并经技术经济比较后，可采用高压深入供电方式：

① 地区负荷密集，容量很大，供电可靠性要求高。

② 变电所结线比较简单，占地面积较小。

③ 进出线路可用电缆或多回并架的杆塔。

④ 通信干扰及环境保护符合要求。

高压深入市区变电所的一次电压，一般采用220kV或110kV；二次电压直接降为10kV。

2）一次送电网网架的结构方式，应根据系统电力网的要求和电源点的分布情况确定，一般宜采用环式（单环、双环等）结构形式。

2. 二次送电网规划

1）二次送电电网应能接受电源点的全部容量，并能满足供应二次变电所的全部负荷。当市区负荷密度不断增长时，新建变电所数量可以缩小面积，降低线损。但须增加变电投资，如扩建现有变电所容量，将增加配电网的投资。

2）规划中确定的二次送电电网结构，应与当地城建部门共同协商，布置新变电所的地理位置和进出线路走廊，并纳入城市总体规划中，预留相应的位置，以保证城市建设发展的需要。

3）现有城网当供电容量严重不足或者旧设备急需全面进行改造时，可采取电网升压措施。电网升压改造是扩大供电能力的有效措施之一，但应结合远景规划，注意做好以下工作：

① 研究现有城网供电设施，全部进行升压改造的技术经济合理性。

② 制订升压改造中应有的有关技术标准，升压后应保证电网的供电可靠性。

③ 在升压过渡期间，应有妥善可靠的技术组织措施。

3. 城市配电网规划

1）高压配电网架应与二次送电网密切配合，可以互通容量。配电网架的规划设计与二次送电网相似，但应有更大的适应性。高压配电网架宜按远期规划一次建成，一般应在20年内保持不变。当负荷密度增加到一定程度时，可插入新的变电所，使网架结构基本不变。高压配电网中每一主干线路和配电变压器，都应有比较明显的供电范围，不宜交错重叠。

2）高压配电网架的结线方式，可采用放射式。大城网和特大城网，应采用多回线式或环式，必要时可增设开闭所。低压配电网一般采用放射式，负荷密集地区及电缆线路宜采用环式，市中心个别地区有条件时可采用格网式。

3）配电网应不断加强网络结构，尽量提高供电可靠性，以适应扩大用户连续用电的需要，逐步减少重要用户建设双电源和专线供电线路。必须由双电源供电的用户，进线开关之间应有可靠的连锁装置。

4）城市公路灯照明线路是配电网的一个组成，配电网规划中应包括路灯照明的改进和发展部分。

7.4.5 城市变配电设施规划

1. 城市变电所

市区变电所的设计应尽量节约用地面积，采用占地较少的户外型或半户外型布置。市中心区的变电所应考虑采用占空间较小的全户内型，并考虑与其他建筑物混合建设；必要时也可考虑建设地下变电所。市区变电所的建筑物设计应考虑与环境布局协调，立面美观，并适当提高建筑标准，见表7-9。

表7-9 变电所出线走廊宽度

线路电压/kV		35	110	220
杆形		π形	π形	铁塔
杆塔标准高度/m		15.4	15.4	23
水平排列两边线间的距离/m		6.5	8.5	11.2
杆塔中心至走廊边缘建筑物的距离/m		17.4	18.4	26
两回杆塔中心线之间的距离/m	单回水平排列	12	15	20
	单回垂直排列	8～10	10	15
	双回垂直排列	10	13	18

为简化城网结构，变电所高压侧应尽量采用断路器较少或不用断路器的结构，如线路变压器组或桥结线。

一个变电所的主变压器台数（三相）不宜少于1台或多于4台，单台变压器容量应标准化、系列化（见表7-10）。

表7-10 35～500kV变电所单台主变压器容量

变电所电压等级/kV	单台主变压器容量/MV·A	变电所电压等级/kV	单台主变压器容量/MV·A
500	500 750 1000 1500	110	20 31.5 40 50 63
330	90 120 150 180 240	66	20 31.5 40 50
220	90 120 150 180 240	35	5.6 7.5 10 15 20 31.5

在一个城网中，同一级电压的主变压器单台容量不宜超过3种；在同一变电所中，同一级电压的主变压器宜采用相同规格。主变压器各级电压绕组的联结组别必须保证与电网相位一致。

2. 城市配电所

市区配电所及开闭所应作为市政建设的配套工程配合城市改造和新区规划同时建设。市区配电所一般为户内型，单台变压器容量不宜超过630kV·A，一般为两台，进线两回。

315kV·A 及以下的变压器宜采用变压器一台，户外安装。在主要街道、路间绿地及建筑物中，有条件时，可采用电缆进出线的箱式配电所。

7.5 城市电力线路规划

7.5.1 高压电力线路规划原则

确定高压线路走向，必从整体出发，综合安排，既要节省投资，保障居民和建筑物的安全，又要和城市规划布局协调，与其他建设不发生冲突。一般采用的高压线路规划原则是：

1）线路短捷，减少线路电荷损失，降低工程造价。

2）保证线路与居民、建筑物、各种工程构筑物之间的安全距离。按照国家规范规定，留有合理的高压走廊带。尤其接近电台、飞机场的线路，更应严格按照国家规定，以免发生通信干扰、飞机撞线等事故。

3）高压线路不宜穿过城市的中心地区和人口密集的地区，并考虑城市的远景发展，避免线路占用工业备用地或居住备用地。

4）高压线路穿过城市时，须考虑对其他管线工程的影响，尤其是对通信线路的干扰，并应减少与河流、铁路、公路以及其他管线工程的交叉。

5）高压线路必须经过有建筑物的地区时，应尽可能选择不拆迁或少拆迁房屋的路线，并尽量少拆迁建筑质量较好的房屋，减少拆迁费用。

6）高压线路应尽量避免在有高大乔木成群的树林地带通过，保证线路安全，减少砍伐树木，保护绿化植被和生态环境。

7）高压走廊不应设在易被洪水淹没的地方，或地质构造不稳定（活动断层、滑坡等）的地方。在河边敷设线路时，应考虑河水冲刷的影响。

8）高压线路尽量远离空气污浊的地方，以免影响线路的绝缘，发生短路事故，更应避免接近有爆炸危险的建筑物、仓库区。

9）尽量减少高压线路转弯次数，选择合理的档距（即两杆之间的距离），使线路较为经济。

在城市供电规划中，上述原则不能同时满足时，应综合考虑各方面因素，做多方案的技术经济比较，选择最合理的路径方案。

7.5.2 城市电力线路敷设

1. 架空送电线路敷设

市区架空送电线路敷设可采用双回线或与高压配电线同杆架设。35kV 线路一般采用钢筋混凝土杆，电杆根部与各种管道及沟边最小应保持 1.5m 的距离，距消防栓、贮水池等应大于 2m。110kV 线路可采用钢管型杆塔或窄基铁塔以减少走廊占地面积。

市区架空送电线路杆塔应适当增加高度，缩小档距，以提高导线对地距离。杆塔结构的造型、色调应尽量与环境协调配合。

对路边植树的街道，杆塔设计应与园林部门协商，将提高导线对地高度与修剪树枝协调考虑，保证导线与树木的安全距离。

城网的架设导线截面积除按电气、机械条件校核外，在一个城网内应力求统一，每个电压等级可选用两种规格，一般情况下，主干线截面积可参考表7-11。

表7-11　城网电压等级与架设导线截面积

电压/kV	钢芯铝线截面积/mm^2				
35	240	185	150	120	95
66	300	240	185	150	
110	300	240	185		
220	400	300	240		

注：必要时可采用多分裂导线布置。

通过市区的架空线路所用的安全系数应根据现场条件适当提高，导线的安全系数一般在5以上，悬式绝缘子、瓷横担、金具、杆塔及基础的安全系数一般按污秽区考虑。

2. 城市配电线路敷设

市区高、低压配电线路应同杆架设，并尽可能做到是同一电源。

同一地区的中、低压配电线路的导线相位排列应统一规定。

市区中、低压配电线路主干线的导线截面积不宜超过两种，可参考表7-12。

大型建筑物或繁华街道两侧的接户线，可采用沿建筑物在次要道路的外墙安装架空电缆及特制的分接头盒分户接入。

表7-12　中、低压配电线路主干线的导线截面积

电压	钢芯铝线截面积/mm^2				
380/220V	185	150	120	95	70
10kV	240	185	150	120	95

3. 架空电力线路耐张段与档距

（1）架空电力线路耐张段　35kV及以上架空线路耐张段的长度一般采用3～5km，如运行、施工条件许可，可适当延长，在高差或档距相差非常悬殊的山区和重冰区，应适当缩小。10kV及以下架空电力线路耐张段的长度，不宜大于2km。

（2）线路档距　架空电力线路的档距应根据当地地形、风力和运行经验来确定，见表7-13。

表7-13 架空电力线路的档距

电压/kV		110	35	3~10	380/220V
档距	平均档距	380	200	50~100	40~60
	城区内档距	200~300	100~200	40~50	40~50

高压接户线（1~10kV）的档距不宜大于40m；档距超过40m时，应按高压配电线路设计。低压接户线（1kV以下）的档距不宜大于25m；档距超过25m，宜设接户杆。

低压接户杆的档距不应超过40m。

4. 电力电缆线路敷设

（1）电力电缆适用条件

1）市区送电线路和高压配电线路有下列情况的地段可采用电缆线路：

① 架空线路走廊在技术上难以解决时。

② 狭窄街道、繁华市区高层建筑地区及市容环境有特殊要求时。

③ 重点风景旅游地区的某些地段。

④ 对架空线有严重腐蚀的特殊地段。

2）低压配电线路有下列情况的地段可采用电缆线路：

① 负荷密度较大的市中心区。

② 建筑面积较大的新建居民楼群、高层住宅区。

③ 不宜通过架空线的主要街道或重要地区。

④ 无特殊条件的话，城市新区应一律按电缆网络进行规划设计。

（2）电缆敷设方式　市区电缆线路路径应与城市其他地下管线统一安排。通道的宽度、深度应考虑远期发展的要求。路径选择应考虑安全、可行、维护便利及节省投资等条件。沿街道的电缆道入孔及通风口等的位置应与环境相协调。

电缆敷设方式应根据电压等级、电缆最终数量、施工条件及初期投资等因素确定，可按不同情况采取以下敷设方式：

1）直埋敷设适用于市区人行道上、公园绿地及公共建筑间的边缘地带，敷设方法简单经济，应用较为广泛。直埋敷设时应注意以下原则：

① 直埋的电缆应使用铠装电缆。

② 直埋电缆沟底必须具有良好的土层，不应有石块或硬质杂物。

③ 电缆从地下或电缆沟引出地面时，地面上2m的一段应用金属管或金属罩加以保护。

2）隧道敷设适用于变电所出端及重要市区街道电缆条数多或多种电压等级电缆平行且电缆根数在30根以上的地段。

3）沟槽敷设适用于电缆较多，不能直接埋入地下且无机动负载的通道。

4）排管敷设适用于不能直接埋入地下且有机动负载的通道。

5）架空及桥梁构架安装，尽量利用已建的架空线杆塔、桥梁结构、公路桥支架或特制的结构体等架设电缆。

6）水下敷设安装方式须根据具体工程特殊设计。

（3）电缆选型　电缆的选型应在满足运行条件下，决定线路敷设方式，然后确定结构和形式。在条件适宜时，应优先采用塑料绝缘电缆。低压配电电缆可用单塑料电缆，便于支接。

电缆导线、材料与截面积的选择除按输送容量、经济电流密度、热稳定、敷设方式等一般条件校核外，一个城网内35kV及以下的主干线电缆应力求统一，每个电压等级可选用两种规格，预留容量，一次埋入。一般情况主干线的截面积可参考表7-14选择。

表7-14　主干线的截面积

电缆	电缆铝芯截面积/mm^2			
380/220V	240	185	150	120
10kV	300	240	185	150
35kV	300	240	185	150

7.5.3　城市电力线路安全保护规划

1. 电力电缆安全保护

地下电缆安全保护区为电缆线路两侧各0.75m所形成的两平行线内的区域；海底电缆保护区一般为线路两侧各3.7km所形成的两平行线内的水域；江河电缆一般不小于线路两侧各100m形成的两平行线内的水域，中、小河流一般不小于线路两侧各50m所形成的两平行线内的水域。

直埋电缆与树木主干的距离，一般不宜小于0.7m。

2. 架空电力线路安全保护

架空电力线路保护区为电力导线外侧延伸所形成的两平行线内的区域，也称之为电力线走廊。高压线路部分通常称为高压走廊。走廊的宽度的确定原则是确保线路安全，同时不能对人或物体造成伤害或影响。一般城市高压架空线路走廊宽度控制指标见表7-15。

表7-15　一般城市架空线路高压走廊宽度控制指标

线路电压等级/kV	走廊宽度值/m
500	60～75

（续）

线路电压等级/kV	走廊宽度值/m
330	35～45
220	30～40
110、66	15～30
35	12～20

（1）一般地区的保护区　各架空电力线路通过一般地区的边导线外侧延伸距离不应少于表7-16所列数值。

表7-16　边导线外侧延伸距离

线路电压（kV）	1～10	10～35	154～330	500
边导线外侧延伸距离（m）	5	10	15	20

（2）人口密集地区的保护区　在人口密集地区，各级电压导线边导线延伸的距离，不应小于导线边线在最大计算弧垂及最大计算风偏后的水平距离和风偏后距建筑物的安全距离之和。

线路边导线与建筑物之间的距离，在最大计算风偏情况下，不小于表7-17所列数值。

表7-17　边导线与建筑物之间的最小距离

线路电压/kV	<1	1～10	35	66～110	154～220	330	500
距离/m	1.0	1.5	3.0	4.0	5.0	6.0	8.5

在无风情况下，导线与不在规划范围内的城市建筑物之间的水平距离，不应小于表7-17所列数值的一半。

（3）导线与各种地表物的最小安全距离

1）导线与地面的最小距离。导线与地面的距离，在最大计算弧垂的情况下，不应小于表7-18所列数值。

表7-18　导线与地面的最小距离　（单位：m）

线路经过地区	线路电压/kV					
	<1	1～10	35～110	154～220	330	500
居民区	6.0	6.5	7.0	7.5	8.5	14.0
非居民区	5.0	5.0	6.0	6.5	7.5	10.5～11.0
交通困难地区	4.0	4.5	5.0	5.5	6.5	8.5

注：居民区为工业企业地区、港口、码头、火车站、城镇、集镇等人口密集地区；非居民区为上述居民区以外的地区，虽然时常有人、有车辆或农业机械达到，但未建或房屋稀少的地区，亦属非居民区；交通困难地区为车辆、农业机械不能达到的地区。

2）导线与山坡、峭壁、岩石的最小净空距离。导线与山坡、峭壁、岩石之间的净空距离，在最大计算风偏情况下，不小于表7-19所列数值。

表7-19 导线与山坡、峭壁、岩石的最小净空距离 （单位：m）

线路经过地区	线路电压/kV					
	<1	1~10	35~110	154~220	330	500
步行可以达到的山坡	3.0	4.5	5.0	5.5	6.5	8.5
步行不能达到的山坡、峭壁和岩石	1.0	1.5	3.0	4.0	5.0	6.5

3）导线与建筑物之间的最小垂直距离。送电线路不应跨越屋顶为可燃烧材料做成的建筑物。对耐火屋顶的建筑物，也应尽量不跨越，如需跨越时，应与有关单位协商或取得当地政府的同意。导线与建筑物之间的垂直距离，在最大计算弧垂情况下，不小于表7-20所列数值。

表7-20 导线与建筑物之间的最小垂直距离

线路电压/kV	<1	1~10	35	66~110	154~220	330	500
垂直距离/m	2.5	3.0	4.0	5.0	6.0	7.0	9.0

4）导线与树木之间的最小垂直距离。送电线路通过林区，应砍伐出通道。通道净宽度不应小于线路宽度加林区主要树种高度的2倍。通道附近超过主要树种高度的个别树木应予以砍伐。

在下列情况下，如不妨碍架线施工，可不砍伐出通道：

① 树木自然生长高度不超过2m。

② 导线与树木（考虑自然生长高度）之间的垂直距离，不小于表7-21所列数值。

表7-21 导线与树木之间的最小垂直距离

线路电压/kV	35~110	154~220	330	500
垂直距离/m	4.0	4.5	5.5	7.0

5）导线与树木之间的最小净空距离。线路通过公园、绿化区或防护林带，导线与树木之间的净空距离，在最大计算风偏情况下，不应小于表7-22所列数值。

表7-22 导线与树木之间的最小净空距离

线路电压/kV	<1	1~10	35~110	154~220	330	500
距离/m	3.0	3.0	3.5	4.0	6.0	7.0

6）导线与果林等最小垂直距离。线路通过果林、经济作物林或城市灌木林时不应砍伐出通道。导线与果树、经济作物、城市灌木以及街道行道树之间的垂直距离，不应小于表7-23所列数值。

表7-23 导线与果树、经济作物、城市灌木以及街道行道树之间的最小垂直距离

线路电压/kV	<1	1~10	35~110	154~220	330	500
距离/m	1.0	1.5	3.0	3.5	4.5	7.5

注：1. 表中35kV及以下架空导线的最小垂直距离为最大计算弧垂情况下的垂直距离。
2. 35kV及以下架空导线与街道行道树在最大计算风偏下的水平距离为：35kV线路不应小于3.5m；1~10kV线路，不应小于2.0m；1kV以下线路，不应小于1.0m。

7）架空电力线路与弱电线路的交叉角。架空电力线路跨越弱电线路时，其交叉角应符合表7-24所示的要求。

表7-24 架空电力线路与弱电线路的交叉角

弱电线路等级	一级	二级	三级
交叉角	≥45°	≥30°	不限制

（4）送电线路与特殊建筑物及设施的安全距离

1）送电线路与甲类火灾危险性的生产厂房，甲类物品库房，易燃、易爆材料堆场以及可燃或易燃、易爆液（气）体贮罐的防火间距，不应小于杆塔高度的1.5倍；与散发可燃气体的甲类生产厂房的防火间距，应大于20m。

2）送电线路与铁路、道路、河流、管道、索道及各种架空线路交叉或接近，应符合规范要求。

（5）接户线的安全距离

1）接户线受电端的对地面距离：高压接户线≥4m，低压接户线≥2.5m。

2）高压接户线至地面的垂直距离应符合有关规定，跨越街道的低压接户线至路面中心的垂直距离：通车街道≥6m，通车困难的街道、人行道≥3.5m，胡同≥3m。

3）低压接户线与建筑物有关部分的距离：与下方窗户的垂直距离≥0.3m，与上方阳台或窗户的垂直距离≥0.8m，与窗户或阳台的水平距离≥0.75m，与墙壁构架的距离≥0.05m。

4）低压接户线与弱电线路的交叉距离：在弱电线路上方≥0.6m，在弱电线路的下方≥0.3m，如不能满足上述要求，应采取隔离措施。

5）高压接户线与弱电线路的交叉角应符合有关规定。

6）高压接户线与道路、管道、弱电线路交叉或接近，应符合规范的规定。

7）低压接户线路与其他设施交叉跨越：导线与地面、建筑物、树木、铁路、道路、河流、管道、索道及各种架空线路的距离，应根据最高气温情况或覆冰情况求得最大弧垂，和根据最大风速情况或覆冰情况求得的最大风偏进行计算。

大跨越的导线弧垂应按导线实际能够承受的最高温度计算。

7.6　村镇供电工程规划

供电工程规划主要应包括预测用电负荷，确定供电电源、电压等级、供电线路、供电设施。

7.6.1　供电负荷的计算

供电负荷的计算应包括生产和公共设施用电、居民生活用电。

用电负荷可采用现状年人均综合用电指标乘以增长率进行预测。

规划期末年人均综合用电量可按下式计算：

$$Q = Q_1(1 + K)^N \tag{7-16}$$

式中　Q_1——现状年人均综合用电量，单位为 kW·h/(人·年)；

K——年人均综合用电量增长率（%），可依据人口增长和各产业发展速度分阶段进行预测；

N——规划期限，单位为年。

7.6.2　变电所的选址

变电所的选址应做到线路进出方便和接近负荷中心。变电所规划用地面积控制指标可根据表 7-25 选定。

表 7-25　变电所规划用地面积控制指标

序号	变压等级（一次电压/二次电压）/kV	主变压器容量/[MV·A/台(组)]	变电所结构型式及用地面积/m^2		
			全户外式用地面积	半户外式用地面积	户内式用地面积
1	110(66)/10	20～63/2～3	3500～5500	1500～3000	800～1500
2	35/10	5.6～31.5/2～3	2000～3500	1000～2000	500～1000

7.6.3　电网规划原则

电网规划应符合下列规定：

1）镇区电网电压等级宜定为 110kV、66kV、35kV、10kV 和 380/220V，采用其中 2～3 级和两个变压层次。

2）电网规划应明确分层分区的供电范围，各级电压、供电线路输送功率和输送距离应符合表7-26所示的规定。

表7-26　电力线路的输送功率、输送距离及线路走廊宽度

线路电压/kV	线路结构	输送功率/kW	输送距离/km	线路走廊宽度/m
0.22	架空线	50以下	0.15以下	—
	电缆线	100以下	0.20以下	—
0.38	架空线	100以下	0.50以下	—
	电缆线	175以下	0.60以下	—
10	架空线	3000以下	8~15	—
	电缆线	5000以下	10以下	—
35	架空线	2000~10000	20~40	12~20
66、110	架空线	10000~50000	50~150	15~25

7.6.4　供电线路的设置原则

供电线路的设置应符合下列规定：

1）架空电力线路应根据地形、地貌特点和网络规划，沿道路、河渠和绿化带架设；路径宜短捷、顺直，并应减少同道路、河流、铁路的交叉。

2）设置35kV及以上高压架空电力线路应规划专用线路走廊（见表7-26），并不得穿越镇区中心、文物保护区、风景名胜区和危险品仓库等地段。

3）镇区的中、低压架空电力线路应同杆架设，镇区繁华地段和旅游景区宜采用埋地敷设电缆。

4）电力线路之间应减少交叉、跨越，并不得对弱电产生干扰。

5）变电站出线宜将工业线路和农业线路分开设置。

重要工程设施、医疗单位、用电大户和救灾中心应设专用线路供电，并应设置备用电源。结合地区特点，应充分利用小型水力、风力和太阳能等能源。

第 8 章

城市通信工程规划

8.1 概述

城市通信包括邮政通信和电信通信。电信通信主要是电话和电报通信。邮政通信直接或间接地与各部门的经营管理、生产调度、工作效率和经济效益相联系。邮政通信质量的好坏直接影响千家万户，必须重视和加强邮政通信建设。

邮政业务主要包括信函、包裹、汇兑、报刊发行等，处理手续可分为收寄、分拣、封发、运输、投递等环节。电信的传递方式很多，按业务不同分为电话（市内电话、长途电话、农村电话、社会电话）、电报（用户电报、公众电报）、传真（像传真、真迹传真、报纸传真）、电视传送、数据传输等。按通信方式不同可分为有线、无线两大类。

城市通信工程规划应由电信通信、广播电视、邮政通信三项规划的编制内容组成。

城市通信工程规划的主要任务：确定规划期内城市通信的发展目标，预测通信需求；合理确定邮政、电信、广播、电视等各种通信设备的规模、容量；科学布局各类通信设施和通信线路；制定通信设施综合利用对策与措施，以及通信设施的保护措施。

编制城市通信工程规划应遵循的原则：

1）城市通信工程规划要纳入城市规划，依据城市发展规模和布局进行。

2）城市通信工程规划要以社会信息化的需求为主要依据，考虑社会各行业、各阶层对基本通信业务的需求，保证向社会提供普遍服务的能力，通信工程要符合国家和通信相关部门颁布的各种通信技术体制和技术标准。

3）城市通信工程规划要充分考虑原有设施的情况，充分挖掘现有通信工程设施能力，合理协调新建通信工程的布局。规划必须论证方案的技术先进性，网络的安全、可靠性，工程设施的可行性和经济合理性，同时还要考虑今后通信网络的发展，以适应电信技术的智能化、数字化、综合化、宽带化和电信业务的多样化的发展趋势。

4）城市通信工程的规划要综合考虑，注意电信业务的开放经营和竞争趋势，同时应避免通信基础设施的重复建设。

5）城市通信工程规划要考虑电信设施的电磁保护，以及其他为维护电信设施安全的安全措施；也要考虑无线电信设施对其他专用无线设备的干扰。

6）城市通信工程的规划要按远近结合的原则进行。避免不必要的工程拆建和重复建设；便于近期规划建设与远期发展相协调；有利于网络拓展与管线延伸。

8.1.1 城市通信工程总体规划的内容深度

1. 城市通信工程总体规划的内容

总体规划阶段的城市通信工程规划编制内容应包括以下方面：

1）依据城市经济、社会发展目标、城市性质与规模及通信相关基础资料，宏观预测城市近期和远期通信需求量，预测与确定城市近、远期电话普及率和装机容量，研究确定邮政、移动电信、广播、电视等发展目标和规模。

2）依据市域城镇体系布局、城市总体布局，提出城市通信规划的原则及其主要技术措施。

3）研究和确定城市长途电话网近、远期规划，确定城市长途网结构方式、长途局规模及选址、长途局与市话局间的中继方式。

4）研究和确定城市电话本地网近、远期规划，包含确定市话网络结构、汇接局、汇接方式、模拟网、数字网（IDN）、综合业务数字网（ISDN），及模拟网向数字网过渡方式，拟定市话网的主干路规划和管道规划。

5）研究和确定近、远期邮政、电信局所的分区范围、局所规模和局所选址。

6）研究和确定近、远期广播及电视台、站的规模和选址，拟定有线广播、有线电视网的主干路规划和管道规划。

7）划分无线电收发讯区，制定相应的主要保护措施。

8）确定城市微波通道，制定相应的控制保护措施。

2. 城市通信工程总体规划图纸

（1）城市通信工程现状图　城市通信工程现状图主要表示城市现状的邮政局所、电信局所、广播电台、电视台、卫星接收站和微波通信站其他通信线路、干线分布位置和敷设方式、微波通道位置等。

通信种类多、量大、复杂的城市可按邮政、电话、广播电台、无线电通信等专项分别做出现状图。通信种类少而简单的城市可将城市现状通信图与城市规划中其他专业工程现状图合并，同在城市基础设施现状图上表示。

（2）城市通信工程总体规划图 城市通信工程总体规划图表示城市邮政枢纽、邮政局所、电话局所、广播电台、电视台、广播电视制作中心、电视差转台、卫星通信接收站、微波站及其他通信设施等的规划位置和用地范围；无线电收发讯区位置和保护范围，电话、有线广播、有线电视及其他通信线路干线规划、走向和敷设方式，微波通道位置、宽度、高度控制。

（3）市域通信工程现状图 市域通信工程现状图主要表示市域范围现状的邮政局所分布，电话长途网、本地网分布和敷设方式，以及现有广播电视台站、电视差转台、微波站、卫星通信收发站、无线电收发讯区等设施。

（4）市域通信工程设施规划图 市域通信工程设施规划图表示市域内邮电局所规划分布长途电话网规划，本地网及敷设方式；广播电视台、电视差转台、微波站、卫星通信收发站等设施分布，以及无线电收发讯区。

8.1.2 城市通信工程分区规划内容深度

1. 城市通信工程分区规划的主要内容

城市通信工程分区规划的主要内容应包括以下方面：

1）依据城市通信工程总体规划和城市分区规划，对分区内的近、远期电信、邮政作微观预测。

2）在城市通信工程总体规划的基础上，确定分区长途电话规划，含分区内国内、国际长途电话自动拨号、非话业务和数据通信的发展目标，市话局至长途局间长市中继方式等。

3）勘定新建邮政电话局所，包括模块局和郊区分区的集线器（远端模块）的位置，确定分区内近、远期局所的配合关系以及交换区界。

4）明确在分区内近、远期广播、电视台站规模及预留用地面积。

5）明确分区内无线电收发信区范围，控制保护措施。

6）明确分区内微波通道宽度，控制高度及控制保护措施。

7）确定分区电话、有线广播、有线电视近、远期主干路和主要配线路由以及电信管道的管孔数。

2. 城市通信工程分区规划图纸

（1）分区通信工程现状图 分区通信工程现状图反映分区范围现状通信工程设施规模、分布及用地范围等。

（2）分区通信工程规划图 分区通信工程规划图表示规划的邮政、电话局所、网点分布（包括郊区分区的集线器，远端模块和中小城市的模块局）、用地范围；分布于分区内广播电视、设施和微波卫星通讯等设施位置、用地范围；无线电收发讯区位置和保护范围；所有通信主干管道、主要配线管道、架空电缆线路的位置、敷设方式；微波通道位置、宽度和高度控制。

8.1.3 城市通信工程详细规划内容深度

1. 城市通信工程详细规划的主要内容

城市通信工程详细规划的主要内容应包括以下方面：

1）预测规划范围内的通信需求量。

2）确定邮政、电信局所等设施的具体位置、规模。

3）确定电信线路的路由、敷设方式、管道埋深等。

4）划定规划范围内电台、微波站、卫星电信设施控制保护界线。

5）估算规划范围内电信线路造价。

2. 城市通信工程详细规划图纸

城市通信工程详细规划图纸表示规划范围内的邮政、电话局所的平面位置以及有线电视、广播等管线的位置及敷设方式、埋深和管孔数等。

8.2 城市通信需求量预测

8.2.1 城市电信用户预测

城市电信用户预测应包括固定电话用户、移动电话用户和宽带用户预测等内容。城市电信用户预测，总体规划阶段以宏观预测为主，宜采用时间序列法、相关分析法、增长率法、分类普及率法等方法预测，详细规划阶段以微观预测为主，可采用小区预测、按单位建筑面积测算等不同的指标法预测。

1. 城市固定电话需求量预测

固定电话需求量的预测是电话网路、局所建设和设备容量规划的基础。电话需求量由电话用户、电话设备容量组成，电话行业的电话业务预测包括用户和话务预测，二者之间略有区别。前者使用于规划阶段，后者使用于实施阶段，二者之间的共同点是对电话使用用户都要进行预测。

（1）简易相关预测法　国民经济的发展（尤其是国内生产总值的增长）必然要求电话有更高的增长才能与之相适应。城市电话需求量预测公式为

$$y_t = y_0(1 + \alpha \bar{k})^t \tag{8-1}$$

式中　y_0——规划期开始时的城市电话量；

α——市话变化增长量与国内生产总值增长的比值，一般取1.5；

$\bar{k}$——规划期内国内生产总值平均增长速度；

t——规划期内所需预测的年限数。

（2）电话普及率预测方法　经验表明，一个国家的固定电话机普及率与该国平均的国民生产总值有关，人均国民生产总值越高，则电话普及率也越高。运用回归分析法对一些国家和地区的情况分析研究得出电话普及率（单位：线/百人）的计算公式为

$$y = 1.675x^{1.4156} \times 10^{-4} \tag{8-2}$$

式中　x——人均国民生产总值，美元。

式（8-2）可用作宏观预测。

固定电话用户采用普及率法预测时，预测指标应符合表 8-1 所示的规定。

表 8-1　固定电话普及率主线预测指标　（单位：线/百人）

特大城市、大城市	中等城市	小城市
58 ~ 68	47 ~ 60	40 ~ 54

（3）分类用地综合指标法　由用户根据自身的发展提出需求量。对各类用户分类调查，建立不同模式进行预测，最后加以汇总。要充分注意住宅电话的预测。此外，对于大型厂矿和企事业单位的小交换机用户也要进行详尽地调查和分析，使之与城市的电话发展相适应。采用分类用地综合指标法预测时，预测指标应符合表 8-2 所示的规定。

表 8-2　固定电话分类用地用户主线预测指标　（单位：线/hm^2）

城市用地性质	特大城市、大城市	中等城市	小城市
居住用地（R）	110 ~ 180	90 ~ 160	70 ~ 140
商业服务业设施用地（B）	150 ~ 250	120 ~ 210	100 ~ 190
公共管理与公共服务设施用地（A）	70 ~ 200	55 ~ 150	40 ~ 100
工业用地（M）	50 ~ 120	45 ~ 100	36 ~ 80
物流仓储用地（W）	15 ~ 20	10 ~ 15	8 ~ 12
道路与交通设施用地（S）	20 ~ 26	15 ~ 50	10 ~ 40
公共设施用地（U）	25 ~ 140	20 ~ 120	15 ~ 100

交换装机容量 =（1.2 ~ 1.5）[目前所需电话容量 +（10 ~ 20）年后的远期发展总容量]

中继线数量是通信部门总体规划的内容，为了路由规划方便，暂按装机容量的 20% ~ 30% 计算。

（4）单项指标套算法　单项指标套算法是城市总体规划阶段和详细规划阶

段比较常用的一种方法，它能比较准确地反映规划地区电话用户的需求总量，并根据电话总用量换算成电话设备容量。

1）总体规划阶段。总体规划阶段可用指标进行套算：每户住宅按1部电话计算；非住宅电话占总住宅电话的1/3；电信局设备装机率规划近期为50%，中期为80%，远期为85%；端局最终电话达4～6万门，电话站最终期电话容量1～2万门。

2）详细规划阶段。详细规划阶段主要是通过市话的服务面积来套算需求量，即每部电话的服务面积如表8-3所示。

其中，小区内每50～100户必须至少设置2部公话（来话去话各一部），电话配线间（室内）一处，使用面积不小于$6m^2$。

表8-3 每部电话的服务面积

用地类别	面积指标/m^2	用地类别	面积指标/m^2
办公	20～25	商业	30～40
多层住宅	60～80	幼托	80～95
高层住宅	80～100	医院	100～120
仓库	150～200	学校	90～110
旅馆	35～45	文化	110～130

（5）电话增长率预测法　根据国家人口增长确定不同阶段的人口增长率，预测人口。根据全国及地区电信发展目标，城市经济发展特点来确定电话总量的增长率，最后得到电话普及率等发展目标。

城市电话用需求量预测公式为

$$y_t = P_t R_t \tag{8-3}$$

式中　y_t——规划年的话机总量，万门；

P_t——预测年的话机普及率，万门/人；

R_t——预测年的人口总数，人。

2. 城市移动电话需求量预测

（1）移动电话占市话百分比法　移动电话与市话之间存在一定的比率。参考国外移动电话的发展比例，预测我国城市移动电话占城市电话门数的70%～100%。

（2）移动电话普及率法　根据国际电联（ITU）的统计和预测，世界不同国家的移动电话的普及率如表8-4所示。由于经济活动能力、贸易、交通及市政公用设施等方面的不同，我国城乡移动电话普及率应根据自身的水平和条件，采用的普及率法可依据移动通信需求相关因素分析，按表8-5所示的预测指标范围选定。

表 8-4　国外移动电话普及率　（单位：卡号/千人）

国别	1980 年	1988 年	2000 年
美国	1.29	6.54	41.3
瑞典	1.38	20.40	47.1
德国	0.37	3.34	32.4
英国	0.26	5.02	26.2
芬兰	1.75	14.99	45.2
挪威	3.42	28.31	52.2
日本		1.21	42.8

表 8-5　移动电话普及率预测指标　（单位：卡号/百人）

特大城市、大城市	中等城市	小城市
125 ~ 145	105 ~ 135	95 ~ 115

3. 城市宽带用户需求量预测

结合近年宽带发展实际，与工业和信息化部电信研究院共同对我国不同城市宽带发展及普及率水平的综合分析；参考北京、上海等城市按日本宽带预测方法的宽带发展预测曲线与日本宽带发展预测曲线比较，及其近年宽带发展水平分析，宽带普及率公式为

$$宽带普及率=\frac{家庭宽带用户数+行政事业单位宽带用户数}{家庭总数+行政事业单位总数}\times100\% \quad (8\text{-}4)$$

其中行政事业单位总数及其宽带用户数可按独立办公的小单位及宽带用户小单位数统计。

宽带用户需求量预测采用普及率法进行预测时，预测指标应符合表 8-6 所示的规定。

表 8-6　宽带用户普及率预测指标　（单位：户/百人）

城市规模分级	特大城市、大城市	中等城市	小城市
—	40 ~ 52	35 ~ 45	30 ~ 37

8.2.2　邮政需求量预测

城市邮政设施的种类、规模、数量主要依据通信总量邮政年业务收入来确定。因此，城市邮政需求量主要用邮政年业务收入或通信总量来表示。预测通信总量（万元）和年邮政业务收入（万元），采用发展态势延伸法、单因子相关系数法、综合因子相关系数法等预测方法。

（1）发展态势延伸预测法　此法是采集历年邮政量的数据变化规律，从中

分析其走势，以预测未来需求量。预测公式为

$$y_t = y_0(1+\alpha)^t \tag{8-5}$$

式中 y_0——规划基年的需求量（现状业务总量），万元；

α——邮政业务收入或通信总量增长态势系数（$\alpha>0$）；

t——规划期内所需预测的年限数。

采集的样板数越多，年份越多，外延推伸越可靠。

（2）单因子相关预测法　在影响邮政需求量的各个变化因子中，寻找其中的一个与其变化相关最密切的因子，用该因子的变化分析邮政需求的变化，通过对该因子进行修正，以达到规划期末城市邮政需求量的预测。预测公式为

$$y_t = x_t c(1+\alpha)^t = x_t \frac{y_0}{x_0}(1+\alpha)^t \tag{8-6}$$

式中 x_t——规划期某年的经济社会因子值；

c——现状（起始）邮政年业务收入量 y_0 与经济社会因子值 x_0 之比值；

α——邮政业务收入（或通信总量）增长与 x 因子值增长之间的相关系数；

t——规划期内所需预测的年限数。

（3）综合因子相关预测法　在单因子相关预测的基础上，将多个因子预测结果综合起来，根据这些因子与邮政量的密切程度，选取各因子相关权值汇总合成，提高预测的可靠性和综合性。预测公式为

$$y_t = \sum_{i=1}^{n} \beta_i x_{it} c_i (1+\alpha_i)^t \tag{8-7}$$

式中 i——其中某一因子；

n——因子的数目；

β_i——各因子的权重；

x_{it}——规划期内预测年的经济社会因子 x_i 的值；

c_i——现状（起始年）邮政业务收入量与 x_i 因子的值之比量；

α_i——邮政业务收入或通信总量增长与 x_i 因子值增长之间的相关系数；

t——规划期内所需预测的年限数。

8.3 城市通信设施规划

8.3.1 城市邮政局所规划

1. 城市邮政局所规划的主要内容

城市邮政局所的合理布局是方便群众用邮，便于邮件的收集、发运和及时投递的前提条件。邮政局所规划的主要内容有：

1）确定近、远期城市邮政局所数量、规模。

2）划分邮政局所的等级和各级邮政局所的数量。

3）确定各级邮政局所的面积标准。

4）进行各级邮政局所的布局。

2. 邮政局所的设置原则

1）邮政支局所是面向社会和广大群众、直接为用户提供服务的网点。从整个城市规划发展来看，邮政支局所建设与整个城市的发展建设密切相关，应与城市总体规划相符合。

2）邮政企业要考虑社会经济效益，其建设要体现广泛性、群众性和服务性，使其构成布局合理、技术先进、功能齐全、迅速方便的服务网络。

3）邮政支局所的设置既要立足现实，满足当前需要，又要兼顾长远，满足远期城市发展的需要。规划时要留有余地，在建设的数量和规模方面要以邮政各类业务发展为前提，并向发展现代化、标准化、规范化的邮政支局所发展。

3. 邮政局所设置数量

城市邮政局所的设置应符合现行行业标准 YZ/T 0129—2009《邮政普遍服务标准》的有关规定。为方便广大群众能够就近邮递，通常以不同的人口密度制定相应的服务半径、标准来确定邮政局所的数量及分布。邮政局所的服务半径或服务人口应符合表 8-7 所示的规定。

表 8-7 邮政局所服务半径和服务人口

类别	每邮政局所服务半径/km	每邮政局所服务人口/万人
直辖市、省会城市	1～1.5	3～5
一般城市	1.5～2	1.5～3
县级城市	2～5	2

一个城市的市区、近郊、远郊区人口密度不同，应取不同的服务半径，然后计算应设局所数。

4. 邮政通信设施规划

（1）城市邮政设施的功能及其类别　邮政设施主要可分为邮件处理中心和提供邮政普遍服务的邮政营业场所，提供邮政普遍服务的邮政营业场所可分为邮政支局和邮政所。

邮政普遍服务是指按照政府规定的资费和服务规范，为中华人民共和国境内的所有用户提供的可持续的基本邮政服务。邮政普遍服务的业务范围主要包括：信件（信函、明信片）业务、单件重量不超过 10kg 的包裹业务、单件重量不超过 5kg 的印刷品业务、其他法律法规规定的邮政普遍服务业务。

城市总体规划邮政通信规划主要涉及邮件处理中心和邮政支局二类邮政主要

设施，城市详细规划邮政通信规划还会涉及邮政所邮政设施。

（2）邮件处理中心的规划要求　邮件处理中心的选址应与城市用地规划相协调，且应满足下列要求：

1）便于交通运输方式组织，靠近邮件的主要交通运输中心；

2）有方便大吨位汽车进出接收、发运邮件的邮运通道。

邮件处理中心用地应按现行行业标准 YD 5013—1995《邮件处理中心工程设计规范》的有关要求执行。

（3）邮政局所的规划要求　城市邮政局所的等级划分及标准根据 YDJ 61—1990《城市邮电支局（所）工程设计暂行技术规定》执行（见表 8-8、表 8-9）。

表 8-8　城市邮电支局的等级划分及标准

项　　目	一等局	二等局	三等局
城市邮电支局邮政营业席位数/席	18～25	15	9
城市邮电支局邮政部分生产面积标准(建筑面积)/m^2	1041～1181	936	739
城市邮电支局生产辅助用房面积标准(建筑面积)/m^2	653	520	409
城市邮电支局生活辅助用房面积标准(建筑面积)/m^2	319	243	183
城市邮电支局所含电信部分的生产用房面积/m^2	398	270	178
城市邮政支局建筑标准(合计)/m^2	2411～2551	1969	1509
处理标准邮件的数量/件	≥2000	≥1000	≥250

注：建筑标准中，包括邮政营业、投递、发行等生产面积，生产辅助用房和生活辅助用房的面积。

表 8-9　城市邮电所的等级划分及标准

项　　目	一等所	二等所	三等所
邮电所建筑面积/m^2	254～278	215～239	141～165
邮电所使用面积/m^2	216～236	183～203	120～140
处理标准邮件的数量/万件	≥55	≥18	<18

邮政支局的规划用地面积、建筑面积应按业务量大小结合当地实际情况，并应符合表 8-10 的规定。

表 8-10　邮政支局规划用地面积、建筑面积

支局类别	用地面积/m^2	建筑面积/m^2
邮政支局	1000～2000	800～2000
合建邮政支局		300～1200

城市邮政所应在城市规划中作为小区公共服务配套设施配置，并应设于建筑首层，建筑面积可按 100～300m^2 预留。

8.3.2 城市电信局站规划

1. 电信局站分类

电信局站分类主要依据局站在电信网的电信网络层次和节点属性划分，包括广域网骨干层局、城域网核心层局、汇聚层局所或核心/汇聚层局；按功能和设备划分为长途电信局和本地电信局，长途电信局包括国际长途电信枢纽局和省、地长途电信枢纽局，本地电信局主要包括电信枢纽局、汇接局和电信端局及模块局，此外还包括综合电信局、移动通信局。

根据电信部门相关规定，考虑简化电信局分类将电信局站分为一类局站和二类局站：

1）一类局站。一类局站包括小区电信接入机房和移动通信基站，这类局站点多面广，没有独立建设用地。

2）二类局站。二类局站包括电信枢纽楼和电信生产楼，这类局站数量少、规模较大、功能综合，有独立建设用地。

2. 电信局站设置

（1）电信局站选址　电信局站选址主要考虑以下要求：

1）环境安全、服务方便、技术合理和经济实用。

2）选择地形平坦、地质良好适宜建设用地的地段，避开因地质、防灾、环保及地下矿藏或古迹遗址保护等因素，不可建设用地的地段。

3）距离通信干扰源（包括高压电站、高压输电线铁塔、电气化铁道、广播电视雷达、无线电发射台及磁悬浮列车输变电系统等）的安全距离应符合国家相关规范要求。

（2）电信局站规划基本要求　二类局站中的电信生产楼是一定范围内接入汇聚各类电信业务、为区域内电信用户提供电信业务的场所。部分生产楼会增加办公、销售等业务升级为电信综合楼或枢纽楼。按照我国目前的电信运营格局，长途枢纽楼基本完成部署，在省会等大中城市主导运营企业有2个甚至多个长途枢纽楼，非主导运营企业会有1～2个长途枢纽楼，规模较小的地级城市每个运营企业多为1个长途枢纽楼。数据中心、呼叫中心可以作为生产楼一部分功能区，也可以集中设置，独立建设的大型数据中心和呼叫中心，一般设置在省会等中心城市。

城市规划中电信局站的布局以电信生产楼布局为基础，在此基础上规划其他二类局站和一类局站。不同规模城市设置电信生产楼数按照城市总用户数与相应单局覆盖用户数确定，同时考虑生产楼覆盖范围。

1）城市电信局站应综合覆盖面积、用户密度等因素设置。城市电信生产楼作为电信业务覆盖局站，接入用户包括固定宽带用户、移动电话用户和固定电话用户，生产楼容纳用户规模为三者之和。按照我国目前城市家庭每户 3 人计算，对应电信用户可按 1 部固定宽带、1 部固定电话和 2 部移动电话估算，根据调查统计中等城市单局平均覆盖固定电话用户为 3 万左右，对应覆盖区内总用户约为 12 万，考虑大中小城市人口密度的差异，故将大、中、小城市单局平均覆盖用户总数设定为 15 万、12 万、8 万户。从整体网络安全性来说，单局覆盖用户规模不能太大，建议大、中、小城市单据用户占比分别不超过 10%、15%、20%。

城市二类局站的设置应符合表 8-11 中的规定。

表 8-11 城市二类局站的设置指标

城市电信用户规模/万户	单局覆盖用户数/万户	最大用户占比（%）
<100	8	20
100～200	8	20
200～400	12	15
400～600	12	15
600～1000	15	10
1000 以上	15	10

2）城市电信局站应考虑人口密度和采用的技术设置。城市电信生产楼覆盖半径跟人口密度和采用的技术有关。在城市用户非密集区，对于光纤接入网来说，考虑光通道损耗核算、接入网络分层结构、资源配置优化等因素，生产楼覆盖半径在 5km 之内较合适。在城市用户密集区，为提高整体资源配置效益、避免接入光缆和管道等基础资源过度消耗，单局规模不宜过大，生产楼覆盖半径在 3km 之内较合适。

3）城市电信局站应综合考虑各相关因素规划用地。城市电信局站规模、用地综合考虑各相关因素，并根据有关规定和局站平面布置，以及其他相关研究和结合有代表性城市多个实例分析研究，同时考虑通信技术发展和综合业务设备相关因素修改完善。电信局站规划用地应符合表 8-12 所示规定。

表 8-12 城市二类局站的规划用地指标

城市电信用户规模/万户	1.0～2.0	2.0～4.0	4.0～6.0	6.0～10.0	10.0～30.0
预留用地面积/m^2	2000～3500	3000～5500	5000～6500	6000～8500	8000～12000

（3）小区通信综合接入设施用房规划基本要求　根据小区通信发展，提出小区通信（含广电在内）的综合接入设施用房的依据和基本要求。

小区通信接入机房是指设置于建筑内部，为区域、小区和单体建筑提供通信业务服务用房的建筑空间，用于设置固定通信、移动通信、有线电视等接入网设备。

1）光纤接入网是通信机房覆盖业务的主要手段，光纤接入网由主干层、接入层和引入层构成，分片区汇聚机房、小区总机房和单体建筑机房。光纤接入网的广泛使用，使设备所占建筑面积减少，接入设施可直接进入建筑单体。

2）为提高机房利用率，宜在同一机房内为多个通信运营商提供设备安装所需的建筑面积。

3）片区汇聚机房包括固定通信网汇聚节点、移动通信网汇聚节点以及有线电视网的分中心等多种类别，用于汇聚各类从单体建筑机房或小区总机房传输来的通信信号至通信机楼。片区汇聚机房应布置在新建或改建地块（建筑单体）内，尽量靠近通信业务中心以及城市道路上的通信管道，并应保持两个方向与道路上的通信管道连通。

4）小区总机房用于连接小区各单体建筑机房，主要起小区内部通信信号分散与汇聚的作用，有利于合理、高效利用小区内的通信接入管道。小区总机房在接收上层片区汇聚机房下行传输信号后再分散发送至各单体建筑机房；同时也可汇聚从各单体建筑机房上行传输后集中传输至上层片区汇聚机房。

5）单体建筑机房设在建筑单体内，用于布置各通信运营商的光节点，固定通信主线数不宜大于2000线。

小区通信综合接入设施用房建筑面积应按城市不同小区的特点及用户微观分布确定，并要符合表8-13所示的规定。

表8-13　小区通信综合接入设施用房建筑面积

小区户数规模/户	小区通信接入机房建筑面积/m^2
100～500	100
500～1000	160
1000～2000	200
2000～4000	260

注：当小区户数大于4000户时应增加小区机房分片覆盖。

（4）城市移动通信基站规划要求　城市移动通信基站选址和建设应符合电磁辐射防护相关标准的规定，避开幼儿园、医院等敏感场所，并应符合城市历史街区保护、城市景观的有关要求。

城市移动通信基站分布面广、点多，对城市用地布局和节约用地等影响大，必须符合集约共建的原则；同时，除涉及电磁辐射安全防护外，还影响城市景观及市容市貌，作为有较大影响的建设项目必须符合城市规划及管理的相关要求。

城市移动通信基站选址和建设除应符合相关现行国家标准规范要求外，还应强调应尽可能避开居民小区、学校等人员集中场所，特别是避开老弱人群聚集场所，以及选址中可能的多辐射源叠加辐射强度的综合测评要求，以免造成健康危害。

8.3.3 城市无线通信与无线广播传输设施规划

1. 城市无线通信与无线广播传输设施的组成

城市无线通信与无线广播传输设施包括无线广播电视设施在内的以发射信号为主的发射塔（台、站）、以接收信号为主的监测站（场、台）、发射或（和）接收信号的卫星地球站、以传播信号为主的微波站等。

2. 城市无线通信与无线广播传输设施规划的基本要求

1）城市收信区、发信区和无线台站的统一布局、重要微波通道保护、移动通信基站整体布局，以及机场导航、天文探测、卫星地球站与无线电监测站等重要无线工程设施保护区的划定直接关系到城市和通信安全，与城市规划关系密切，必须纳入城市总体规划，并与城市总体布局相协调。

2）城市各类无线发射台、站的设置应符合国家电磁辐射标准 GB 8702—1988《电磁辐射防护规定》、GB 9175—1988《环境电磁波卫生标准》电磁环境的相关规定。避免电磁辐射造成对周围人居环境的污染和危害。

3. 城市收信区与发信区划分、调整的基本要求

城市收发信区划分、调整与城市总体规划的城市发展方向和用地布局关系紧密，并直接关系到无线通信秩序和通信安全性、可靠性。

1）收信区和发信区调整应符合的要求是：

① 城市总体规划和发展方向。

② 无线电台站的状况和发展规划。

③ 相关无线电台站的环境技术要求和相关地形、地质条件。

④ 人防通信建设规划。

⑤ 无线通信主向避开市区。

2）城市收信区、发信区划分宜划分在城市郊区的两个不同方向的地方，同时在居民集中区、收信区与发信区之间应规划出缓冲区。

3）收信区与发信区之间的设置与调整应符合现行国际标准 GB 13614—2012《短波无线电收信台（站）及测向台（站）电磁环境要求》的有关规定。

4. 城市微波通道的基本要求

城市微波通道应根据其重要性、网络级别、传输容量等实施分级保护，并应符合 GB/T 50853—2013《城市通信工程规划规范》中的附录 A《城市微波通道分级保护》的规定。

对城市微波通道结合城市规划分级保护以及城市微波通道入城控制等要求做出如下规定：

1）通道设置应结合城市发展需求。

2）应严格控制进入大城市、特大城市中心城区的微波通道数量。

3）公共网和专用网微波宜纳入公共通道，并应共用天线塔。

5. 城市无线广播传输设施的基本要求

城市无线广播设施规划的发射台、监测台、地球站规划主要由广播电视的专业规划部门依据全国、省总体的广播电视覆盖规划，结合城市总体规划考虑，城市规划部门将相应规划内容纳入城市总体规划时，应侧重于上述规划内容与城市总体规划之间的协调一致。

1）规划新建、改建或迁建无线广播设施应满足全国总体的广播电视覆盖规划的要求，并应符合国家相关标准的规定。

2）规划新建、改建或迁建中波、短波广播发射台、电视调频广播发射台、广播电视监测站（场、台）应符合现行行业标准GY 5069—2001《中波、短波广播发射台场地选择标准》和GY 5068—2001《调频广播、电视发射台场地选择标准》等广播电视工程有关标准规定。

3）接收卫星广播电视节目的无线设施，应满足卫星接收无线场地和电磁环境的要求。

6. 机场导航、天文探测、卫星地球站设施的基本要求

1）城市机场导航、天文探测、卫星地球站与无线电监测站（场、台）等其他重要无线通信工程设施在环境技术条件上给予重要保护。

2）城市机场导航应在相应城市总体规划中机场净空保护区。

8.3.4 城市有线电视与网络前端规划

1. 城市有线电视规划的主要内容与基本要求

1）城市有线广播电视规划的主要内容应包括信号源接收、处理、播放设施和网络传输、分配设施规划。

2）城市有线广播电视网络总前端、分前端、一级机房、二级机房及线路设施应符合安全播出的相关规定。

2. 有线广播电视用户预测

1）城市总体规划阶段有线电视网络用户采用综合指标法预测，预测指标：每户2.8~3.5人，每户两个端口。

2）城市详细规划阶段有线电视网络用户宜采用单位建筑面积密度法预测，有线电视网络用户是指住区用户和公共建筑用户两类，后者主要是服务行业的公共建筑用户。预测指标可按表8-14所示规定，并结合实际情况适当调整。

表 8-14 建筑面积测算信号端口指标

用地性质	标准信号端口预测指标/(端/m²)
居住用地	1/40～1/60
公共管理与公共服务设施用地	1/40～1/200

3. 有线广播电视网络前端规划

1）有线广播电视网络总前端规划建设用地可按表8-15所示规定，并结合实际情况适当调整。

表 8-15 有线广播电视网络总前端规划建设用地

用户/万户	总前端数/个	总前端数建筑面积/(m²/个)	总前端建设用地/(m²/个)
8～10	1	14000～16000	6000～8000
10～100	2	16000～30000	8000～11000
≥100	2～3	30000～40000	11000～12500 (12000～13500)

注：规划用地不包括卫星接收天线场地；括号规划用地含数据中心用地。

2）有线广播电视网络分前端规划建设用地可按表8-16所示规定，并结合实际情况适当调整。

表 8-16 有线广播电视网络分前端规划建设用地

用户/万户	分前端数/个	分前端数建筑面积/(m²/个)	分前端建设用地/(m²/个)
<8	1～2	5000～10000	2500～4500
≥8	2～3	10000～15000	45000～6000

注：规划用地不包括卫星接收天线场地。

3）有线广播电视网络一级机房宜设于公共建筑底层，建筑面积宜为300～800m^2。

8.4 城市通信管道规划

8.4.1 通信管道规划的基本要求

通信业直接与城市规划相关联，除局址的布局和建设外，还包括通信管道建设。因此，在进行通信管道规划时，应充分考虑各种不同信息业务的传输需求。管孔计算必须考虑电缆平均线对数不断增加的因素，特别是光纤的采用，应避免不必要的浪费。

1）通信管道应满足全社会通信城域网传输线路的敷设要求，通信城域网包括固定电话、移动电话、有线电视、数据等公共网络和交通监控、信息化、党政军等通信专网。

2）通信管道应统一规划，统筹多方面共享使用需求，并应留有余量。

8.4.2 通信主干管道规划

城市通信主干管道功能是提供通信综合主干线路敷设的载体，以电信网、广播电视网、互联网三网融合的本地通信综合网线路是城市主要综合通信线路，通信的体系应结合通信局站、城市道路、土地利用规划，同时兼顾管道的重要性和管道容量来综合确定。

1）电信局局前管道应依据局站覆盖规模、用户分布及路网结构，电信局出局管道方向与路由数，按表8-17所示要求确定。

表8-17　电信局出局管道方向与路由数选择

电信局站覆盖用户规模/万户	局前管道
1~3	两方向单路由
3~8	两方向双路由
≥8	3个以上方向、多路由

注：覆盖用户规模较大的局站宜采用隧道出局。

2）有线电视网络前端出站管道应依据前端站的级别，有线电视网络前端出站管道方向与路由数，按表8-18所示要求确定。

表8-18　有线电视网络前端出站管道方向与路由数选择

前端站级别	出站管道
总前端	3个以上方向、多路由
分前端	2个以上方向、双路由

3）有线广播电视网络前端进出站管道远期规划管孔数应依据前端站的级别、出站分支数量、出站方向用户密度，有线广播电视网络前端进出站管道远期规划管孔数，按表8-19所示要求，结合当地实际情况分析计算确定。

4）城市通信综合管道规划管孔数应按规划局站远期覆盖用户规模、出局分支数量、出局方向用户密度、传输介质、管材及管径等要素确定，城市通信综合管道规划管孔数，按表8-20所示要求确定。

5）城市通信管道与其他市政管线及建筑物的最小净距离应符合国家现行标准GB 50289—1998《城市工程管线综合规划规范》的有关规定。

表8-19　有线广播电视网络前端进出站管道远期规划管孔数　（单位：孔）

前端站级别	距站500m分支路由管孔数	距站500~1200m分支路由管孔数
总前端	12~18	8~12
分前端	8~12	6~8

表 8-20 城市通信综合管道规划管孔数 （单位：孔）

城市管道类别	管孔数
主干路	18 ~ 36
次干路	14 ~ 26
支路	6 ~ 10
跨江大桥及隧道	8 ~ 10

注：两人（手）孔间的距离不宜超过150m。

8.4.3 小区通信配线管道规划

1）小区通信配线管道应与城市主干道及小区各建筑物引入管道相衔接。

2）小区通信配线管道管孔数应按终期电缆、光缆条数及备用孔数确定，规划阶段其配线管道可按4 ~6 孔计算，建筑物引入管道可按2 ~3 孔计算；特殊地段小区管道和有接入节点的建筑物引入管道应按实际需求计算管孔数。

8.5 村镇通信工程规划

通信工程规划主要应包括电信、邮政、广播、电视的规划。

8.5.1 村镇电信工程规划

村镇电信工程规划应包括确定用户数量、局所位置、发展规模和管线布置。

1）电话用户预测应在现状基础上，结合当地的经济社会发展需求，确定电话用户普及率（线/百人）。

2）电信局所的选址宜设在环境安全和交通方便的地段。

3）电信线路规划应依据发展状况确定。电信线路宜采用埋地管道敷设，电信线路布置应符合下列规定：

① 应避开易受洪水淹没、河岸塌陷、土坡塌方以及有严重污染的地区。

② 应便于架设、巡察和检修。

③ 宜设在电力线走向的道路另一侧。

8.5.2 邮政局所选址

邮政局所的位置应利于邮件运输、方便用户使用。

8.5.3 广播、电视规划

广播、电视线路应与电信线路统筹规划。

第 9 章

城市工程管线综合规划

9.1 概述

9.1.1 城市工程管线综合规划的任务及原则

为了满足居民生活和工业生产需要，在城市中需要敷设给水、排水、电力、电信、燃气、热力等多种管道和线路，这些管道和线路统称为管线工程。由于每种管线的用途和技术要求各不相同，承担的设计单位也各不相同，如果不进行统一安排和布置，就可能会造成诸多问题。例如，各种管线在平面上和竖向断面上位置相互冲突、干扰，住宅区、工业区、各企事业单位及厂矿区内外敷设的各种管线互不衔接，规划设计的管线和现状管线彼此矛盾，局部和整体互不配套等。这些问题如果在规划设计阶段不予以解决，不仅会影响施工的顺利进行，影响城市的发展和功能的正常运转，有时还会发生安全事故。因此，对规划设计的管线工程必须进行统一安排和综合协调，即工程管线综合规划。

城市工程管线综合规划的主要任务：确定城市工程管线在地下敷设时的排列顺序和工程管线间的最小水平净距、最小垂直净距；确定城市工程管线在地下敷设时的最小覆土深度；确定城市工程管线在架空敷设时管线及杆线的平面位置及周围建（构）筑物、道路、相邻工程管线间的最小水平净距和最小垂直净距。

为了避免各种管线的相互矛盾，在城市规划过程中，各设计单位在交付图样之前，应对所承担设计的部分与相关的工程管线进行校对和检查，避免管线之间发生冲突，提高规划设计质量。

编制城市工程管线综合规划应遵循的原则：

1）城市工程管线综合规划应重视近期建设规划，并应考虑远景发展的需要。

2）城市工程管线综合规划应结合城市的发展合理布置，充分利用城市地上、地下空间。

3）城市工程管线综合规划应与城市道路交通、城市居住区、城市环境、给水工程、排水工程、热力工程、电力工程、燃气工程、电信工程、防洪工程、人防工程等专业规划相协调。

规划成果文件应包括规划文本或说明书、规划图样、必要的附表及附件。

9.1.2 城市工程管线综合规划的主要内容深度

1. 城市工程管线综合总体规划

编制城市工程管线综合总体规划需收集以下资料：

（1）城市自然地形资料 城市或分区的地形、地貌、地面高程、河流水系、气象等。上述资料除气象外，均可在城市地形图上取得。

（2）城市土地利用状况资料 城市或分区的各类用地的现状和规划布局。

（3）城市人口分布资料 城市或分区现状和规划居住人口的分布。

（4）城市道路系统资料 城市或分区现状和规划的道路系统。

（5）有关工程管线规范资料 国家和有关主管部门对工程规划管线敷设的规范，尤其是当地对工程管线布置的特殊规定。

（6）各工程专业现状和规划资料 各工程管线现状分布，各工程管线专业部门对本系统近远期规划或设想等资料。

1）给水工程基础资料：城市地表水、地下水水源及现有、在建和规划的水厂的现状和规划资料，包括水源的位置、规模以及水源卫生防护带，水厂的规模、位置、用地范围。输配水工程管网现状和规划，包括配水管网的布置形式（枝状、环状等），给水干管的走向、管径及在城市道路中的平面位置和埋深情况等。

2）排水工程基础资料：城市现状和排水工程总体规划确定的排水体制。现状和规划的污水处理厂的数量、位置和规模，雨水、污水干管的走向、管径及在城市道路中的平面位置，雨水干渠的截面尺寸和敷设方式，雨水、污水干管的埋深情况，雨水、污水泵站的位置，排水口的位置等。

3）燃气工程基础资料：城市现状和规划燃气气源状况，包括城市采用的燃气种类（天然气、各种人工煤气、液化石油气），天然气的分布位置，储气站的位置和规模，煤气制气厂的位置和规模，对置储气站的位置和规模，液化石油气气化站的位置和规模。城市燃气系统的布局现状和规划，包括城市中各种燃气的供应范围，燃气管网的形式（单级系统、二级系统、三级系统）和各级系统的压力等级，燃气干管的走向、位置、敷设方式，以及在城市道路中的平面位置和埋深情况，各级调压设施的位置等。

4）供热工程基础资料：城市现状和规划的热源情况，包括热电厂、区域锅炉房、工业余热的分布位置和规模，地热的分布位置、热能储量、开采规模。热力网布局的现状和规划，包括热力网的供热方式（蒸汽供热、热水供热），蒸汽管网的压力等级，蒸汽、热水干管的走向、位置、管径，热力管的敷设方式（架空、地面、地下）及在城市道路中的平面位置和埋深要求等。

6）电力工程基础资料：城市现状和规划电厂、变电站（所）的位置、容量、电压等级和分布形式（地上、地下）。城市现状和规划的高压输配电网的布局，包括高压电力线路（35kV及其以上）的走向、位置、敷设方式，高压走廊位置和宽度，高压输配电线路的电压等级，电力电缆的敷设方式（直埋、管沟等）及在城市道路中的平面位置和埋深情况等。

7）通信工程基础资料：城市现状和规划的邮电局所的规模和分布，现状和规划电话网络布局，包括城市内各种电话（市话、农话、长话）干线的走向、位置、敷设方式，电话主干电缆、中继电缆的断面形式，通信光缆和电话电缆在城市道路中的平面位置和埋深情况。有线电视台的位置、规模，有线电视干线的走向、位置、敷设方式。有线电视主干电缆的断面形式，在城市道路中的平面位置和埋深要求等。

总体规划阶段的城市燃气规划内容应包括：

① 确定各种工程管线干管的走向和水平排列位置。

② 分析各种工程管线分布的合理性。

③ 确定关键点的各种工程管线干管的具体位置。

④ 提出各专业工程管线规划的修改建议。

城市工程管线综合总体规划图样包括：

1）城市工程管线综合总体规划图，主要反映各种工程管线干管的分布与位置。

2）工程管线道路标准横断面图，主要反映道路红线范围内的各组成部分在横断面上的位置及宽度，如机动车道、非机动车道、人行道、分隔带、绿化带等；规划确定的工程管线在道路中的位置；道路横断面的编号。

2. 城市工程管线综合详细规划

城市工程管线综合详细规划在实际操作中常有两种情况：一是在城市工程管线综合总体规划完成的基础上，进行某一地域的工程管线综合详细规划；二是该城市没有城市工程管线总体规划，直接进行某一地域的工程管线综合详细规划。

编制城市工程管线综合详细规划需收集的资料包括：

（1）自然地形资料　规划区内地形、地貌、地物，地面高程，河流水系等。一般由规划委托方提供的最新地形图（1/500～1/2000）上取得。

（2）土地利用状况资料　规划区内详细规划平面图（1/500～1/2000），规划区内现有和规划的各类用地，建筑物、构筑物、铁路、道路、铺装硬地、绿化用地等。

（3）道路系统资料　规划区内现状和规划道路系统平面图（1/500～1/2000），各条道路横断面图（1/100～1/200），道路控制点标高等。

（4）城市工程管线综合总体规划资料　城市工程管线排列原则和规定，本规划区各种工程设施的布局，各种工程管线干管的走向、位置、管径等。

（5）各专业工程现状和规划资料　规划区内现状各类工程设施和工程管线分布，各专业工程详细规划的初步设计成果，以及相应的技术规范。城市给水、排水、供电、电信、供热、燃气等工程管线综合详细规划需收集的基础资料。

城市工程管线综合详细规划内容应包括：

① 检查规划范围内各专业工程详细规划的矛盾。

② 确定各种工程管线平面分布位置。

③ 确定规划范围内道路横断面和各种工程管线干管的排列位置。

④ 初定道路交叉口等控制点工程管线的标高。

⑤ 提出各种工程管线基本埋深和覆土厚度。

⑥ 提出各专业工程管线详细规划的修改建议。

城市工程管线综合详细规划图样包括：

1）城市工程管线综合详细规划图。图中标明各种工程管线的平面位置、管径、控制点的标高，各种工程管线的水平间距。

2）管线交叉点标高图。要反映交叉管线的高程，即竖向位置。管线交叉点的标高有几种表示方法，图 9-1 所示为其中一种表示方法。

3）道路断面标准横断面图。图 9-2 所示为某一规划道路工程管线横断面图。

9.1.3　城市工程管线种类

1. 按性质和用途分

根据性质和用途，城市工程管线可以分为：

1）给水管道：包括工业给水、生活给水、消防给水管道等。

2）排水沟管：包括工业污水、生活污水、雨水等管道和明沟等。

3）电力线路：包括高压输电、高低压配电、生产用电、电车用电线路等。

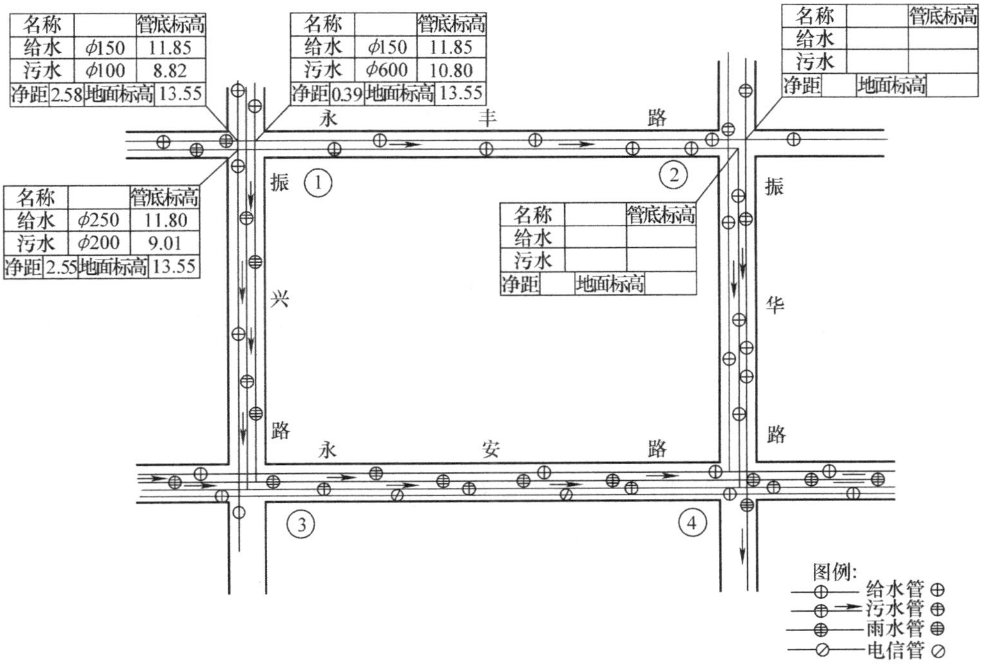

图9-1　管线交叉点标高图

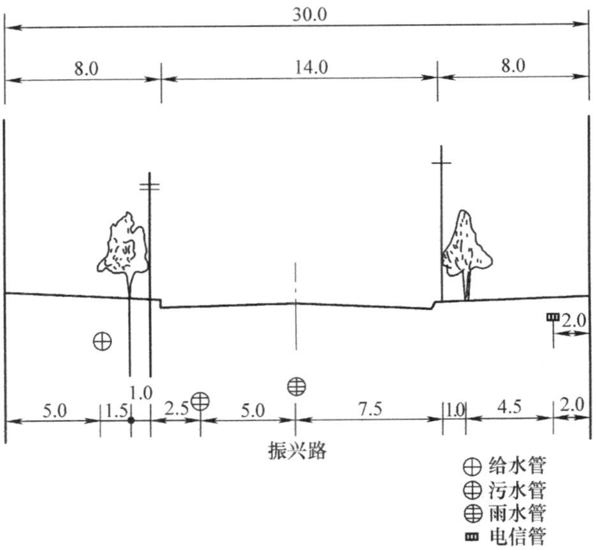

图9-2　某一规划道路工程管线横断面图

4）电信线路：包括市内电话、长途电话、互联网、有线广播、有线电视线路等。

5）热力管道：包括蒸汽、热水管道等。

6）可燃或助燃气体管道：包括煤气、乙炔、氧气管道等。

7）空气管道：包括新鲜空气、压缩空气管道等。

8）灰渣管道：包括排泥、排灰、排尾矿管道等。

9）城市垃圾输送管道。

10）液体燃料管道包括石油、酒精管道等。

11）工业生产专用管道：主要是工业生产上用的管道，如氯气管道，以及化工厂专用管道。

2. 按输送方式分

根据输送方式，城市工程管线可以分为：

1）压力管线：指管道内流体介质由外部施加压力使其流动的工程管线，通过一定的压力设备将流体介质由管道系统输送给终端用户。给水、煤气、灰渣管道属于此类。

2）重力自流管：指管道内流体在重力作用下沿其设置的方向流动的工程管线。这类管线有时还需要中途提升设备将流体介质引向终端。污水、雨水管道系统即为重力自流管。

3. 按敷设方式分

根据敷设方式城市工程管线可以分为：

1）架空线：指通过地面支撑设施在空中布线的工程管线，如架空电力线，架空电话线。

2）地铺管线：指在地面铺设明沟或盖板明沟的工程管线，如雨水沟渠、地面各种轨道等。

3）地埋管线：指在地面以下有一定覆土深度的工程管线。根据覆土深度不同，地下管线又可分为深埋和浅埋两类。所谓深埋，是指管道的覆土深度大于1.5m，覆土深度小于1.5m则称为浅埋。我国北方地区土壤冰冻厚度较深，一般给水、排水、煤气、热力等管道需要深埋，以防冻裂。而电力、电信等线路不受冰冻影响，则可以浅埋。

4. 按弯曲程度分

根据弯曲程度，城市工程管线可以分为：

1）可弯曲管线：指通过加工易将其弯曲的工程管线。

2）不易弯曲管线：指通过加工不易将其弯曲的工程管线或强行弯曲会损坏的工程管线。

城市工程管线综合规划中常见的管线有6种：给水管道、排水管道、电力线路、电话线路、热力管道、燃气管道等。

9.1.4 管线综合规划中常用的专业术语

1）管线水平净距：指平行方向敷设的相邻两管线外表面之间的水平距离。

2）管线垂直净距：指两条管线上下交叉敷设时，从上面管道外壁最低点到下面管道外壁最高点之间的垂直距离。

3）管线埋设深度：指地面到管道内底的距离，即地面标高减去管道内底标高。

4）管线覆土深度：指地面到管道顶的距离，即地面标高减去管顶标高。

5）同一类别管线：指相同专业，且具有同一使用功能的工程管线。

6）不同类别管线：指具有不同使用功能的工程管线。

7）专项管沟：指敷设同一类别工程管线的专用管沟。

8）综合管沟：指不同类别工程管线的专用管沟。

9.2 城市工程管线综合规划原则与技术要求

9.2.1 地下敷设

1. 一般规定

1）城市工程管线宜地下敷设。在对城市景观有要求的地区，城市工程管线应采用地下敷设。

2）工程管线的平面位置和竖向位置均应采用城市统一的坐标系统和高程系统。

3）工程管线综合规划要符合下列规定：

① 应结合城市道路网规划，在不妨碍工程管线正常运行、检修和合理占用土地的情况下，使线路短捷。

② 应充分利用现状工程管线与线位，当现状工程管线不能满足需要时，经综合经济、技术比较后，可废弃或抽换。

③ 平原城市应避开土质松软地区、地震断裂带、沉陷区以及地下水位较高的不利地带；起伏较大的山区城市，应结合城市地形的特点合理布置工程管线位置，并应避开滑坡危险地带和洪峰口。

④ 城市工程管线的布置应与城市现状及规划的地下铁道、地下通道、人防工程等地下隐蔽性工程协调配合。

4）城市工程管线应避开城市建成区，与城市布局相协调，预留城市工程管线廊道。

5）编制工程管线综合规划设计时，应减少管线在道路叉口处交叉。当工程管线竖向位置发生矛盾时，宜按下列规定处理：

① 压力管线让重力自流管线。

② 可弯曲管线让不易弯曲管线。

③ 分支管线让主干管线。

④ 小管径管线让大管径管线。

2. 直埋、保护管敷设

严寒或寒冷地区给水、排水、燃气、再生水等工程管线应根据土壤冰冻深度确定管线覆土深度；热力、电信、电力等工程管线以及严寒或寒冷地区以外的地区的工程管线应根据土壤性质和地面承受荷载的大小确定管线的覆土深度。工程管线的最小覆土深度应符合表9-1所示的规定。当因条件限制不能满足要求时，可根据实际情况采取安全措施后减小其最小覆土厚度。

表9-1　工程管线的最小覆土深度

<table>
<tr><td colspan="2">序号</td><td colspan="2">1</td><td colspan="2">2</td><td colspan="2">3</td><td>4</td><td>5</td><td>6</td><td>7</td><td>8</td></tr>
<tr><td colspan="2" rowspan="2">管线名称</td><td colspan="2">电力管线</td><td colspan="2">电信管线</td><td colspan="2">热力管线</td><td rowspan="2">燃气管线</td><td rowspan="2">给水管线</td><td rowspan="2">雨水管线</td><td rowspan="2">污水管线</td><td rowspan="2">再生水管线</td></tr>
<tr><td>直埋</td><td>保护管</td><td>保护管（塑料、钢管）</td><td>保护管（钢管）</td><td>直埋</td><td>管沟</td></tr>
<tr><td rowspan="2">最小覆土深度/m</td><td>人行道下</td><td>0.70</td><td>0.50</td><td>0.70</td><td>0.50</td><td>0.50</td><td>0.20</td><td>0.60</td><td>0.60</td><td>0.60</td><td>0.60</td><td>0.60</td></tr>
<tr><td>车行道下</td><td>0.70</td><td>0.50</td><td>0.80</td><td>0.70</td><td>0.70</td><td>0.20</td><td>0.80</td><td>0.70</td><td>0.70</td><td>0.70</td><td>0.70</td></tr>
</table>

工程管线在道路下面的规划位置，应根据规划道路的横断面布置在人行道或非机动车道下面。位置受限时，可布置在机动车道或城市绿化带下面。

工程管线在道路下面的规划位置宜相对固定。从道路红线向道路中心线方向平行布置的次序，应根据工程管线的性质、埋设深度等确定。分支线少、埋深大、检修周期短和可燃、易燃和损坏时对建筑物基础安全有影响的工程管线应远离建筑物。布置次序宜为：电力、电信、燃气配气、配水、热力干线、燃气输气、输水、再生水、雨水、污水。

工程管线在庭院内建筑线向外方向平行布置的次序，应根据工程管线的性质和埋设深度确定，其布置次序宜为：电力、电信、污水、雨水、燃气、给水、热力。

当燃气管线可在建筑物两侧中任一侧引入均满足要求时，燃气管线应布置在管线较少的一侧。

沿城市道路规划的工程管线应与道路中心线平行，其主干线应靠近分支管线多的一侧，工程管线不易从道路一侧转到另一侧。

道路红线宽度超过40m的城市干道宜两侧布置配水管线和燃气配气管线；

道路红线宽度超过50m的城市干道应在道路两侧布置排水管线。

各种工程管线不应在垂直方向上重叠直埋敷设。当条件限制需要重叠敷设时应采取相应的安全措施。

沿铁路、公路敷设的工程管线应与铁路、公路线路平行。当工程管线与铁路、公路交叉时宜采用垂直交叉方式布置；受条件限制，可倾斜交叉布置，其最小交叉角宜大于30°。

河底敷设的工程管线应选择在稳定河段，埋设深度应按不妨碍河道的整治和管线安全的原则确定。当在河道下面敷设工程管线时应符合下列规定：

① 在Ⅰ至Ⅴ级航道下面敷设，应在航道底设计高程2m以下。

② 在Ⅵ、Ⅶ级航道下面敷设，应在河底设计高程1m以下。

③ 当在灌溉渠道下面敷设，应在渠底设计高程0.5m以下。

工程管线之间及其与建（构）筑物之间的最小水平净距应符合表9-2所示的规定。当受道路宽度、断面以及现状工程管线位置等因素限制难以满足要求时，可根据实际情况采取安全措施后减少其最小水平净距。

对于埋深大于建（构）筑物基础的工程管线，其与建（构）筑物之间的最小水平距离，应按下式计算，并折算成水平净距后与表5-2的数值比较，采用其较大值。

$$L=\frac{H-h}{\tan\partial}+\frac{\alpha}{2}$$

式中 L——管线中心至建（构）筑物基础边水平距离，单位为m；

H——管线敷设深度，单位为m；

h——建（构）筑物基础底砌置深度，单位为m；

α——开挖管沟宽度，单位为m；

∂——土壤内摩擦角（°）。

当工程管线交叉敷设时，自地表面向下的排列顺序宜为：电力管线、电信、热力管线、燃气管线、给水管线、再生水管线、雨水排水管线、污水排水管线。

工程管线在交叉点的高程应根据排水管线的高程确定。工程管线交叉时的最小垂直净距，应符合表9-3所示的规定。

9.2.2 综合管沟敷设

当遇到下列情况之一时，工程管线宜采用综合管沟敷设。

1）交通运输繁忙或工程管线设施较多的机动车道、城市主干道以及配合修建地铁、立体交叉等地下空间开发利用工程地段。

2）不宜开挖路面的路段。

3）广场或主要道路的交叉处。

表 9-2　工程管线之间及其与建（构）筑物之间的最小水平净距　（单位：m）

序号	管线名称	1	2		3	4					5		6		7		8	9	10	11			12	13
		建筑物	给水管		污水雨水管	燃气管					热力管		电力管道		电信管道		再生水管	乔木	灌木	地上杆柱			道路侧石边缘	铁路钢轨（或坡脚）
			D≤200mm	D>200mm		低压	中压		低压		直埋	地沟	直埋	保护管	保护管（塑料、钢管）	保护管（钢管）				通信、照明≤10kV	高压铁塔基础边			
							B	A	B	A											≤35kV	>35kV		
1	建筑物		1.0	3.0	2.5	0.7	1.5	2.0	4.0	3.0	2.5	0.5	0.5		1.0	1.5		3.0	1.5					6.0
2	给水管 D≤200mm	1.0			1.0	0.5			1.0	1.5	1.0		0.5		1.0		1.0	1.5	1.0	0.5	3.0		1.0	
	给水管 D>200mm	3.0			1.5												1.5	1.5	1.0	0.5	3.0		1.0	
3	污水、雨水管	2.5	1.0	1.5		1.0	1.2		1.5	2.0	1.5		0.5		1.0		1.5	1.5	1.0	0.5	1.5		1.0	
4	燃气管 低压 P≤0.001MPa	0.7	0.5		1.0	D≤300mm 0.4 D>300mm 0.5					1.0		0.5	1.0	0.5	1.0	0.6	0.75		1.0	1.0	2.0	1.5	5.0
	燃气管 中压 B 0.001MPa<P≤0.2MPa	1.0			1.2						1.0	1.5												
	燃气管 中压 A 0.2MPa<P≤0.4MPa	1.5																						
	燃气管 次高压 B 0.4MPa<P≤0.8MPa	5.0	1.0		1.5						1.5	2.0	1.0		1.0		1.0	1.2				5.0	2.5	
	燃气管 次高压 A 0.8MPa<P≤1.6MPa	13.5	1.5		2.0						2.0	4.0	1.5		1.5		1.5							
5	热力管 直埋	2.5	1.0		1.5	1.0		1.0	1.5	2.0			2.0		1.0		1.0	1.5		1.0	2.0	3.0	1.0	1.0
	热力管 地沟	0.5						1.5	2.0	4.0														
6	电力 直埋	0.3	0.5		0.5	0.5		0.5	1.0	1.5	2.0		0.25	0.1	2.0		0.5	1.0		0.5	2.0	2.0	1.0	3.0
	电力 保护管	0.5				1.0		1.0																
7	电信 保护管（塑料、钢管）	1.0	1.0		1.0	1.0			1.0	1.5	1.0		2.0		0.5		1.0	1.5	1.0	0.5	0.5	2.0	1.0	2.0
	电信 保护管（钢管）	1.5	1.0			1.0												1.5						
8	再生水管道	1.0	1.0		1.0	0.5			1.0	1.5	1.0		0.5		1.0		0.15	1.0		0.5	2.0		1.0	5.0
9	乔木	3.0	1.5		1.5	1.2					1.5		1.0		1.5	1.5	1.0			1.5			0.5	
10	灌木	1.5	1.0		1.0						1.5		1.0		1.0									
11	地上杆柱 通信、照明≤10kV		0.5		0.5	1.0					0.5		0.5		0.5		0.5	1.5					0.5	
	地上杆柱 高压铁塔基础边 ≤35kV		3.0		1.5	1.0					2.0	3.0	2.0		0.6		3.0							
	地上杆柱 高压铁塔基础边 >35kV					2.0			5.0						2.0									
12	道路侧石边缘		1.0		1.0	1.0			2.5		1.0		1.0		1.0		1.0	0.5					0.5	
13	铁路钢轨（或坡脚）	6.0	5.0								1.0		3.0		2.0		5.0							

表9-3 工程管线交叉时的最小垂直净距 （单位：m）

下边管道的名称		上边管道的名称								
		给水管线	污、雨水管线	热力管线	燃气管线	电信管线		电力管线		再生水管线
						保护管（塑料、钢管）	保护管（钢管）	直埋	保护管	
给水管线		0.15								
污、雨水管线		0.40	0.15							
热力管线		0.15	0.15	0.15						
燃气管线		0.15	0.15	0.15	0.15					
电信管线	保护管（塑料、钢管）	0.15	0.15	0.25	0.30	0.25	0.25			
	保护管（钢管）	0.15	0.15	0.25	0.30	0.25	0.25			
电力管线	直埋	0.5*	0.5*	0.5*	0.5*	0.5*	0.5*	0.5*	0.5*	
	保护管	0.25	0.25	0.25	0.25	0.25	0.25	0.25	0.25	
再生水管线		0.15	0.40	0.15	0.15	0.15	0.15	0.5	0.5	0.15
沟渠（基础底）		0.50	0.50	0.50	0.50	0.50	0.50	0.50	0.50	
涵洞（基础底）		0.15	0.15	0.15	0.15	0.20	0.25	0.50	0.50	
电车（轨底）		1.00	1.00	1.00	1.00	1.00	1.00	1.00	1.00	
铁路（轨底）		1.00	1.20	1.20	1.20	1.00	1.00	1.00	1.00	

注：*用隔板分隔时不得小于0.25m。

4）需同时敷设两种以上工程管线及多回路电缆的道路。

5）道路与铁路或河流的交叉处。

6）道路宽度难以满足直埋敷设多种管线的路段。

综合管沟内宜敷设电信管线、电力管线、给水管线、热力管线、污水管线、雨水管线及再生水管线。综合管沟内敷设燃气管线时，必须采取有效安全防护措施。

综合管沟内相互无干扰的工程管线可设置在管沟的同一个小室；相互有干扰的工程管线应分别设在管沟的不同小室。

电信管线与高压输电管线必须分开设置；给水管线与排水管线可在综合管沟一侧布置，但排水管线应布置在综合管沟的底部。

干线综合管沟宜设置在机动车道、绿化带下面，其覆土深度应根据道路施工、行车荷载和综合管沟的结构强度以及当地的冰冻深度等因素综合确定；支线综合管沟宜设置在人行道或非机动车道下，其埋设深度应根据综合管沟的结构强度以及当地的冰冻深度等因素综合确定。应统筹安排综合管沟内的工程管线、预留管线接口、衔接干线综合管沟及支线综合管沟的标高。

9.2.3 架空敷设

架空敷设的工程管线应与城市规划相结合。

沿城市道路架空敷设的工程管线，其位置应根据规划道路的横断面确定，并应保障交通畅通、居民的安全以及工程管线的正常运行。

架空线线杆宜设置在人行道上距路缘石不大于1m的位置；有分车带的道路，架空线线杆宜布置在分车带内。

电力架空杆线与电信架空杆线宜分别架设在道路两侧。

同一性质的工程管线宜合杆架设。

架空热力管线不应与架空输电线、电气化铁路的馈电线交叉敷设。当必须交叉时，应采取保护措施。

工程管线跨越河流时，宜采用管道桥或利用交通桥梁进行架设，并应满足下列要求：

1）可燃、易燃工程管线不宜利用交通桥梁跨越河流。

2）工程管线利用桥梁跨越河流时，其规划设计应与桥梁设计相结合。

架空管线与建（构）筑物等的最小水平净距应符合表9-4所示的规定。架空管线交叉时的最小垂直净距应符合表9-5所示的规定。另外，架空燃气管线敷设还应满足GB 50028—2006《城镇燃气设计规范》的要求；架空电力管线的敷设还应符合GB 50061—2010《66kV及以下架空电力线路设计规范》及GB 50545—2010《110～750kV架空输电线路设计规范》的规定。

表9-4 架空管线之间及其与建（构）筑物之间的最小水平净距

（单位：m）

名称		建筑物（凸出部分）	电信线	电力线	其他管线
电力线	3kV以下边导线	1.0	1.0	2.5	1.5
	3～10kV边导线	1.5	2.0	2.5	2.0
	35kV边导线	3.0	4.0	5.0	4.0
	66～110kV边导线	4.0	4.0	5.0	4.0
	220kV边导线	5.0	5.0	7.0	5.0
	330kV边导线	6.0	6.0	9.0	6.0
	500kV边导线	8.5	8.0	13	7.5
	750kV边导线	11	10.0	15	9.5
电信线		2.0	—	—	1.5
其他管线		1.0	1.5	—	—

注：本表数据均默认在最大风偏的情况下。

表 9-5　架空管线之间及其与建（构）筑物之间交叉时的最小垂直净距

（单位：m）

名称		建筑物（顶端）	道路（地面）	铁路（至标准轨轨顶）	电信线	燃气线	一般管线
电力线	3kV 以下边导线	3.0	5.0	7.5	3.0	1.5	1.5
	3～10kV 边导线	3.0	7.0	7.5	3.0	3.0	2.0
	35kV 边导线	4.0	7.0	7.5	4.0	4.0	3.0
	66kV 边导线	5.0	7.0	7.5	3.0	1.0	3.0
	110kV 边导线	5.0	7.0	7.5	3.0	1.0	3.0
	220kV 边导线	6.0	8.0	8.5	4.0	5.0	4.0
	330kV 边导线	7.0	9.0	9.5	5.0	6.0	5.0
	500kV 边导线	9.0	14	14	8.5	7.5	6.5
	750kV 边导线	11.5	14	19.5	12.0	9.5	6.5
电信线		0.5	4.5	7	0.6	—	1.0
一般管线		0.6	4.5	6	1.0	—	0.25

注：1. 横跨道路或与无轨电车馈电线平行的架空电力线距地面应大于10m。

2. 电力管线与其他管线（建筑物）之间交叉时的最小垂直净距在最大弧垂情况下。

附　　录

燃气管道水力计算图表（一）

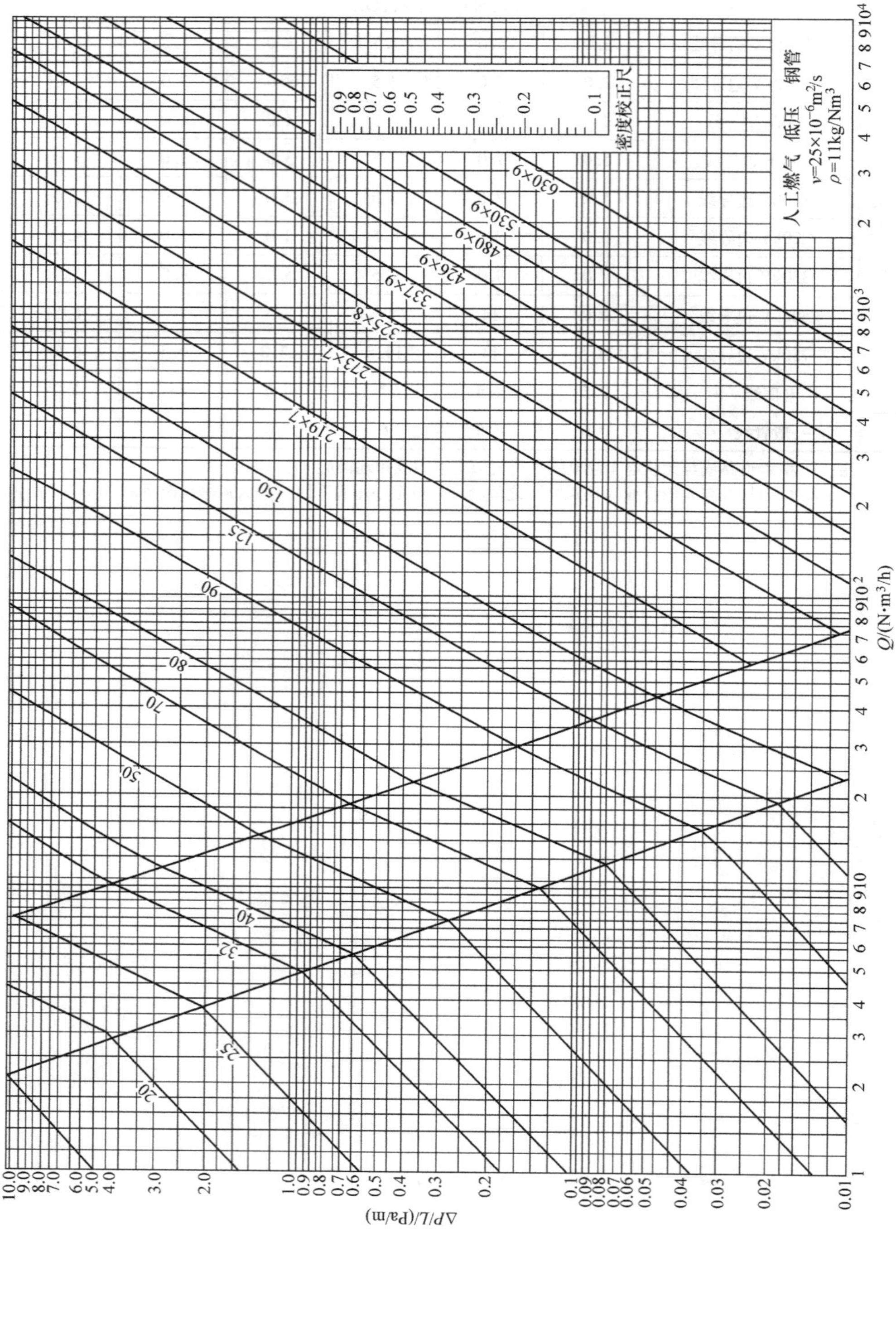

燃气管道水力计算图表（二）

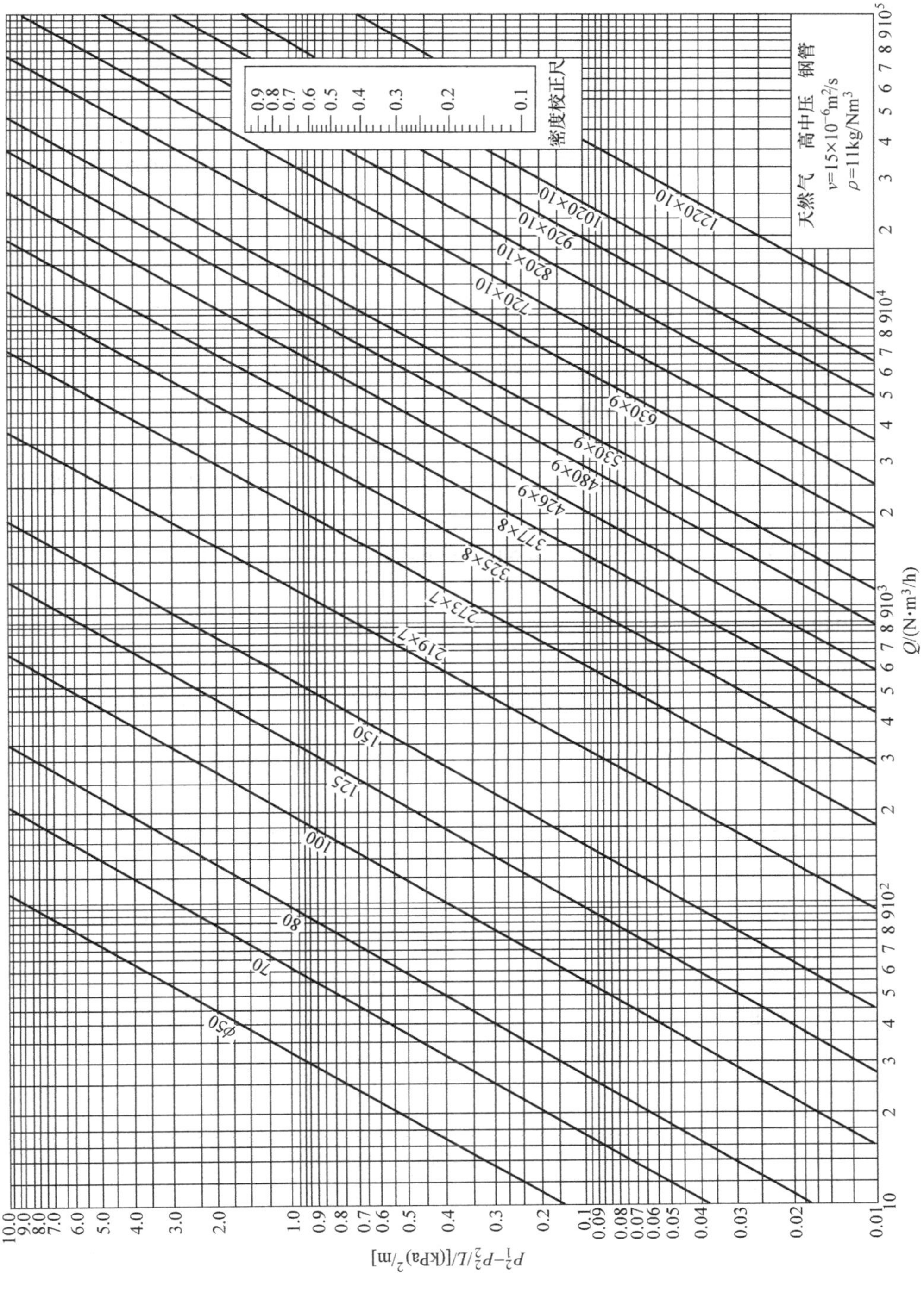

参考文献

［1］刘兴昌．市政工程规划［M］．北京：中国建筑工业出版社，2006.
［2］熊家晴．给水排水工程规划［M］．北京：中国建筑工业出版社，2010.
［3］朱建达，费忠民．小城镇基础设施规划［M］．南京：东南大学出版社，2002.
［4］严煦世，范瑾初．给水工程［M］．4 版．北京：中国建筑工业出版社，1999.
［5］张自杰．排水工程（下册）［M］．4 版．北京：中国建筑工业出版社，2000.
［6］孙慧修．排水工程（上册）［M］．4 版．北京：中国建筑工业出版社，1999.
［7］蒋白懿，李亚峰，等．给水排水管道设计计算与安装［M］．北京：化学工业出版社，2006.
［8］王丙坤．城市规划中的工程规划［M］．2 版．天津：天津大学出版社，2001.
［9］汤铭潭．小城镇基础设施规划［M］．北京：中国建筑工业出版社，2010.
［10］戴慎志．城市工程系统规划［M］．2 版．北京：中国建筑工业出版社，2008.
［11］浙江省城乡规划设计研究院．GB 50282—1998　城市给水工程规划规范［S］．北京：中国建筑工业出版社，1998.
［12］浙江省城乡规划设计研究院．GB 50318—2000　城市排水工程规划规范［S］．北京：中国建筑工业出版社，2001.
［13］中国建筑设计研究院．GB 50188—2007　镇规划标准［S］．北京：中国计划出版社，2007.
［14］高文杰，邢天河，王海乾．新世纪小城镇发展与规划［M］．北京：中国建筑工业出版社，2004.
［15］中国市政工程华北设计研究院．GB 50028—2006　城镇燃气设计规范［S］．北京：中国建筑工业出版社，2006.
［16］北京市煤气热力工程设计院．CJJ 34—2010　城市热力网设计规范［S］．北京：中国建筑工业出版社，2002.
［17］上海市政工程设计研究总院．GB 50014—2006　室外排水设计规范［S］．北京：中国建筑工业出版社，2006.
［18］上海市政工程设计研究总院．GB 50013—2006　室外给水设计规范［S］．北京：中国建筑工业出版社，2006.
［19］靖大为．城市供电技术［M］．天津：天津大学出版社，2009.
［20］中国城市规划设计研究院．GB 50293—1999　城市电力规划规范［S］．北京：中国建筑工业出版社，1999.
［21］中国城市规划设计研究院．GB/T 50853—2013　城市通信工程规划规范［S］．北京：中国建筑工业出版社，2013.

信息反馈表

尊敬的老师：您好！

感谢您多年来对机械工业出版社的支持和厚爱！为了进一步提高我社教材的出版质量，更好地为我国高等教育发展服务，欢迎您对我社的教材多提宝贵意见和建议。另外，如果您在教学中选用了**《城市基础设施规划》（李亚峰　马学文，等编著）**，欢迎您提出修改建议和意见。索取课件的授课教师，请填写下面的信息，发送邮件即可。

一、基本信息

姓名：__________　性别：______　职称：__________　职务：__________

邮编：__________　地址：____

学校：____________________院系：__________________专业：__________

任教课程：________________手机：__________________电话：__________

电子邮件：________________QQ：__________________

二、您对本书的意见和建议

（欢迎您指出本书的疏误之处）

三、您对我们的其他意见和建议

请与我们联系：

100037　机械工业出版社·高等教育分社

Tel：010—8837 9542（O）刘编辑

E-mail：ltao929@163. com

http：//www. cmpedu. com（机械工业出版社·教育服务网）

http：//www. cmpbook. com（机械工业出版社·门户网）